HTML5+CSS3+JavaScript网页设计

陈婉凌 编著

清華大學出版社
北京

内 容 简 介

本书以 HTML 与 CSS 为主体，配合 JavaScript 语法，从基础到高级循序渐进地进行介绍，并提供具体的范例让读者能够立即练习。

全书共 17 章，首先介绍了 HTML5 基础入门方面的内容，包括文字变化与排版、多媒体素材、表格与表单、建立超链接等；然后介绍了 CSS 美化方面的内容，包括 CSS 样式表基础知识、常用的 CSS 语法等；接下来对 Canvas、JavaScript、Web Storage 等内容进行了介绍；最后详细说明了使用 jQuery Mobile 建立移动设备的 Web 开发方法。

本书既适合作为网页设计或手机开发的初中级用户参考书，也适合作为职业技术学校计算机专业程序设计课程的教材。

本书为荣钦科技股份有限公司授权出版发行的中文简体字版本。
北京市版权局著作权合同登记号　图字：01-2016-8573

图书在版编目（CIP）数据

HTML5+CSS3+JavaScript 网页设计 / 陈婉凌编著.—北京：清华大学出版社，2017（2023.12重印）
ISBN 978-7-302-45597-4

Ⅰ.①H…　Ⅱ.①陈…　Ⅲ.①超文本标记语言－程序设计②网页制作工具③JAVA 语言－程序设计　Ⅳ. ①TP312②TP393.092

中国版本图书馆 CIP 数据核字（2016）第 283903 号

责任编辑：夏毓彦
封面设计：王　翔
责任校对：闫秀华
责任印制：刘海龙
出版发行：清华大学出版社
网　　址：https://www.tup.com.cn, https://www.wqxuetang.com
地　　址：北京清华大学学研大厦 A 座　　**邮　　编：**100084
社 总 机：010-83470000　　**邮　　购：**010-62786544
投稿与读者服务：010-62776969，c-service@tup.tsinghua.edu.cn
质 量 反 馈：010-62772015，zhiliang@tup.tsinghua.edu.cn
印 装 者：涿州市般润文化传播有限公司
经　　销：全国新华书店
开　　本：190mm×260mm　　**印　张：**22.25　　**字　数：**570 千字
版　　次：2017 年 1 月第 1 版　　**印　次：**2023 年 12 月第 7 次印刷
定　　价：69.00 元

产品编号：072273-02

前言

有人说："Web 3.0 将是技术与 Internet 紧密结合的时代。" Web 3.0 除了让浏览者能够共享信息并与其他用户及社区交互之外，还包含了云与移动网络服务。设计网页要跟上 Web 3.0 的脚步，除基本的 HTML 之外，CSS 与 JavaScript 技术也是不可缺少的，支持移动设备的网页更是未来的趋势。这么多技术，对一个网页设计新手来说，往往不得其门而入。

其实，大部分的网页技术都是以 HTML 为基础的，学习各种动态网页技术之前，需要先熟悉 HTML 语法，才能达到事半功倍的效果。发展 HTML5 的主要目的是希望能够减少浏览器对于外挂程序（如 Adobe Flash、Microsoft Silverlight）的需求，并且提供更多网络应用的标准，让不同浏览器具有遵循的依据。虽然目前仍然无法实现这样的理想，但是随着 HTML5 标准的不断发展与更新，期待有一天真的能做到不同浏览器相兼容。

HTML5 新增了一些网页应用程序的 API，同时还增加了绘图的 canvas 标记，这些功能都必须和 JavaScript 语言一起使用。另外，网页美化的部分，如文字字形、大小与颜色等，以前可以使用<font>标记属性进行设置，现在 HTML5 已经确定停用这些样式美化的标记属性，改由 CSS 语法负责。因此，从广义上来说，HTML5 包含了 HTML、JavaScript 和 CSS 三个部分。

本书以 HTML 与 CSS 为主体，配合 JavaScript 语法，从基础到高级循序渐进地进行介绍，并提供具体的范例让读者能够立即练习。章节安排如下：

第 1 篇：HTML5 基础入门（第 1~6 章）

第 1 章详细介绍网站与网页，就算完全不了解网站相关概念的初学者也能快速入门；从第 2 章开始介绍 HTML5 的操作及语法，将 HTML5 语法分门别类，包括文字与排版、多媒体素材、表格与表单、建立超链接等内容，让读者系统地学习 HTML5 语法。

第 2 篇：CSS 美化（第 7~10 章）

本篇开始先介绍一些 CSS 样式表基础知识，后面将常用的 CSS 语法区分为基本语法与排版技巧两大章节，在本篇最后一章（第 10 章）安排一个完整的范例，将 HTML5 与 CSS3 语法整合应用。

第 3 篇：HTML5 进阶（第 11~14 章）

本篇将进入程序语言部分，一开始先介绍 JavaScript 语言，由于 HTML5 新增的 canvas 绘图功能必须与 JavaScript 搭配才能发挥最佳功能，因此将 canvas 绘图安排在此篇进行介绍。Web Storage 也是 HTML5 新增的功能，让使用者可以在本地存储资料。在本篇的最后一章（第 14 章）安排完整的 Web Storage 操作购物车。

第 4 篇：HTML5 应用（第 15~17 章）

本篇介绍目前最热门的移动设备网页（Web APP），特别加入了 jQuery Mobile 章节，读者不需要学习复杂的程序，就能轻轻松松地构建移动设备网页，在本篇末同样安排了综合操作，让读者能完成完整的移动设备网页。

“工欲善其事，必先利其器”，网页制作前的首要工作就是准备好相关的软件工具，例如想要设计个人专用图案或影片就必须借助图像编辑软件、多媒体剪辑软件，虽然这些软件工具可以在市面上买到，但是对于经费有限的读者来说却是一大负担，读者可以参考书中列举的实用免费工具或自由软件，从中找到合适的工具。

除实用的内容之外，本书每章最后都提供了“本章小结”与“习题”。相信本书是读者网页制作入门的最佳工具书，同时也适合教师作为相关课程的教材使用。

本书范例与习题的素材和代码下载地址为：http://pan.baidu.com/s/1eRLAasU（注意区分数字和英文字母大小写）。如果下载有问题，请发送电子邮件至 booksaga@126.com，邮件主题设置为“求 HTML5+CSS3+JavaScript 网页设计下载资源”。

编 者

目　录

第 1 篇　HTML5 基础入门

第 2 篇 CSS 美化

第 3 篇 HTML5 进阶

第 4 篇　HTML5 应用

第1篇

HTML5 基础入门

第 1 章　认识网站与网页

Internet 应用越来越多元化，通过网页就可以与浏览者进行信息共享和沟通，甚至产生互动。如果用户想自己制作网页，就必须对网站与网页的相关知识有一个基本的认识。弄清相关的基本概念，对制作网页有很大的帮助。

1.1　Internet 与 WWW

Internet 是 International Network 的缩写，也就是我们称为的“因特网”。它是将全世界数以千计的上网设备通过 TCP/IP 通信协议连接在一起的，因此 Internet 不受地区和时间限制，不管身在何处，都可以随时通过 Internet 获取需要的数据。

Internet 上的服务众多，主要的服务有 WWW（万维网）、E-Mail（电子邮件）、FTP（File Transfer Protocol，文件传输协议）、Telnet（远程登录）、Archie（文件检索）等，其中 WWW、E-Mail 与 FTP 服务是应用最广泛的 3 种服务，下面分别对它们进行说明。

1.1.1　万维网

万维网（World Wide Web）简写为 WWW、3W（读法：Triple W）。WWW 是由数以千计的网站主机（WWW Server）相连而成的。网站由一页以上的网页组成，网页中存放着各种各样的文字、图形、影片、声音和动画等数据，浏览者只要使用鼠标，通过浏览器（Browser）就可以迅速浏览任何一台网站服务器中的网页内容，如图 1-1 所示。一般所说的“上网”，通常是指连上万维网，大家熟悉的新浪、百度等也都是万维网的一分子。

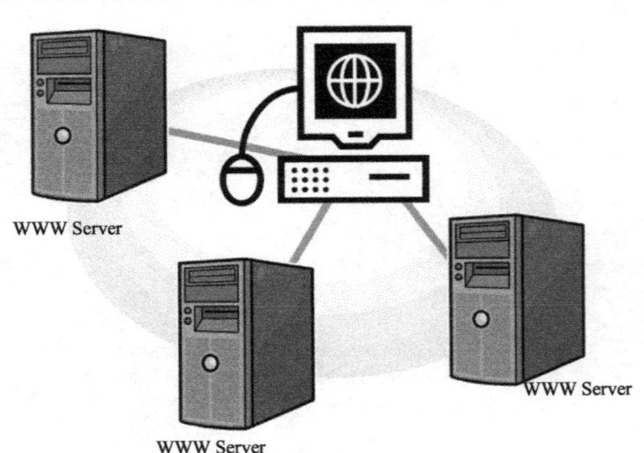

图 1-1　万维网由众多的 WWW Server 相连而成

1.1.2 什么是网站及网页

1. 什么是网站

所谓“网站”（Website），可以想象成计算机中的文件夹，文件夹中存放着网页文件，网页之间彼此通过超链接的方式串联而成。这些相关网页存放在某台计算机上，用户只要在浏览器中输入网址就可以浏览或访问主机中的数据。这台计算机也就是所谓的“网页服务器”（Web Server），通常将网页服务器称为“服务器端”（Server），而将用户的计算机称为“客户端”（Client），服务器端与客户端之间通过 HTTP 协议来发送与接收数据，如图 1-2 所示。

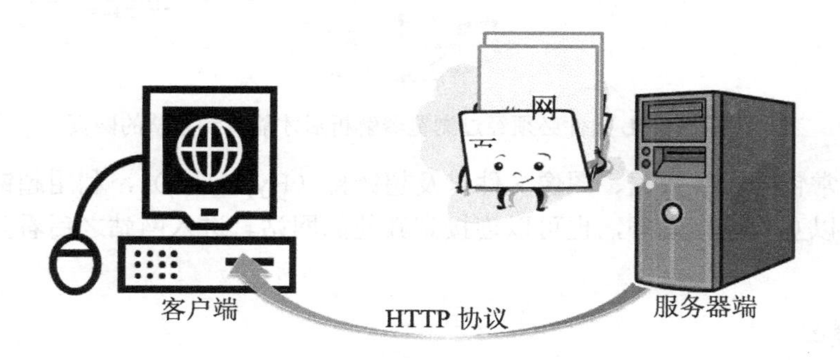

图 1-2 服务器端与客户端之间通过 HTTP 协议发送与接收数据

学习小教室

什么是 HTTP

HTTP 称为“超文本传输协议”（HyperText Transfer Protocol），是 Internet 应用中最为广泛的一种网络传输协议。它在计算机之间搭起桥梁，让彼此能够相互接收与传递数据，所有的 WWW 文件都必须遵守这个协议。

2. 什么是网页

所谓“网页”（Webpage），实际上只是一个文件，存放在网页服务器中，我们可以通过网址（URL）来访问网页。网页文件一般由 HTML 语法构成，必须经过浏览器（Browser）解析成我们平常看到的网页，常见的网页浏览器包括微软的 Internet Explorer（简称 IE）、Mozilla 的 Firefox 和 Google 的 Chrome，如图 1-3 所示。

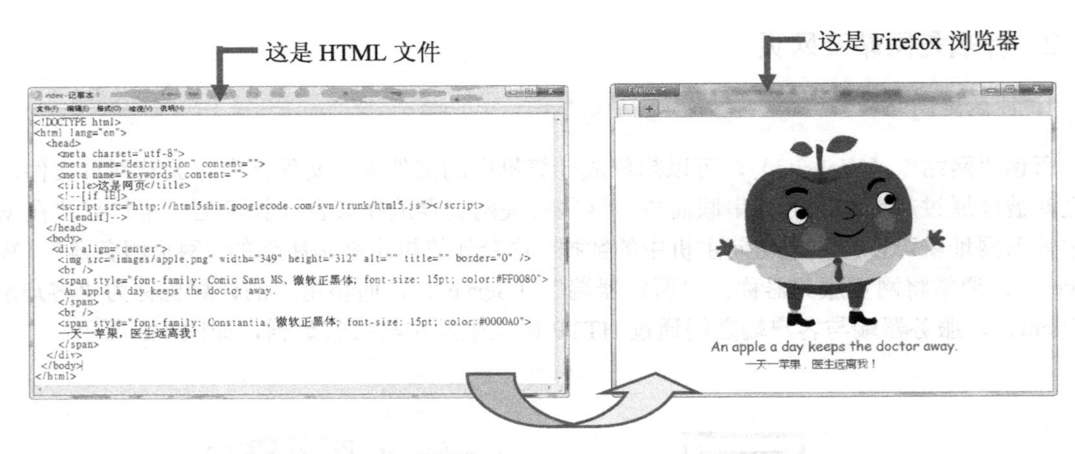

图 1-3　HTML 文件必须经过浏览器解析后才能看到完整的网页

网页内容通常包含文字数据、图像文件以及超链接（Hyperlink），利用超链接，除了自己网站内的网页可以互相连接之外，也可以连接到其他的网站。进入网站之后看到的第一个网页称为“首页”。

3. 网页的类型

网页一般可分为静态网页与动态网页。静态网页是指单纯使用 HTML 语法构成的网页，最常见的文件扩展名为.htm 或.html。

动态网页可以根据运行程序的位置分为“客户端处理”与“服务器端处理”两种。客户端处理的动态网页是在 HTML 语法中加入 JavaScript 与 VBScript 语法，能够让网页产生一些多媒体效果，例如，随着鼠标光标移动的图片、滚动的文字信息、随着时间更换的图片等，让网页更加生动活泼，如图 1-4 所示。

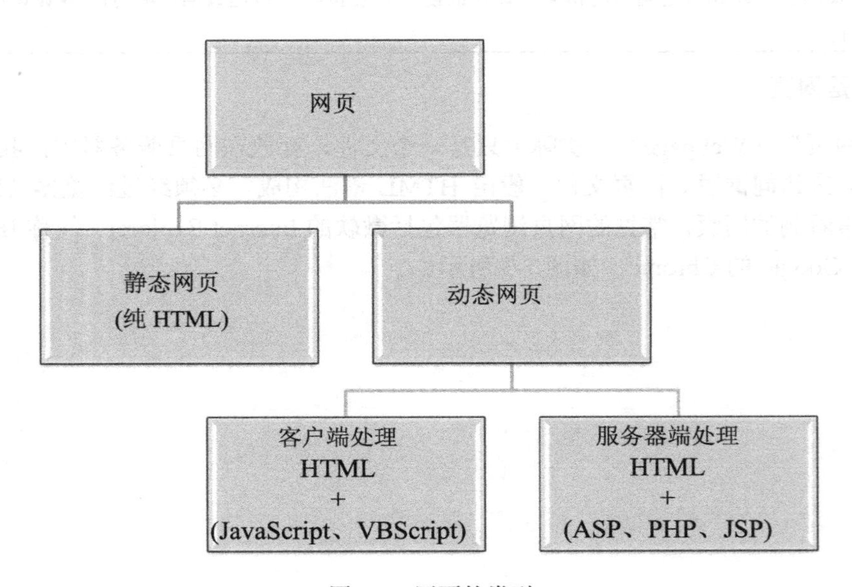

图 1-4　网页的类型

服务器端处理的动态网页通常是指添加活动服务器语言的网页，常见的活动服务器语言有ASP（Active Server Pages）、PHP（Hypertext Preprocessor）、JSP（Java Server Pages）等。其工作原理是当用户向网页服务器要求浏览某个动态网页时，网页服务器会先送到动态程序的引擎（例如，PHP Engine）进行处理，再将处理过的内容返回给客户端的浏览器，如图1-5所示。

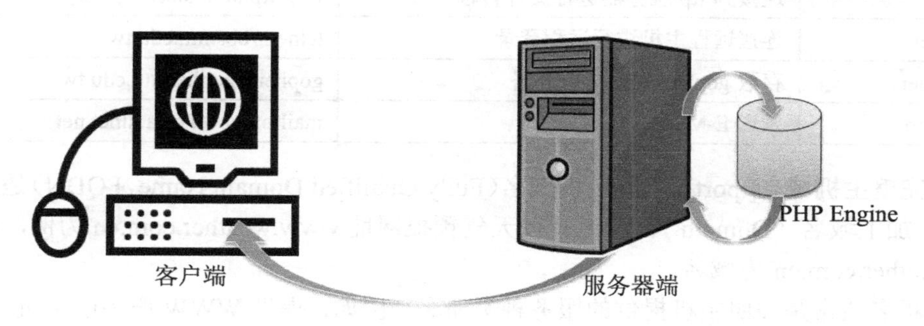

图1-5 服务器端处理动态网页运作原理

此类型的网页最大的优点是能够与用户交互，并且能够访问数据库，将运行结果实时响应给用户。维护网站时不需要重新制作网页，只要更新数据库中的内容就可以了，能够节省网站维护的时间和成本，例如网页上的购物车、留言板、讨论区、会员系统等，都属于服务器端处理的动态网页。

每种类型的网页各有特点，使用哪种类型的网页取决于网站功能需求和网站内容。如果网站功能很简单，内容变化不大，采用静态网页或客户端处理的动态网页会比较简单；反之，需要用到数据库时，就必须使用服务器端处理的动态网页了。

1.1.3 网址的组成

万维网有上数以万计的网页，就像身处在热闹的城市一样，想要找到商店所在位置，首先必须知道商店的名称和地址。同样，想要找到某个网站，就必须知道网站的名称和网址。

每个网页都有一个网址（Universal Resource Locator，URL）。网址主要是用来指出资源所在位置和访问方式。

标准的URL格式如下：

访问方式://完整主机域名/目录路径/网页文件名

① ② ③ ④

例如，北京的天气预报查询网页URL如下：

http:// www.weather.com.cn/ weather/ 101010100.shtml

① ② ③ ④

下面对访问方式与完整主机域名进行介绍。

①访问方式：这是指URL访问数据的方式或通信协议，常用的访问方式如表1-1所示。

表 1-1　常见的访问方式

协议名称	功能	范例
http	WWW 的存取	http://www.sina.com.cn
ftp	连接到 ftp 服务器进行文件传输	ftp://ftp.ntu.edu.tw
telnet	连接远程主机进行远程登录	telnet://bbs.ntu.edu.tw
gopher	存取 gopher 服务器的数据	gopher://gopher.ntu.edu.tw
mailto	发送 E-Mail	mailto://abc@msa.hinet.net

②完整主机域名[:port]：完整主机域名（Fully Qualified Domain Name，FQDN）是主机名（Host Name）加上域名（Domain Name）。以天气预报网址 www.weather.com.cn 为例，www 是主机名，weather.com.cn 为域名。

主机名通常是按照主机提供的服务种类命名。例如，提供 WWW 服务的主机，完整域名通常以 www 开头；而提供 FTP 服务的主机，完整域名则以 ftp 开头。

域名是独一无二的，就像门牌号码必须是唯一且不可重复的，否则将会造成网络的混乱，因此每个国家或地区都有一个单位或机构负责管理域名。域名通常包含 3 个部分，分别是机构名称、机构类型以及国家（地区）代码，例如：

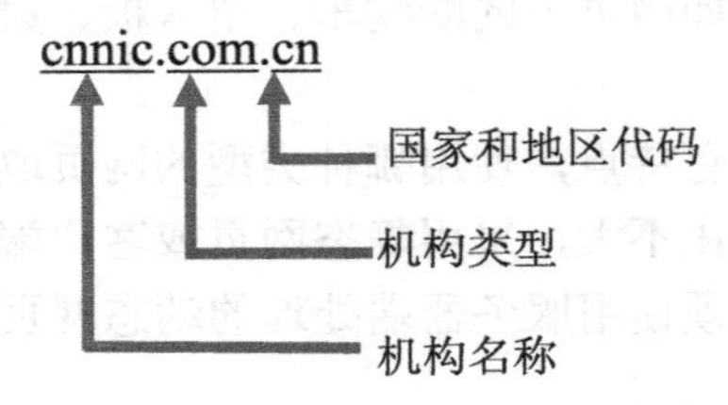

1. 机构名称

机构名称是自定义的，通常以企业组织的名称或缩写来命名，例如北京市政府（beijing）、上海市政府（shanghai）、北京大学（pku）、清华大学（tsinghua）、雅虎（yahoo）、新浪（sina）。

2. 机构类型

为了方便各行各业的识别和管理，域名分为多种类型，常见的类型如表 1-2 所示。

表 1-2　机构类型

机构类型	代表机构
.com	公司
.gov	政府机构
.org	民间组织单位
.edu	教育机构
.net	ISP 服务商
.idv	个人

3. 国家和地区代码

通过国家和地区代码可以很容易判断网站是在哪一个国家或地区申请注册的，表 1-3 列出了常见的国家和地区代码。

表 1-3 国家和地区代码

国家和地区代码	国家或地区
.cn	中国
.hk	香港地区
.jp	日本
.kr	韩国
.us	美国
.eu	欧洲
.uk	英国
.de	德国
.fr	法国

有些网址是没有国家和地区代码的，表示该域名是向美国申请的。你可能会有疑问，美国的国家和地区代码不是“.us”吗？因为“.us”必须是美国公民或永久居民或在美国设有公司的人才能申请，而其他国家或地区的人向美国当局申请的域名则不带有国家和地区代码。

熟悉网址的组成之后，以后看到网址，应该可以判断是哪个公司的网站。用户不妨猜一猜下列网址分别是哪个单位的网站。

- www.beijing.gov.cn
- www.snbike.net
- www.pku.edu.cn
- www.taobao.com
- www.mozilla.com.cn

1.2 构建网站的流程

要构建一个好的网站，通常会有下列 6 个步骤，即拟定网站主题、规划网站架构与内容、收集相关资料、开始制作网页、上传与测试以及网站推广与更新维护，如图 1-6 所示。

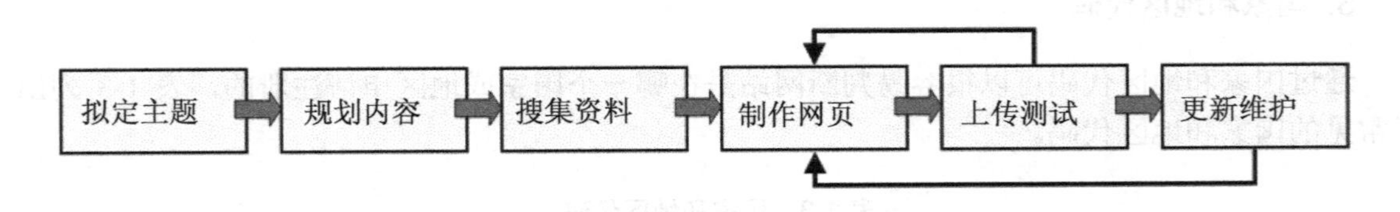

图 1-6　构建网站流程

1.2.1　拟定网站主题

万丈高楼平地起，制作网站的第一步是先确认网站的定位与需求，明确定义出网站的主题，以免浪费时间与成本。我们可以按照网络定位方式，将网站简单归纳分为“个人网站”“商业网站”“教学网站”与“门户网站”4 种类型。

1. 个人网站

个人网站通常是根据自己的兴趣爱好，将信息提供在网站上供其他人浏览，并不以营利为目的。此类型的网站多半是利用文字加上静态与动态图片来提供信息，最常见的是以特定主题为主的网站，包括介绍文学、诗词、旅游记事等的网站。例如，邹志强的个人网站，网址为 http://www.zouzhiqiang.com/。

2. 商业网站

商业网站是指以盈利为目的的网站，在 2000 年左右，随着 Internet 的崛起，网站开始蓬勃发展成另一种商业模式。这类网站提供的服务包括商品展示、规格比较、报价、比价、下单、交易、付款、售后服务等。目前比较常见的商业网站，包括交友类、购物拍卖类、股市理财类以及影音娱乐类网站。例如，淘宝购物网站，网址为 http://www.taobao.com。

3. 教学网站

教学网站就是提供知识教学的网站，包括在线学习以及远程教学等网站。例如，101 远程教育网，网址为 http://www.chinaedu.com/。

4. 门户网站

门户网站是指整合了许多服务与资源的网站，用户借助该网站来浏览网络上的信息，目的是为了吸引网络用户的重复访问。一般常见的门户网站包括政府机关的门户网站和企业的门户网站。例如，“江苏省人民政府”网站就是属于政府机关的门户网站，它将许多政府提供的服务整合在一起，让用户可以方便地找到所需的服务，网址为 http://www.jiangsu.gov.cn/。

企业提供的知名门户网站有搜狐（http://www.sohu.com）、淘宝（http://www.taobao.com）以及苏宁易购（http://www.suning.com）等。这类门户网站提供的服务很多，例如搜索服务、新闻、体育、娱乐、商业、旅游、聊天室、广告、在线交易服务等。

在动手制作网站前，建议先将网站定位清楚，再明确拟定网站的主题，这样才不至于制作方向偏离而造成网站杂乱无章。

1.2.2 规划网站架构与内容

要创建一个好的网站，事前的规划必不可少，最好能够充分利用树状结构的概念，让用户在浏览网页时，循序渐进地找到想要的数据，而不至于迷路。

所谓的树状结构，就是从首页开始，往下一层一层画出树形图，如图 1-7 所示，通过它可以很清楚地了解这个网站中将会有哪些内容。

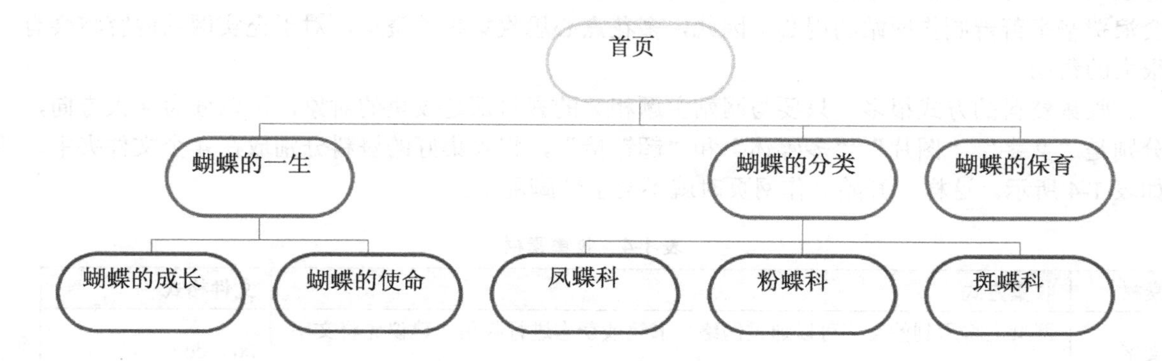

图 1-7 规划网站的树状结构

建议规划网站时，可以从下面 3 个方向着手。

1. 网站主要的内容

按照网站主题，先规划出网站的内容，例如想要制作一个介绍蝴蝶的网站，网页内容考虑以蝴蝶生态、蝴蝶种类介绍和蝴蝶的保育为主线。

2. 设置浏览的对象

设置网页浏览的主要对象，以决定未来网页呈现的内容与方式。如果网页浏览的对象是中小学生，那么网页的内容就不宜太过复杂，最好以活泼生动的方式呈现。

3. 网页包含的元素

一般而言，网页包含的元素有以下几种。

- 文字：网页最基本的元素就是文字，文字可以表达网页想要传达的内容。
- 图片：有时图片比文字更容易让浏览者了解所要表达的内容，适当的图片会让浏览者有赏心悦目的感受。网页常见的图片格式有 JPG、BMP 和 GIF 格式。GIF 格式通常用于动态图片文件。
- 声音：在网页上加入背景音乐，让浏览者进入网页就能够感受到立体的声光特效。
- 多媒体：多媒体（multimedia）是指文字、图片、声音、动画和视频的组合，网页中除了可以放置图片和声音之外，还能够添加其他多媒体对象，如 Flash 制作的 Flash 动画或者自己拍摄的影片等。
- 超链接：超链接是网页中相当重要的元素，可以让浏览者任意连接到其他网页。

这几种元素经过适当巧妙的安排组合，就能够完成一个丰富的网页。虽然规划网站内容时应该尽量丰富，但是内容还要专业精致，切勿为了贪图内容多，而让网站内容浮华不实。

1.2.3 搜集相关资料

网站制作前资料的收集和整理是非常重要的，这样做不但可以节省制作时间、避免遗漏重要数据，还可以丰富网站的内容。一个内容乏善可陈的网页，想必无法让访问者驻足浏览，就会浪费辛辛苦苦制作网站的用心。因此，多花点心思收集相关资料，对于充实网站内容将会有很大的帮助。

收集资料的方式很多，只要与网站主题相关的素材都是收集的对象，可以分为 4 大方向，分别是“文字”“图片”“多媒体”和“超链接”，将收集好的资料分别放在 4 个文件夹中，如表 1-4 所示。这样，开始制作网页时就不会手忙脚乱了。

表 1-4 收集素材

素材	收集方式	文件格式
文字	网页上将用到的文字可以通过网络、书籍或杂志进行收集，建议先将文字输入成文本文件，制作网页时只要将其复制到网页上就可以了	txt、doc
图片	可以自己绘图、拍照、扫描或从网络上收集等方式将图片存储成文件	jpg、gif、png
多媒体	影片、音乐或动画，可以通过录音设备、数码相机、网络、多媒体工具等方式收集	mid、wav、mov、rm、swf
超链接	从网络收集相关的网站，再利用超链接来连接到该网站	

收集数据时，必须留意以下几点事项。

（1）需要留意资料的来源与出处，不要触犯到知识产权，最好能够标明数据源与收集资料的日期。

（2）任何文章不论原作者尚在人世或已死亡，均享有著作权的保护，不可以任意修改其内容，也不可以自称是该作品的创作人。

（3）著作财产权禁止将任何文件数字化，如果要数字化文件，必须经过创作人的同意才能够重新制作。

（4）网站中除免费软件与共享软件之外，不可以提供他人制作的软件下载。

1.2.4 开始制作网页

所有的前期作业都准备好之后，就可以开始制作网页了。所谓“工欲善其事，必先利其器”，制作网页之前必须先确定使用的工具软件。目前有些网页制作软件可以快速生成 HTML 代码，并提供所见即所得（WYSIWYG）的功能，例如 FrontPage 或 Dreamweaver 等软件。

虽然这些网页制作软件可以很快生成网页，但是网页由 HTML 构成，仅靠网页制作软件并不能完整地表现出网页所要呈现的效果。建议利用网页制作软件再自己动手修改程序代码，这是最佳的网页制作方法。

网页程序设计中必学的就是 HTML 语法和有网页“美容师”之称的 CSS 语法。这两种语法都不难，只需要简单的文字编辑软件（例如，记事本），按照本书实际操作练习，就能够轻松完成漂亮的个人网页。

除了制作网页的软件之外，可能还会用到的软件包括绘图和图像处理软件、影音多媒体工具。表1-5列出了常用的软件名称，以供读者参考。

表1-5 制作网页的常用软件

类别	软件名称
网页制作软件	FrontPage、Dreamweaver
文字编辑工具	记事本、EditPlus、CoffeeCup HTML Editor、BlueGriffon
绘图和图像处理软件	PhotoImpact、Photoshop、GIF Animator
影音多媒体工具	Sound Forge、Flash、VideoStudio

EditPlus、CoffeeCup HTML Editor与BlueGriffon都是文字编辑工具，适合用来编写网页程序，具有颜色标记功能，支持多种网页常用的程序语言（包括HTML5、CSS3和JavaScript），只要单击按钮，需要的标记就能出现在文档中，省时又方便。

1.2.5 上传与测试

网页制作完成之后，首要工作就是帮网页找个“家”，也就是俗称的“网页空间”。选择合适的网页空间后，只要利用FTP软件将完成的网页文件发送到网页空间中，就能够让网友欣赏你精心设计的作品了。

网页空间的获取方式有以下3种。

1. 自行架设网页服务器

对一般用户来说，想要自己架设网页服务器并不容易，必须要有软硬件设备和固定IP，还要具有网络管理的专业知识，其优缺点如下。

- 优点：容量大、功能没有限制、容易更新文件。
- 缺点：必须自行安装与维护硬件和软件，必须加强防火墙等安全设置，防止黑客入侵。

2. 租用虚拟主机

所谓“虚拟主机”（Virtual Server），是网络服务提供商将一台服务器分割模拟成很多台的“虚拟”主机，让多个客户共同使用，平均分摊成本。也就是请网络服务提供商代管网站的意思，对用户来说，可以省去配置和管理主机的麻烦。网络服务提供商会提供给每个客户一个网址、账号和密码，让用户把网页文件通过FTP软件发送到虚拟主机上，这样世界各地的网友只要连接此网址就可以看到网页，如图1-8所示。

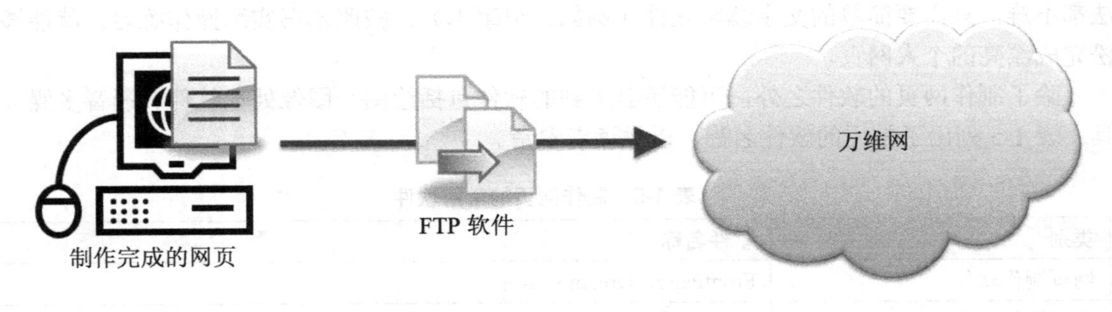

图 1-8　将制作的网页上传到网站

租用虚拟主机的优缺点如下。

- 优点：可以节省主机配置与维护的成本，不必担心网络安全问题，可以使用自己的域名（Domain Name）。
- 缺点：有些会有网络流量和带宽限制，随着主机系统的不同，能够支持的功能（如 ASP、PHP、CGI）也不尽相同。

租用虚拟主机的收费标准从几千块到几万块不等，影响收费的因素包括操作系统类型、硬盘空间大小、带宽以及是否支持特殊功能（如 ASP、PHP、CGI）、防止黑客入侵和实时备份系统等。用户在租用前最好进行多方面的比较，再选择最适合自己的服务。

3. 申请免费网页空间

申请免费网页空间是既省钱又省力的方式。免费网页空间与虚拟主机其实大同小异，差别在于免费网页空间是网络服务商为了吸引网友访问网站以提高人气的免费服务，所以限制比较多，通常必须先成为该网站会员，才能申请免费网页空间。

免费网页空间的优缺点如下。

- 优点：可以节省主机配置与维护的成本，不必担心网络安全问题。
- 缺点：网页不能用于商业用途，有上传文件大小和容量限制，有些网站不支持特殊程序语言（例如，不能使用 ASP、PHP、CGI），必须忍受烦人的广告。

目前国内免费网页空间比较少，建议申请 ISP 提供的免费网页空间，每一家 ISP 都提供网页空间，有网络使用账号就可以向 ISP 提出申请。

如果没有 ISP 提供商可供申请，可以考虑境外的免费网页空间。表 1-6 列出了两个知名的境外提供免费网页空间的网站，以供读者参考。

表 1-6　提供免费网页空间的网站

官方网站	空间容量	网址
Byethost	1GB	http://www.byethost.com/
Free-web-host	1.5GB	http://www.000webhost.com/

1.2.6 网站的推广与更新维护

制作好个人网站后，接下来的问题就是如何宣传你的网页。首要步骤就是到各大知名搜索引擎进行“网站登记”。

登记网站时必须准备网站名称、网址、网站说明、网站目录、登记人姓名以及E-Mail等数据，并且网站必须至少有一页以上的网页才行。登记的方式很简单，只要到搜索引擎在线申请即可，经过一到两个星期的审核之后，全世界的网友就可以通过这个门户网站的分类目录或搜索引擎找到你的网站。

特别需要注意的是，各大搜索引擎是各自独立的，所以要各自登记。一般来说，网站登记是免费的，如果想要让网站排名优先或者加快审核时间，就可以使用付费的网站登记。表1-7列出了目前比较知名的搜索引擎，以供读者参考。

表1-7 目前比较知名的搜索引擎

搜索引擎	网址
搜狗	http://www.sogou.com/
搜搜	http://www.soso.com/
360搜索	http://www.so.com/
Google	http://www.google.com.hk/
百度	http://www.baidu.com/
搜狐	http://www.sohu.com/
新浪	http://www.sina.com.cn/

在HTML5中新增了语义结构的语法，例如<header>、<article>、<section>、<footer>、<aside>、<nav>等标记，有助于搜索引擎优化（Search Engine Optimization，SEO），即让搜索引擎能快速地搜索到网页的关键字，从而增加网页被搜索到的概率，后面的章节将会详细说明这些标记的结构语法。

除了积极推销网站之外，如果辛苦制作完成的网站没有被妥善地更新和维护，那么也无法获得网友的支持。因此，定期更新网页内容是相当重要的，如果网页超链接到其他网站时，也要经常检查该链接是否有效，以免网友单击之后，出现无法连接的情况。

1.3 认识网页文件和命名规则

大多数Web服务器支持的文件名都是半角小写英文，如htm、gif、jpg等。为了避免发生文件上传到网页空间之后却无法浏览的窘境，建议命名文件时，参考下面介绍的命名规则。

1.3.1 主文件名与扩展名

一个完整的文件名应该包含文件名与扩展名两部分，例如top.htm，其中“top”就是这个文件的主文件名，“htm”则是扩展名，中间用“.”隔开。

扩展名代表这个文件的文件类型，从扩展名可以大概了解这个文件的格式与功能。表 1-8 列出了网页中常见的扩展名，以供读者参考。

表 1-8 网页中常见的扩展名

类型	扩展名	说 明
Office 系列	doc	MS Word 文档
	mdb	MS Access 的数据库文件
	ppt	MS PowerPoint 演示文稿文件
	xls	MS Excel 电子表格文件
图形文件	ani	光标文件
	bmp	Windows 位图文件
	fla	Micromedia Flash 动画原始文件
	swf	Micromedia Flash 动画影片文件
	gif	位图图形文件格式
	ico	Windows 图标文件
	jpg	有损压缩图形文件格式
	png	非有损压缩图形文件格式
	tif	标记图像文件格式，有压缩和不压缩两种
声音文件	mid、midi	计算机合成的数字音乐文件
	mp3	压缩的音频文件
	ra	Real 公司定义的流式的音频文件
	wav	微软公司开发的一种声音文件格式
	ogg	全名是 Ogg Vorbis，和 MP3 一样是压缩的音频文件
视频文件	avi	微软公司开发的视频文件
	mov	QuickTime 多媒体文件
	mpeg、mpg	经过压缩的视频文件
	rm	Real 公司定义的流视频文件
网页文件	htm、html	Hypertext 文件
	asp、php	动态服务器网页文件
其他文件	exe	可执行文件
	pdf	Adobe Acrobat Reader 文件
	txt	文本文件
	rar、zip	压缩文件

网页的扩展名并不一定是htm，也可以是html。如果网页用到其他动态服务器网页技术，会根据其使用技术命名为*.asp、*.aspx、*.php等。

1.3.2 常见的图片格式

计算机中的图片格式很多，但是能够用在网页上的只有几种。这是因为网络对于传输速度有一定的要求，在网络上传输太大的图形文件必须花费较多的时间，因此小的图形文件比较适合。

网络常用的图片格式有 JPEG、GIF 和 PNG。这 3 种格式有一个特点，即它们都属于压缩的图形文件格式，文件比较小，因此适合网络传输。虽然 Windows 系统中常见的 bmp 图片文件也可以用于网络，但是文件比较大，因此不建议在网络上使用。

1. JPEG 图形文件

JPEG（Joint Photographic Experts Group）图形文件采用失真式的压缩方式，所谓失真式的压缩是指在压缩图形文件的过程中，图片的像素会丢掉一些，因此图形会有失真的情况，压缩比越高，图像失真的情况也会越明显。JPEG 图形文件的优点是能存储 24bit（位）真彩图像，因此在色彩方面有不错的效果，适合用于灰度图形及色泽细致、具有渐进感的图形，缺点是不支持动画和透明。在网络上也许会看到*.jpeg、*.jpg、*.jpe、*.jfif 这 4 种扩展名，事实上它们都是 JPEG 压缩图形格式，其中以*.jpg 最常见。

2. GIF 图形文件

GIF（Graphic Interchange Format）图形文件采用非失真的压缩方式，其扩展名是 gif。所谓非失真式的压缩，是指当图片在压缩后，图片的像素不会减少，只有颜色减少了。GIF 格式最多只能存储 256 色（8bit）。如果原来的图片超过 256 色，那么存储时会自动降到 256 色或以下。GIF 图形文件的优点是可以制作透明图、交错图和动画。

所谓“交错图”，是指图片以互换的形式显示，浏览器可以先粗略加载整张图片，让浏览者看到图片模糊的样子，再慢慢显示完整的图片。

GIF 动画文件的原理是将多张图片组合成一个 gif 图形文件，在浏览器中查看时就会看到连续播放动画的效果。

3. PNG 图形文件

PNG（Portable Network Graphics）图形文件是可移植网络图形格式文件，颜色支持到 48bit，采取非失真的压缩方式，与 GIF 格式一样具有支持透明图与交错图的特性，但是不能制作动画。PNG 的透明效果只有 Netscape 和 Mozilla 浏览器能够看得到，有些绘图软件也不支持 PNG 格式，因此在网页的使用上不如 JPEG 与 GIF 普及。

从图形文件大小来看，JPEG 格式（真彩）< GIF 格式（256 色）< PNG 格式（真彩），这 3 种图形文件格式的特性与使用时机如表 1-9 所示。

表 1-9 图形格式的使用时机

图形文件格式	特性	使用时机
GIF	• 非有损压缩格式 • 最多 256 色 • 支持透明图、交错图 • 可制作动画	• 标题文字、符号、动态图形、按钮等色彩要求不高的小图形 • 需要透明背景的图片 • 动画图 • 图形文件小
JPEG	• 真彩失真的压缩格式 • 图形文件小 • 不支持透明背景的功能	• 图形文件小 • 色彩较为丰富的图片、照片
PNG	• 支持 RGB 真彩、索引色、灰度与黑白模式 • 支持交错图与透明图 • 图形文件大 • 有些浏览器与绘图软件不支持	• 使用时机与上述两种图形文件格式大致相同，但不能制作动画 • 图形文件比较大

学习小教室

什么是“像素”

像素（Pixel）是组成位图的最小单位，也称为“画素”或“图素”，当我们利用绘图软件将位图文件放大时，就会看到图形文件其实是由一个一个的小格点组成的，这些小格点就是像素。以一张 800×600 像素的图来说，就是由横向 800 个格点与纵向 600 个格点组成的，因此一张 800×600 像素的图共包含 48 万（800×600=480000）个格点。

1.3.3 常见的声音格式

在网页上添加声音时，应该尽量选择文件小的声音文件，才不会影响网页下载的速度。常见的声音格式有 WAV、MIDI、MP3 和 OGG 等。

1. WAV 格式

WAV 格式文件是最常见的数字声音文件，几乎所有的音乐编辑软件都支持。其最大的特色是未经过压缩处理，因此能够表现最佳的声音质量，因此文件很大，一分钟大概就需要 10MB。

2. MIDI 格式

MIDI（Musical Instrument Digital Interface）文件只记录乐器的信息，不发送声音，因此文件非常小，通常只要 10KB 左右，适合作为网页背景音乐。由于 MIDI 有统一格式的标准，所以计算机上均可播放，没有兼容性与软件支持的问题。

3. MP3

MP3（Mpeg Layer 3）是一种破坏性的压缩格式，它舍弃了音频数据中人类听觉听不到的声音，因此文件很小，一分钟大概只需要1MB左右。在音质上会比WAV稍差，除非对声音很敏锐，否则听不出来差异。目前的音乐文件大多为此种格式。

4. OGG

OGG（Ogg Vorbis）与MP3一样也是破坏性的压缩格式。两者不同的地方在于OGG是免费的而且开放源代码，音质比MP3格式清晰，文件也比MP3格式小，缺点是OGG格式仍不普及，并不是所有播放软件都可以播放OGG音乐文件。

1.3.4 网页文件命名规则

通常网页服务器都有各自的网页文件命名规则，如果不符合规定，网友浏览网页时，将发生找不到文件的情况，因此正确地为文件命名是非常重要的。为网页和文件夹命名时，最好参考下述几点注意事项。

- 文件名可以使用 a~z、A~Z、0~9、减号（-）和下划线（_）等字符。
- 禁止使用特殊字符或其他符号，例如@、#、$、%、&、*。
- 文件名之间不能有空格。
- 首页文件名是网页服务器预设好的，所以首页文件名必须按照网页服务器的定义命名，通常是 index.htm、index.html 或 default.htm。
- 大部分的网页服务器都区分大小写，最好习惯统一使用小写英文，尤其是关键的网页文件，例如，index.htm 应该统一使用小写。

网页中的文件名长度应该以简单短小为原则，建议尽量使用一些容易明白的英文缩写，例如“集团介绍（group profile）”，profile 可以缩写为 pro。文件名中不可以使用空格键，但是可以使用下划线“_”，所以这个网页就可以命名为 group_pro.htm。

1.4 网页宽度与屏幕分辨率

网页初学者经常面临的一个疑问就是如何决定网页的宽度。网页的呈现与屏幕分辨率有很大的关系。如果网页宽度超过屏幕分辨率，那么超出分辨率的部分就必须通过拖曳水平滚动条才能浏览；而网页宽度小于屏幕分辨率，又会造成过多的留白。因此，在制作网页时，屏幕分辨率是必须考虑的重点。接下来，我们就来了解什么是屏幕分辨率。

1.4.1　屏幕分辨率

简单地说，屏幕分辨率就是计算机的桌面大小，我们所看到的计算机屏幕图像都是屏幕上水平与垂直的光点构成的，这些光点是计算机屏幕显示的最小单位，称为像素（pixel）。光点的密度越高，分辨率越高，画面图像就越细致。例如，屏幕分辨率是 1024×768，表示这台屏幕桌面大小是由宽 1024 个点与高 768 个点构成的。

屏幕的分辨率是可以调整的，调整程度取决于显卡型号、显卡驱动程序和屏幕的大小，台式电脑与笔记本电脑的屏幕分辨率也不尽相同。目前以 800×600、1024×768 和 1366×768 这 3 种屏幕分辨率使用率最高。随着大屏幕的普及，使用 800×600 屏幕分辨率的浏览者已经越来越少，不过网页设计时还是必须考虑各种屏幕分辨率浏览的效果。

可以尝试改变屏幕分辨率，看看画面有什么不同。设置步骤如下。

请将鼠标指针移到任务栏，单击“开始 | 控制面板 | 外观和个性化 | 调整屏幕分辨率”，即可打开如图 1-9 所示的“更改显示器的外观”对话框。拖曳屏幕分辨率的滚动条即可调整屏幕分辨率。

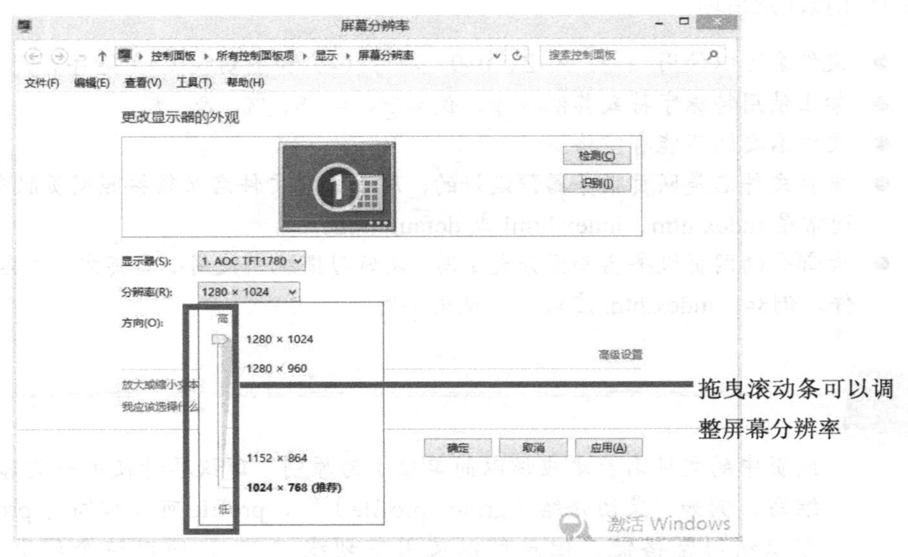

图 1-9　调整屏幕分辨率

图 1-10 所示为以 800×600 和 1024×768 两种分辨率来浏览网页的效果。

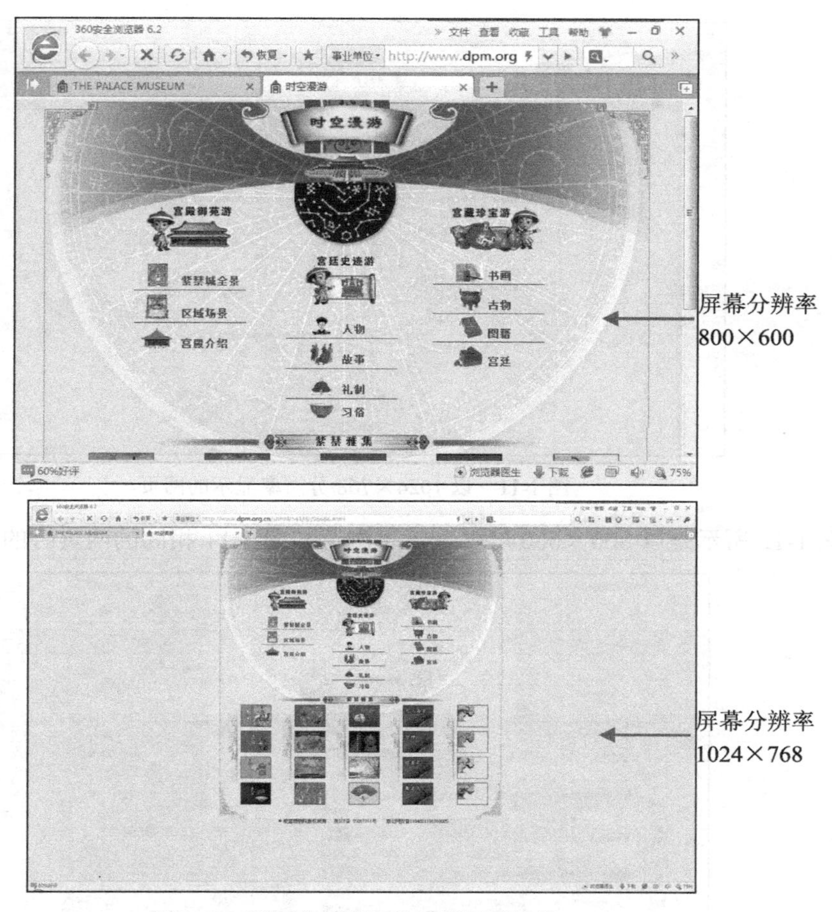

图 1-10　不同分辨率下的网页显示效果

1.4.2　确定网页宽度

设计网站时，可以先确定版面是设计成“固定式网页”还是“相对式网页”。

“固定式网页”是目前最常见的网页设计方式，优点是网页排版可以固定位置，文字与图形不会随着屏幕分辨率而产生位移；缺点是超出屏幕水平宽度的部分会被截断，必须拖曳水平滚动条才能浏览完整网页。

因此，进行固定式网页设计时可以将网页主要内容设计在 800 像素宽度之内，超出 800 像素的部分则留出空白或者放置比较次要的内容，例如广告或者连接到其他网站的按钮等。

如图 1-11 所示是以 1024×768 屏幕分辨率浏览故宫博物院网站的画面，网页内容部分约 800 像素，左右两边留置空白，因此当以 800×600 屏幕分辨率观看时，仍然能够完整呈现网页内容。

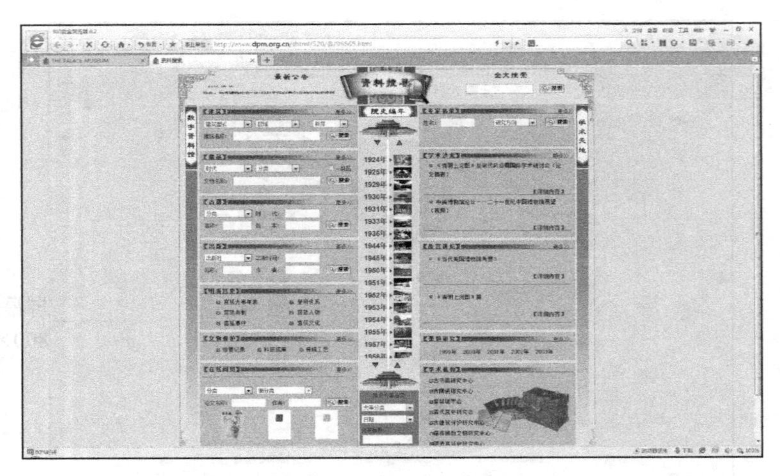

图 1-11　以 1024×768 分辨率显示的网页

如图 1-12 所示是以 800×600 屏幕分辨率浏览与图 1-11 相同的网页时的效果。

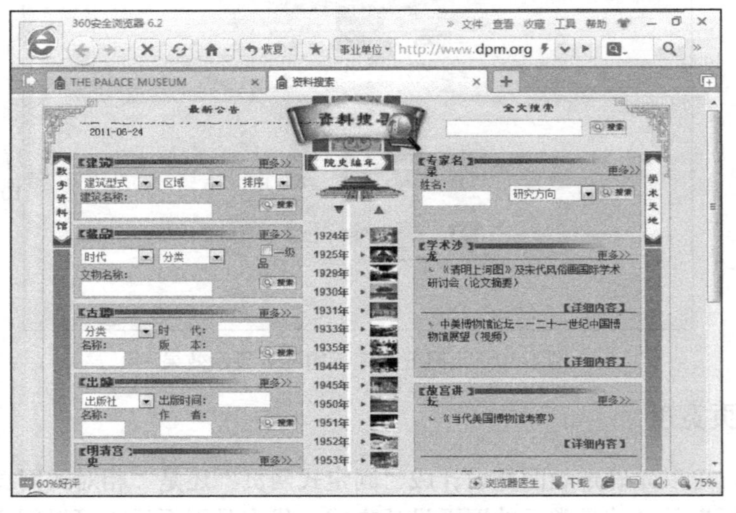

图 1-12　调整了网页宽度

“相对式网页”的网页宽度必须以百分比大小进行设置，优点是不管是 800×600 还是 1024×768 都可以看到完整的网页；缺点是文字与图形会随着屏幕分辨率而产生位移。另外，网页上用来排版的表格与背景图形都必须能够随着屏幕大小进行调整，因此在网页制作时难度比较大。

本章小结

1. Internet 上的服务众多，主要的服务有 WWW（万维网）、E-Mail（电子邮件）、FTP（File Transfer Protocol，文件传输协议）、Telnet（远程登录）、Archie（文件检索）等，其中 WWW、E-Mail 与 FTP 服务是最广泛使用的 3 种服务。

2. 万维网（World Wide Web）简写为 WWW、3W（读法：Triple W），WWW 由数以千计的网站主机（WWW Server）相连而成。网站由一页以上的网页组成，网页中存放着各种各样的文字、图形、影片、声音和动画等数据，浏览者只要使用鼠标，通过浏览器（Browser）就可以迅速浏览任何一台网站服务器中的网页内容。

3. 可以将“网站”（Website）想象成计算机中的文件夹。文件夹中存放着网页文件，网页之间彼此通过超链接的方式串联而成。

4. HTTP 称为“超文件传输协议”（HyperText Transfer Protocol），是 Internet 应用最为广泛的一种网络传输协议。

5. 常见的网页浏览器包括微软的 Internet Explorer（IE）、Mozilla 的 Firefox、Google 的 Chrome。

6. 网页内容通常会包含文字数据、图像文件以及超级链接。

7. 一般来说网页可分为静态网页与动态网页。静态网页是指单纯使用 HTML 语法构成的网页，最常见的文件扩展名为.htm 或.html。

8. 动态网页又可依执行程序的位置区分为“客户端处理”与“服务器端处理”两种。客户端处理的动态网页是在 HTML 语法中加入 JavaScript 与 VBScript 语法的网页；服务器端处理的动态网页通常是指加入动态服务器语言的网页，常见的动态服务器语言有 ASP（Active Server Pages）、PHP（Hypertext Preprocessor）、JSP（JavaServer Pages）等。

9. 网页都会有一个网址（Universal Resource Locator，URL）。网址的功能主要是用来指出资源所在位置及存取方式。

10. 网站建构的 6 个流程为拟定网站主题、规划网站架构与内容、搜集相关资料、开始制作网页、上传与测试以及网站推广与更新维护。

11. 依照网络定位方式，将网站简单归纳分为“个人网站”“商业网站”“教学网站”与“门户网站”4 种类型。

12. 网页程序里基础必学的就是 HTML 语法，以及有网页美容师之称的 CSS 语法。

13. 网页空间的取得有 3 种方式，即自行架设网页服务器、租用虚拟主机以及申请免费网页空间。

14. 一个完整的文件名称应包含文件名与扩展名两部分，例如：top.htm，其中“top”就是这个文件的主文件名，“htm”则是“扩展名”，中间用“.”隔开。

15. 网络常用的图片格式有 JPEG、GIF、PNG，这 3 种格式有一个特点，即它们都是属于压缩的图档格式，文件比较小，因此适合网络传输。

16. JPEG 图形文件采用失真式的压缩方式，优点是能存储 24bit 全彩影像，因此色彩方面能有不错的效果，适合用于灰阶图形、色泽细致、具渐层感的图形，缺点是不支持动画以及透明。

17. GIF 图形文件采用非失真的压缩方式，其扩展名是 gif。最多只能存储 8bit（256 色）。如果原来的图片超过 256 色，那么存储时会自动降到 256 色或以下。GIF 图形文件的优点是可以制作透明图、交错图以及动画。

18. PNG 图形文件是可携式网络图形文件，色彩支持到 48bit，采取非失真的压缩方式，与 GIF 格式一样具有支持透明图与交错图的特性，但是不能制作动画。

19. 如果以图形文件大小来看，JPEG 格式（全彩）<GIF 格式（256 色）<PNG 格式（全彩）。

20. 像素是组成位图的最小单位，也有人称为“画素”或“图素”，当我们利用绘图软件将位图文件放大时，就会看到图形文件其实是由一个一个小格点所组成的，这些小格点就是像素。

21. 常见的声音格式有 .WAV、.MP3、.MIDI 及 .OGG 等。

22. 网页服务器都会有各自的网站文件命名规则，如果不符合规定，网友浏览网页时，将发生找不到文件的情况，大部分的网页服务器大小写都会视为不同，最好习惯统一使用小写英文，尤其是关键的网页文件，例如“index.htm”，应该一律使用小写。

23. 制作网页时，屏幕分辨率是必须考虑的重点，简单地说就是计算机的桌面大小，我们所看到的计算机屏幕影像都是屏幕上水平与垂直的光点所构成的，这些光点是计算机屏幕显示的最小单位，即像素。光点的密度越高，分辨率越高，画面影像就越细致。

24. 网站设计时可以先决定版面是设计成“固定式网页”还是“相对式网页”。

25. “固定式网页”是常见的网页设计方式，优点是网页排版可以固定位置，文字与图形不会随着屏幕分辨率而产生位移，缺点是超出屏幕水平宽度的部分会被截断，必须拖曳水平滚动条才能浏览完整网页。“相对式网页”的网页宽度以百分比大小来做设置，优点是网页内容的宽度会随着屏幕宽度而调整，缺点是文字与图形可能会随着屏幕分辨率调整而产生位移。

习　题

一、选择题

1. 万维网可以呈现的媒体形式为______。

（A）文字　（B）图形　（C）影像　（D）以上皆可

2. 万维网简写为_______。

（A）WWW　（B）3D　（C）2D　（D）2W

3. E-Mail 账号里使用者账号与邮件主机的分隔符是________。

（A）#　（B）&　（C）@　（D）_

4. 可以和其他不同的计算机系统互相传递文件的通信协议是_______。

（A）WWW　（B）FTP　（C）Telnet　（D）Gopher

5. 用来浏览万维网的软件称为______。

（A）ISP　（B）Browser　（C）Outlook　（D）E-Mail

6. E-Mail 可以传送的信息有_______。

（A）文字　（B）图片　（C）文件　（D）以上皆可

7.WWW 网络传输的协议是_________。

（A）HTTP　（B）URL　（C）FTP　（D）WWW

8. 进入网站之后看到的第一个网页是__________。

（A）搜寻网页　（B）首页　（C）入口网站　（D）动态网页

9. 在因特网的网域名称中，下列机构形态正确的是_________。
（A）edu 代表教育机构　　（B）vid 代表个人
（C）net 代表政府机构　　（D）idv 代表 ISP 服务商

10. 在网址 http://www.kcg.gov.tw/中，“http”所代表的含义是_______。
（A）路径　　（B）计算机网址　　（C）网页名称　　（D）一种通信协议

二、问答题

1. 请列举 3 项因特网(Internet)所提供的服务。
2. 请说明合法的 E-Mail 账号格式。
3. 请说明何谓网站与网页。
4. 请说明网址的组成。
5. 请依照下列网址判断各为何种机构形态（公司行号、政府机关、民间组织、教育单位、ISP 服务商、个人）。

http://www.hinet.net/
http://www.disney.com.tw/
http://www.taipei.gov.tw/

第 2 章　HTML5 入门

HTML 是 HyperText Markup Language（超文本标记语言）的缩写，虽然说 HTML 也算是一种程序语言，但是事实上 HTML 并不像 C++或 Visual Basic 语言那样必须记住大量的语法。正确地说，HTML 只是一种标记（tags），每个标记都是一个特定的命令，这些命令组合起来就是我们在浏览器看到的网页。

2.1　认识 HTML5

HTML5 与 HTML4 在架构上有很大的不同，但是基本的标记语法并没有很大的改变。下面我们先来了解一下 HTML5 与 HTML4 的差异。

2.1.1　HTML5 与 HTML4 的差异

HTML5 是最新的 HTML 标准，目前仍然在开发和测试阶段，W3C 工作小组预计要到 2014 年才会到达稳定阶段，不过目前多数标准都已经大致制定，大部分的浏览器也都已经支持 HTML5 标准。

广义的 HTML5 除了本身的 HTML5 标记之外，还包含 CSS3 与 JavaScript。为了配合 CSS 语法，HTML5 在架构与网页排版美化方面的标记做了很大的更改，但是基本的标记语法并没有大的改变。下面列出几项 HTML4 和 HTML5 的较大差异，以供读者参考。

1. 语法简化

HTML、XHTML 的 DOCTYPE、html、meta、script 等标记，在 HTML5 中有大幅度地简化。

2. 统一网页内嵌影音的语法

以前我们在网页中播放影音时，需要使用 ActiveX 或 Plug-in 的方式来完成，例如 You Tube 影音需要安装 Flash Player，苹果网站的影音则需要安装 QuickTime Player。HTML5 之后使用<video>或<audio>标记播放影音，不需要再安装额外的外挂了。

3. 新增<header>、<footer>、<section>、<article>等语义标记

为了让网页的可读性更高，HTML5 增加了<header>、<footer>、<section>、<article>等标记，明确表示网页的结构，这样搜索引擎就能轻易抓到网页的重点，对于 SEO（Search Engine Optimization，搜索引擎优化）有很大的帮助。

4. HTML5 废除了一些旧的标记

HTML5 新增了一些标记，但是也废除了一些旧标记，大部分是网页美化的标记，例如<font>、<big>、<u>等标记。在下一小节中会列出废除的标记。

5. 全新的表单设计

对于网页的程序设计者来说，表单是最常用的功能。在这方面，HTML5 做了很大的更改，不但新增了几项新的标记，原来的<form>标记也增加了许多属性。

6. 利用<canvas>标记绘制图形

HTML5 新增了具有绘图功能的<canvas>标记，利用它可以搭配 JavaScript 语法在网页上画出线条和图形。

7. 提供 API 开发网页应用程序

为了让网页程序设计者开发网页设计应用程序，HTML5 提供了多种 API 供设计者使用，例如 Web SQL Database 让设计者可以脱机访问客户端（Client）的数据库。当然，要使用这些 API，必须熟悉 JavaScript 语法。

以上 7 项只是 HTML5 中较大的更改，有些标记语法的小修改，在以下的章节中会陆续进行说明。

2.1.2 HTML5 废除的标记

HTML5 新增了一些标记，也废除了一些旧的标记，虽然目前这些标记仍然可以使用，不过既然 W3 已经明确指出将废除这些标记，为了避免以后网页显示发生问题，最好避免使用这些标记。

如果网页中不小心使用了这些废除的标记也没有关系，当标记停用时，HTML5 仍然具备向下兼容的特性，浏览器将会跳过错误继续向下执行，只是网页可能会无法完整呈现想要的效果。

表 2-1 列出了常用但 HTML5 将废除的标记，提醒读者特别留意。

表 2-1 HTML 将废除的标记

标记	描述	替代标记
<applet>	内嵌 Java Applet	改用<embed>或<object>标记
<acronym>	缩写词，例如 WWW=World Wide Web	改用<abbr>标记
<dir>	符号列表	改用<ul>标记
<frame>	框架设置	改用 CSS 搭配<iframe>标记
<frameset>	框架声明	
<noframes>	浏览器不支持框架时显示	
<basefont>	指定基本字体	改用 CSS
<big>	放大字体	

（续表）

标记	描述	替代标记
<center>	居中	改用 CSS
<font>	文字格式设置	
<marquee>	滚动字幕	
<s>	删除线	
<strike>	删除线	
<spacer>	插入空格	
<tt>	等宽字体显示	
<u>	下划线	
<bgsound>	插入背景音乐	改用<audio>标记

2.2 学习 HTML 前的准备工作

工欲善其事，必先利其器。学习 HTML 之前必须先准备好编写 HTML 的操作环境，本节就告诉你如何创建 HTML，进而存储文件并在浏览器中预览其结果。

2.2.1 建立 HTML 文件

学习 HTML 不需要昂贵的硬件与软件设备，只要准备好下面两项基本工具即可。

1. 浏览器

如 Microsoft Internet Explorer（IE）、Google Chrome 或者 Mozilla Firefox 浏览器。

2. 纯文本编辑软件

HTML 是标准的文件格式，任何一种纯文本编辑软件都可以编辑 HTML 文件，例如 Windows 操作系统中的“记事本”，就是一个基本的文字编辑工具。

目前，IE 9、Google Chrome、360 安全浏览器、Firefox、Opera 及 Safari 浏览器都支持 HTML5，只是支持程度各有不同，Internet Explorer（IE）从 IE 9 之后对 HTML 5 才有较佳的支持。

笔者接下来就通过 Windows 操作系统中的记事本和 360 安全浏览器介绍创建 HTML 文件的方法。

【范例】建立 HTML 文件

01 打开记事本，运行“开始 | 所有程序 | 附件 | 记事本”命令。在文档空白处输入如图 2-1 所示的文字。

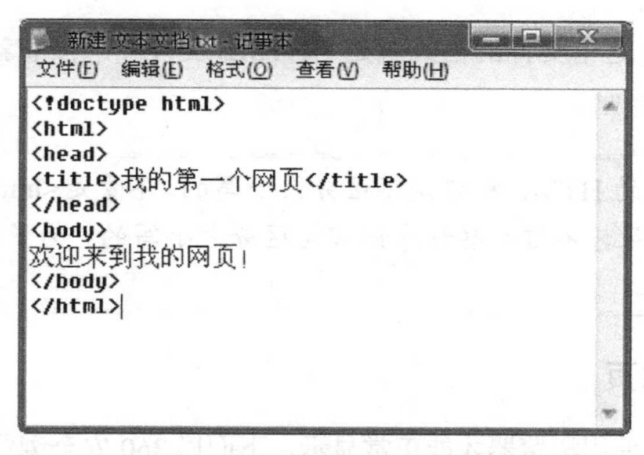

图 2-1 在记事本中输入文字

02 单击“文件”菜单中的“另存为”命令，将记事本文件保存为 HTML 文件，如图 2-2 所示。

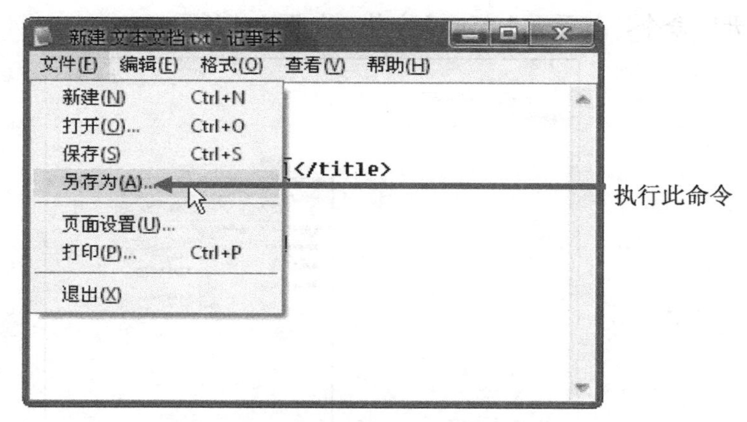

图 2-2 单击“文件”菜单中的“另存为”命令

03 在“文件名”文本框中输入 index.htm，保存文件，如图 2-3 所示。

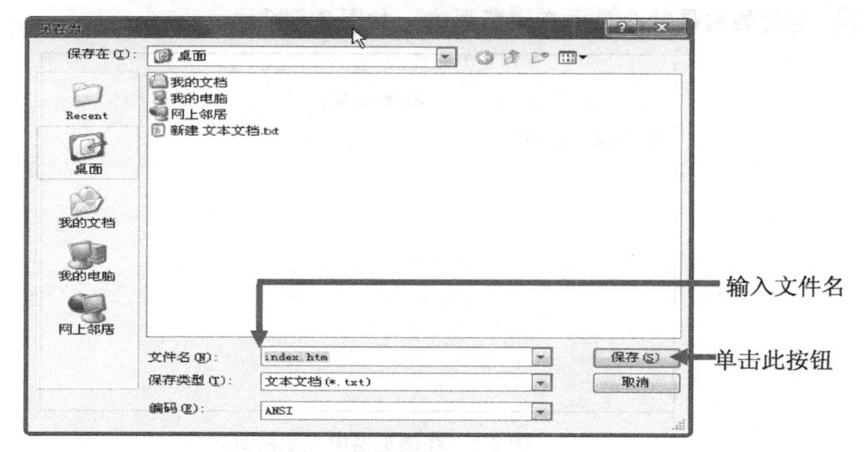

图 2-3 输入文件名

完成以上的操作后，这个文件的格式就是“HTML 文件”。接着就可以利用浏览器来观看网页的效果了。

HTML 文件中的 HTML 标记是不区分大小写的，不管是<html>、<Html>或<HTML>都是同样的效果，不过有些程序语言是区分大小写的。为了养成良好的习惯，建议尽量采用小写。

2.2.2 预览 HTML 网页

制作好的网页必须要使用浏览器才能正常显示，下面以 360 安全浏览器来说明如何浏览网页。

范例：预览 HTML 网页

01 打开 360 安全浏览器，将上一小节保存的 index.html 文件拖曳到浏览器内，或者运行“文件 | 打开”命令，打开 index.html 文件，如图 2-4 所示。

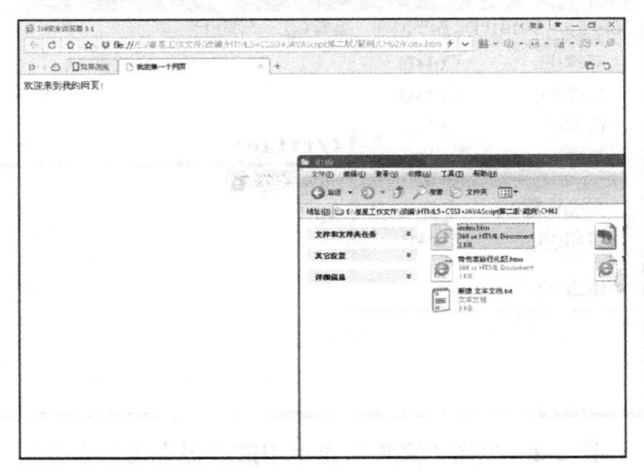

图 2-4 将 html 文件拖曳到浏览器中

02 运行的结果就会显示在浏览器内，如图 2-5 所示。

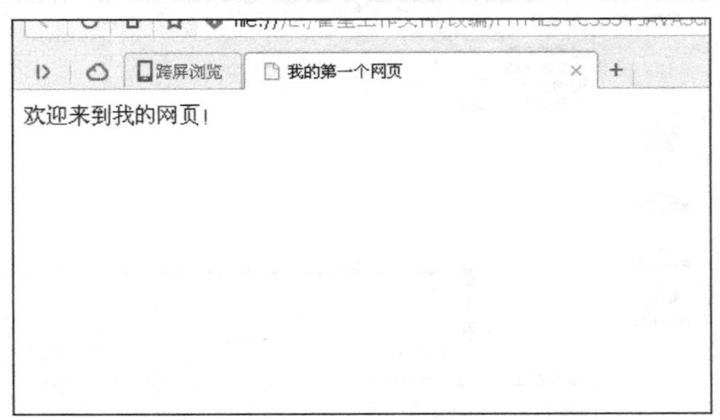

图 2-5 在浏览器中显示网页内容

如果对运行结果不满意，不需要关闭浏览器，可以直接打开 index.html 文件进行修改，修改完成后保存文件即可。此时只要返回浏览器，单击“刷新”按钮或按键盘上的 F5 功能键，就可以立即看到修改后的结果了。

从下一小节开始，我们将踏入 HTML 语法的领域。

2.3 HTML 语法的概念与架构

开始学习 HTML 语法之前，首先必须了解 HTML 的基本架构。

2.3.1 HTML 的标记类型

所有的 HTML 标记都有固定的格式，必须由“<”符号与“>”符号括住，例如<html>。HTML 标记有容器标记（Container Tags）与单一标记（Single Tag）两种。

1. 容器标记

顾名思义，容器标记就是成对的开始标记（Start Tag）与结束标记（End Tag），利用这两个标记将文字围住，以达到预期的效果。大部分的 HTML 标记都属于此种标记，结束标记前会加上一个斜线“/”。

```
<开始标记>......</结束标记>
```

例如：

```
<title>我的网页</title>
```

<title></title>标记的功能是将文字显示在浏览器的标题栏中。

2. 单一标记

单一标记只有开始标记，而没有结束标记。例如，<hr>、<img>等标记都属于单一标记，<hr>标记的功能是添加分隔线，<img>标记的功能是插入图片。这些标记加上结束标记是没有意义的，这时只要将标记表示成<hr>即可，不必写成<hr></hr>。

2.3.2 HTML 的组成

一个最简单的 HTML 网页由<html>与</html>标记标识出网页的开始与结束。网页分为“头（head）”和“主体（body）”两部分，如下所示。

```
<!DOCTYPE html>
<html>
<head>
<title>这里是页标题</title>      } 头（head）
</head>
<body>
这里是网页的内容                 } 主体（body）
</body>
```

```
</html>
```

- <head></head>标记：这里通常会放置网页的相关信息，例如<title>、<meta>，这些信息通常不会直接显示在网页上。
- <title></title>标记：用来说明此网页的标题，此标题会显示在浏览器标题栏中。

当浏览者将网页加入"收藏夹"时，看到的标题就是<title>标记中的文字。

- <body></body>标记：这里放置网页的内容，这些内容将直接显示在网页上。

2.3.3 标记属性的应用

有些标记可以加上属性（Attributes）来改变其在网页上显示的方式，属性直接置于开始标记内。如果有多个属性，就以空格隔开不同的属性。例如，在<html>标记中可以使用 lang 属性（lang 属性用来指定网页语言），语法如下：

```
<html lang="zh-cn">
```

表示网页语言设置为中文。当有多个属性值时就用空格来分隔各个属性，如下所示。

```
<开始标记 属性名称 1=设置值 1 属性名称 2=设置值 2 ......>
```

例如：

```
<meta name="keywords" content="HTML, CSS, XML, XHTML, JavaScript">
```

meta 标记用来描述网页，有利于搜索引擎快速找到网站并正确分类。

标记的属性同样是不区分大小写的。

2.4 HTML5 文件结构与语义标记

网页开发标准很重要的一环就是"结构"（structure）与"呈现"（presentation）分开，让网页开发人员只需关注网页结构及内容，而网页设计师可以用 CSS 语法帮助美化网页。这样，不仅增加了程序的可读性，每当网页需要改版时，设计师只要更改 CSS 文件就可以让网页焕然一新，不需要去修改 HTML 文件。

2.4.1 结构化的语义标记

语义标记其实并不算新的概念，曾经动手设计过博客的读者，相信对分栏、头部、菜单、主内容区、页脚等结构很熟悉。如果要对页面进行分栏处理、添加标题栏、导航栏或页脚区时，在 HTML4 中的做法是使用<div>标记指定 id 属性名称，再加上 CSS 语法来达到想要的效果，

图 2-6 所示是基本的两栏式网页架构。

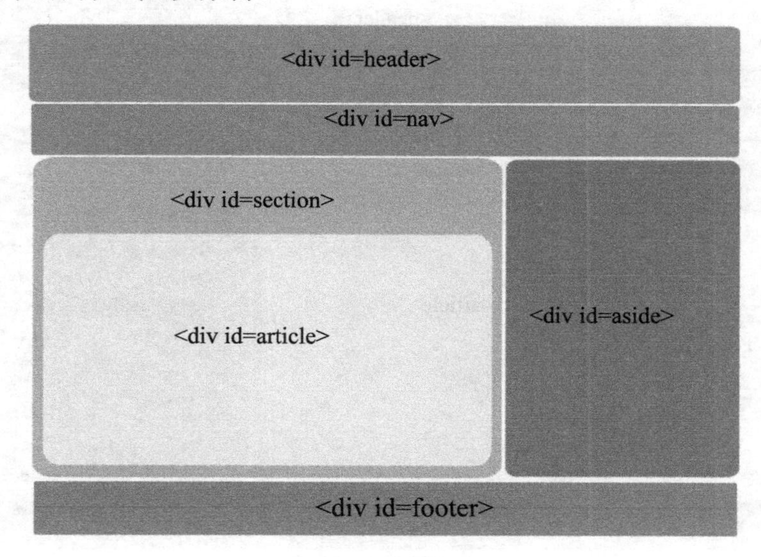

图 2-6 两栏式架构

<div>标记的 id 属性是自由命名的，如果 id 名称与架构完全无关，其他人就很难从名称去判断网页的架构，而且文件中过多的<div>标记会让代码看起来凌乱且不易阅读。因此，HTML5 统一了网页架构的标记，去掉了多余的 div，而用一些容易识别的语义标记来代替。常见的语义标记有表 2-2 所示的几种。

表 2-2 常见的语义标记

标记	说明
<header>	显示网站名称、主题或者主要信息
<nav>	网站的连接菜单
<aside>	用于侧边栏
<article>	用于定义主内容区
<section>	用于章节或段落
<footer>	位于页脚，用来放置版权声明、作者等信息

利用这些语义标记，同样的两栏式网页架构就可以如图 2-7 所示。

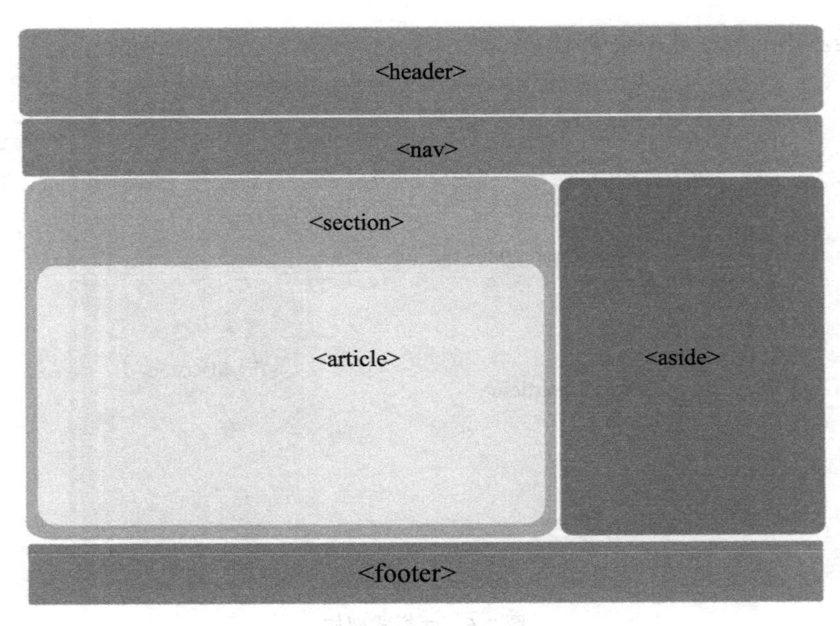

图 2-7　两栏式网页架构

结构化语义标记可以自由配置，并没有规定<aside>标记一定得写在<article>标记下方，写法如下：

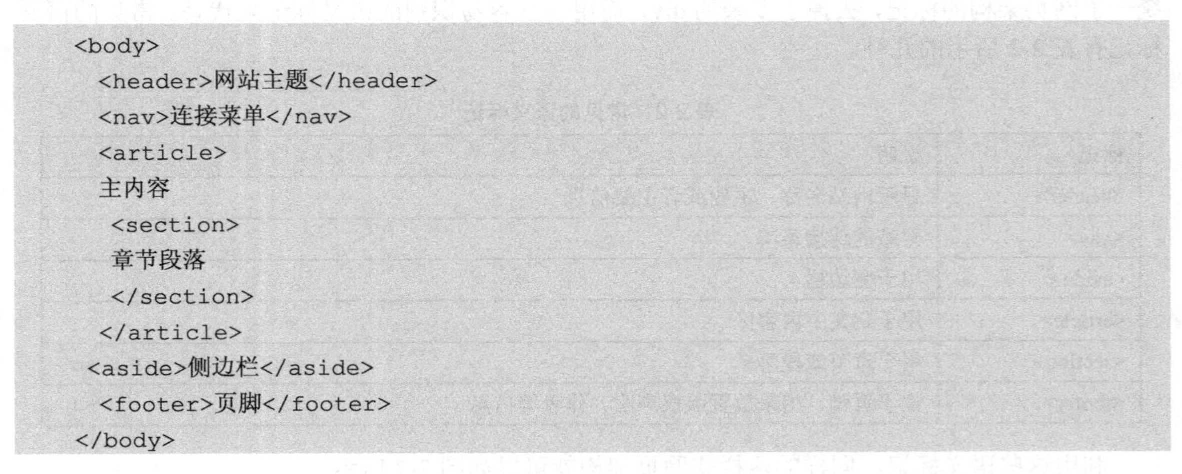

```
<body>
  <header>网站主题</header>
  <nav>连接菜单</nav>
  <article>
  主内容
   <section>
   章节段落
   </section>
  </article>
 <aside>侧边栏</aside>
  <footer>页脚</footer>
</body>
```

打开下载资源中的“范例/CH02/背包客旅行札记.htm”文件，就可以看到一个 HTML5 的实例网页，如图 2-8 所示。

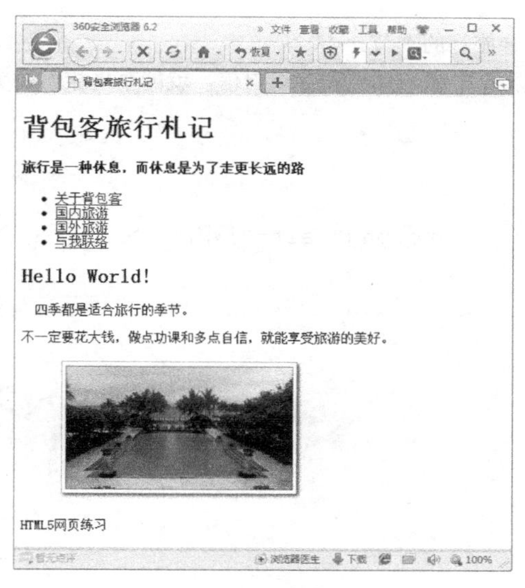

图 2-8　实例网页

用记事本打开“背包客旅行札记.htm”，可以看到完整的 HTML 架构写法。

```
<!DOCTYPE html>
<html>
<head>
<meta charset="gb2312">
<title>背包客旅行札记</title>
</head>
<body>
<header id="header">
    <hgroup>
        <h1>背包客旅行札记</h1>
        <h4>旅行是一种休息，而休息是为了走更长远的路</h4>
    </hgroup>
    <nav>
        <ul>
            <li><a href="#">关于背包客</a></li>
            <li class="current-item"><a href="#">国内旅游</a></li>
            <li><a href="#">国外旅游</a></li>
            <li><a href="#">与我联络</a></li>
        </ul>
    </nav>
</header>
<article id="travel">
    <section>
        <h2>Hello World!</h2>
```

```
            <p>四季都是适合旅行的季节。</p>
            <p>不一定要花大钱，做点功课和多点自信，就能享受旅游的美好。</p>
        </section>
        <aside>
            <figure>
                <img src="photo.png" alt="悠闲" />
            </figure>
        </aside>
    </article>
    <footer>
        HTML5 网页练习
    </footer>
    </body>
    </html>
```

HTML 语法只是显示网页结构与内容，至于网页美化的部分，就交给 CSS 语法了。CSS 语法在以后章节中有详细的介绍。

可以打开“CH02/背包客旅行札记-CSS 版.htm”文件，查看加上 CSS 语法之后网页所显示的效果，如图 2-9 所示。

图 2-9　使用 CSS 样式后的页面

2.4.2　HTML5 声明与编码设置

标准的 HTML 文件在文件前端都必须使用 DOCTYPE 声明使用的标准规范。在 HTML4 中还有 DOCTYPE 命令，而且有 3 种模式：严格标准模式（HTML4 Strict）、近似标准模式（HTML4 Transitional）和近似标准框架模式（HTML4 Frameset）。DOCTYPE 命令必须很清楚地声明使用何种标准。以近似标准框架来说，其语法如下：

```
< ! DOCTYPE HTML PUBLIC "-//W3C//DTD HTML 4.01 Frameset//EN"
"http://www.w3.org/TR/html4/frameset.dtd" >
```

HTML5 的 DOCTYPE 声明就简单多了，其语法如下所示：

```
<!DOCTYPE html>
```

语言与编码类型

网页中声明语言与编码是很重要的，如果网页文件中没有声明正确的编码，浏览器就会根据浏览者计算机的设置显示编码。例如，我们有时浏览网站会看到一些乱码，通常都是因为没有正确声明编码而造成的。

语言的声明方式很简单，只要在<head>与</head>中间加入如下代码即可：

```
<html lang="zh-CN">
```

lang 属性设置为 zh-CN，表示文件内容使用简体中文。

网页编码的声明语法如下：

```
<meta charset="gb2312">
```

charset 属性设置为 gb2312，表示使用 gb2312 编码。如果使用 UTF-8 编码，只要将 charset 属性值改为 UTF-8 就可以了。

gb2312 是简体中文编码，只支持简体中文，也就是说 gb2312 编码的网页在台湾地区用 BIG2312 编码打开会变成乱码，而 UTF-8 是国际码，支持多种语言，不容易出现乱码的问题。要特别提醒读者，网页编码的声明要与保存文件时的编码格式一致。以记事本为例，如果网页要使用 UTF-8 编码，那么保存文件时就必须在“编码”下拉列表中选择“UTF-8”，如图 2-10 所示。

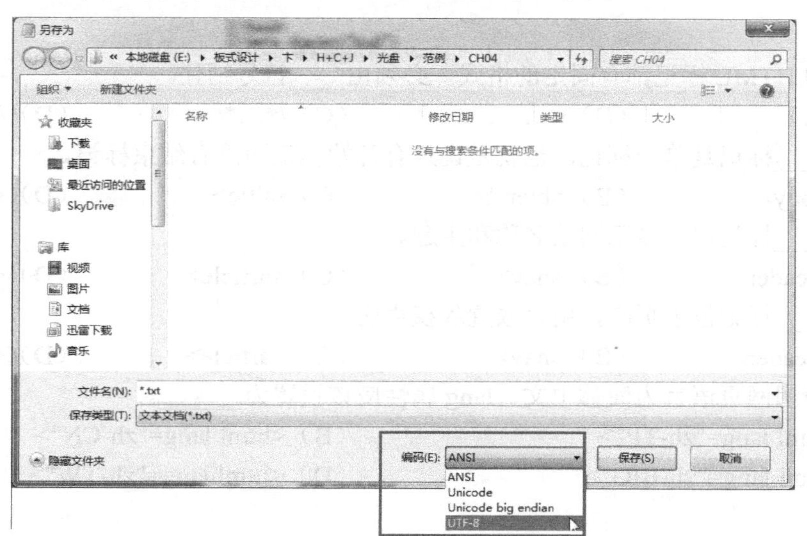

图 2-10　选择文件编码

本章小结

1. HTML 是 HyperText Markup Language（超文本标记语言）的缩写，HTML 只是一种标记，每个标记都是一个特定的命令，这些命令组合起来就是我们在浏览器中看到的网页。

2. HTML 是标准的文件格式，任何一种纯文本编辑软件都可以编辑 HTML 文件。例如，Windows 操作系统中的记事本，就是一个不错的工具。

3. HTML 文件中的 HTML 标记是不区分大小写的，<html>、<Html>或<HTML>都是同样的效果。不过，有些程序语言会区分大小写，为了养成良好的习惯，建议尽量采用小写。

4. 所有的 HTML 标记都有固定的格式，必须由“<”符号与“>”符号括住，例如<html>。

5. <head></head>标记：这里通常会放置网页的相关信息，例如<title>、<meta>，这些信息通常不会直接显示在网页上。

6. <title></title>标记：用来说明此网页的标题，此标题会显示在浏览器的标题栏。

7. <body></body>标记：这里放置网页的内容，这些内容将直接显示在网页上。

8. lang 属性用来指定网页语言。

9. HTML5 统一了网页架构的标记，去掉了多余的 div，而用一些容易识别的语义标记来代替。常见的语义标记有<header>、<nav>、<aside>、<article>、<section>以及<footer>。

10. <header>标记显示网站名称、主题或者主要信息；<nav>标记网站的连接菜单；<aside>标记用于侧边栏；<article>标记用于定义主内容区；<section>标记用于章节或段落；<footer>标记位于页脚，用来放置版权声明、作者等信息。

习　题

一、选择题

1. 所有的 HTML 标记都有固定的格式，必须由____符号括住。

（A）（..）　　（B）<…>　　（C）/*…*/　　（D）/../

2. 下列____标记是单一标记，也就是说只有开始标记而没有结束标记。

（A）<body>　　（B）<hteml>　　（C）<title>　　（D）

3. 下列____标记用于显示网站名称和主题。

（A）< header>　　（B）<nav>　　（C）<article>　　（D）<footer>

4. 下列____标记位于页脚，用来放置版权声明。

（A）< header>　　（B）<nav>　　（C）<article>　　（D）<footer>

5. 要想声明网页语言为简体中文，lang 属性应该设置为______。

（A）<html lang="zh-TP">　　（B）<html lang="zh-CN">

（C）<html lang="zh-BIG">　　（D）<html lang="zh-TW">

二、问答题

1. 请简要说明 HTML 的组成。

2. 请简述结构化语义标记的种类和用法。

第 3 章 文字与排版技巧

文字是文件最基本的要素之一。设计网页时，如果一长串密密麻麻的文字都没有适当的断行与分段，让网友还没看到丰富精彩的网页内容，就被缺乏易读性的网页排版打败了。本章将学习如何在网页中编辑文字与段落。

3.1 段落效果——使用排版标记

当我们使用文字处理软件（例如 Word）时，只要在每一行的结尾按 Enter 键就可以分段，按 Shift+Enter 组合键就可以换行。不过，当你在记事本中输入文字并按 Shift+Enter 组合键时，只有记事本中的文字会换行，而用浏览器查看时又变成一长串没有分段的文字，这是因为浏览器会忽略 HTML 原始代码中空格和换行的部分，所以必须使用排版标记才能够达到分段的效果。

HTML 用来设置段落的标记有<p>、
、<pre>、<blockquote>、<hr>、<h1>~<h6>等。

3.1.1 设置段落样式的标记

在 HTML 语法中可以利用<p>标记来分出段落，换行则可以利用
标记来达成。

在 HTML 语法中可以利用<p>标记来区分段落，换行可以利用
标记来完成。

1. <p>标记

<p>标记是成对的标记，将<p>标记置于段落起始处，</p>置于段落结尾，这样不但具有分段功能，还具有设置段落居中或靠右对齐的功能。

如果不设置对齐方式，将<p>标记置于段落结尾，同样具有分段功能。

语法如下：

```
<p>...</p>
```

2.
标记

标记的功能是换行，可以说它是 HTML 标记中最常用的一个标记，不需要结尾标记，也没有属性。

语法如下：

```
第一行<br/>第二行
```

HTML5 不仅符合 HTML 标准也遵循 XHTML（Extensible HyperText Markup Language，可扩展超文本标记语言）标准，语法比 HTML 严谨而且简洁。在 XHTML 语法中规定不成对的单一标记必须在标记后加上"/"符号，例如
、<img />、<hr />。HTML5 规范也建议使用这样的标记方式。

通过下面的范例，可以了解<p>标记、
标记使用前后的效果。

用记事本打开范例文件 ch03/ch03_01.htm，请读者跟着范例一起练习。

范例：ch03_01.htm

01 由于尚未加入段落标记，因此浏览器会忽略 HTML 原始代码中空格和换行的部分，变成一长串的文字，如图 3-1 所示。

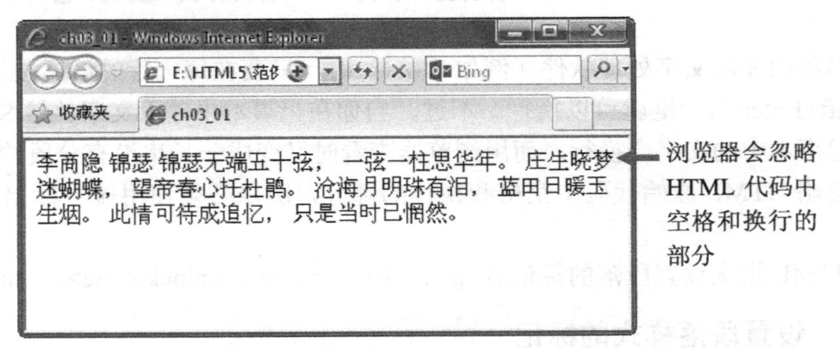

图 3-1　未添加标记的页面

02 请在 HTML 文件中添加如下的<p>、
标记，并单击"预览"按钮。

HTML 原始代码：

```
<p>李商隐 锦瑟</p>
锦瑟无端五十弦，<br />
一弦一柱思华年。<br />
庄生晓梦迷蝴蝶，<br />
望帝春心托杜鹃。<br />
沧海月明珠有泪，<br />
蓝田日暖玉生烟。<br />
此情可待成追忆，<br />
只是当时已惘然。
```

执行结果如图 3-2 所示。

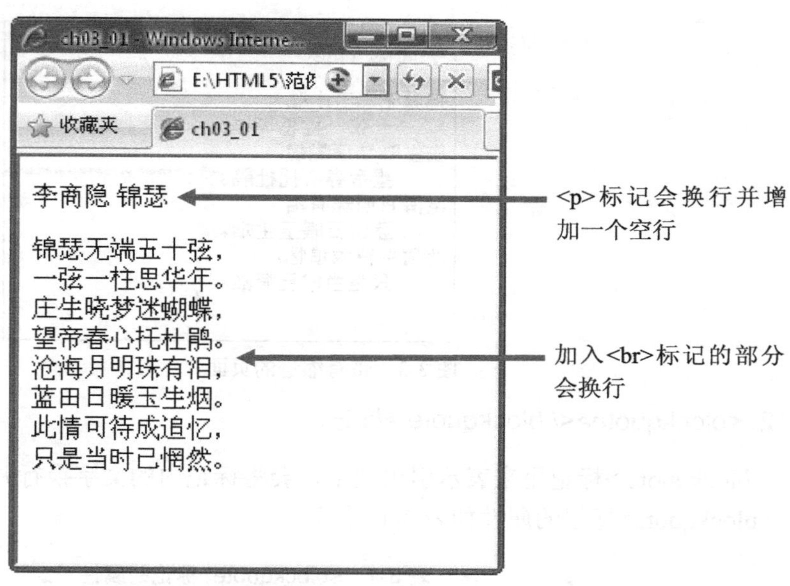

图 3-2　添加标记后的页面

3.1.2　设置对齐与缩进的标记

除了分段与分行之外，段落处理中最重要的就是对齐与缩进的功能。

1. <pre></pre>标记

<pre>标记可以让<pre></pre>标记之间的文字按照原始代码的排列方式进行显示。

范例：ch03_02.htm

```
李商隐 锦瑟
<pre>
锦瑟无端五十弦，
      一弦一柱思华年。
庄生晓梦迷蝴蝶，
      望帝春心托杜鹃。
沧海月明珠有泪，
      蓝田日暖玉生烟。
此情可待成追忆，
      只是当时已惘然。
</pre>
```

执行结果如图 3-3 所示。

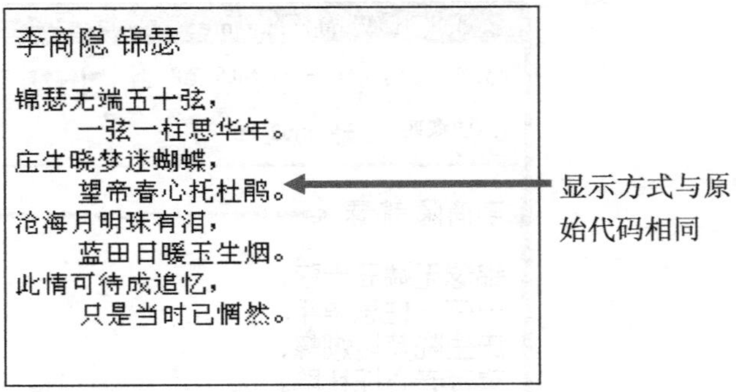

李商隐 锦瑟

锦瑟无端五十弦，
　　一弦一柱思华年。
庄生晓梦迷蝴蝶，
　　望帝春心托杜鹃。
沧海月明珠有泪，
　　蓝田日暖玉生烟。
此情可待成追忆，
　　只是当时已惘然。

显示方式与原始代码相同

图 3-3　带有缩进的页面

2. <blockquote></ blockquote >标记

< blockquote >标记用来表示引用文字，会将标记内的文字换行并缩进。

<blockquote>标记的属性如表 3-1 所示。

表 3-1　<blockquote>标记的属性

属性	设置值	说明
cite	url 网址	说明引用的来源

请参考下面的范例。

范例：ch03_03.htm

```
<h2>李商隐 锦瑟</h2>
锦瑟无端五十弦，<br />
一弦一柱思华年。<br />
<blockquote>
庄生晓梦迷蝴蝶，<br />
望帝春心托杜鹃。<br />
</blockquote>
沧海月明珠有泪，<br />
蓝田日暖玉生烟。<br />
此情可待成追忆，<br />
只是当时已惘然。
```

执行结果如图 3-4 所示。

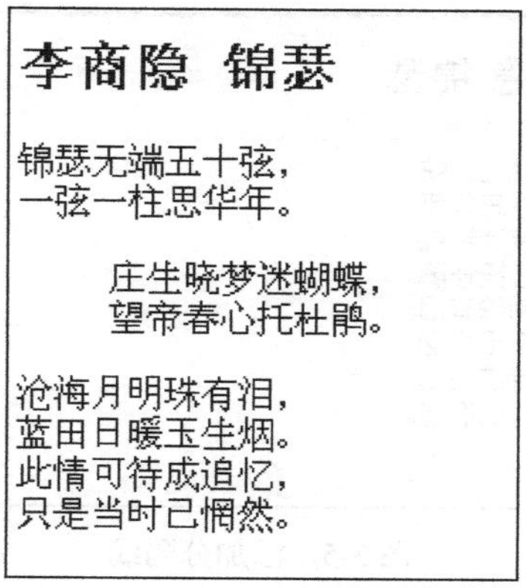

李商隐 锦瑟

锦瑟无端五十弦，
一弦一柱思华年。

　　庄生晓梦迷蝴蝶，
　　望帝春心托杜鹃。

沧海月明珠有泪，
蓝田日暖玉生烟。
此情可待成追忆，
只是当时已惘然。

图 3-4　添加缩进标记的页面

范例中的<h2>标记用来设置标题大小，在 3.1.4“设置段落标题”中会详细说明。

3.1.3　添加分隔线

为了版面编排的效果，可以在网页中添加分隔线，让画面更容易区分主题或段落。

```
<hr>标记
```

<hr>标记的作用是添加分隔线。在 HTML4 中<hr>标记有一些改变外观的属性可以使用，包括 align、size、width、color、noshade 等，这些属性 HTML5 都不再支持，建议使用 CSS 语法来改变分隔线的外观。

语法如下：

```
<hr />
```

范例：ch03_04.htm

```
<h2>李商隐 锦瑟</h2>
<hr />                    <!--分隔线-->
锦瑟无端五十弦，<br />
一弦一柱思华年。<br />
庄生晓梦迷蝴蝶，<br />
望帝春心托杜鹃。<br />
沧海月明珠有泪，<br />
蓝田日暖玉生烟。<br />
此情可待成追忆，<br />
只是当时已惘然。
```

执行结果如图 3-5 所示。

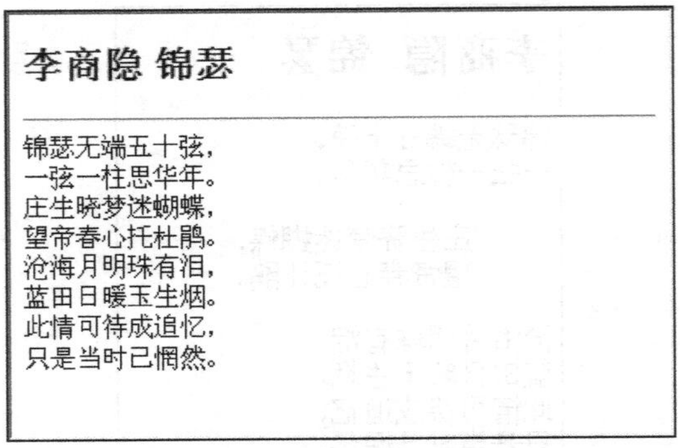

李商隐 锦瑟

锦瑟无端五十弦，
一弦一柱思华年。
庄生晓梦迷蝴蝶，
望帝春心托杜鹃。
沧海月明珠有泪，
蓝田日暖玉生烟。
此情可待成追忆，
只是当时已惘然。

图 3-5 添加分隔线

3.1.4 设置段落标题

<h1>、<h2>、<h3>、<h4>、<h5>、<h6>这几个标记的作用是设置段落标题的大小级数，<h1>字体最大，<h6>字体最小。由<h1>～<h6>标记标识的文字将会独占一行。

语法如下：

```
<h1>…</h1>
```

HTML5 不再支持<h1>~<h6>标记的 align 属性，想要设置标题放置的位置，可以利用 CSS 语法来调整。

范例：ch03_05.htm

```
<h1>锦瑟无端五十弦，</h1>
<h2>一弦一柱思华年。</h2>
<h3>庄生晓梦迷蝴蝶，</h3>
<h4>望帝春心托杜鹃。</h4>
<h5>沧海月明珠有泪，</h5>
<h6>蓝田日暖玉生烟。</h6>
```

执行结果如图 3-6 所示。

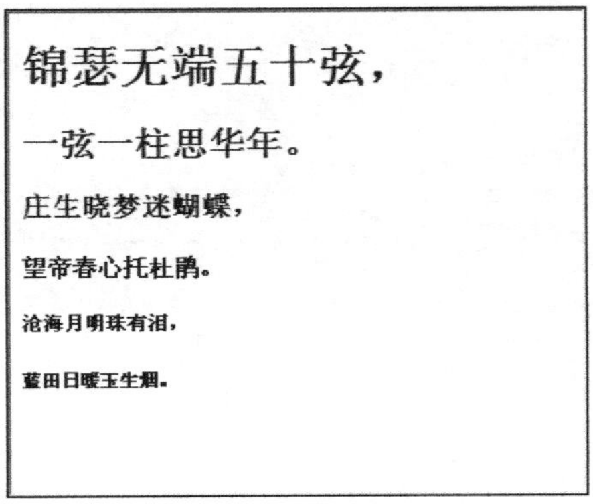

锦瑟无端五十弦，
一弦一柱思华年。
庄生晓梦迷蝴蝶，
望帝春心托杜鹃。
沧海月明珠有泪，
蓝田日暖玉生烟。

图 3-6 设置标题格式

3.2　文字效果——使用文字标记

HTML 中最常用的就是文字，与文字相关的标记也最多。本节将说明文字效果相关的标记用法。HTML 常用的文字效果的标记有<b>、<i>、<u>、<sup>等。

3.2.1　设置字形样式的标记

HTML 提供的字形样式方面的标记主要可以设置粗体、斜体、下划线等。

1. <font>标记（HTML5 已停用）

HTML4 中常用<font>标记来设置文字外观，这个标记 HTML5 已经停用。不过，笔者认为这个标记相当方便，还是介绍给读者认识，当然建议使用 CSS 语法来设置文字外观。

<font>标记主要用来设置文字的字号、颜色和字体，属性有 size、color 以及 face 三种。

语法如下：

```
<font size="2" color="#FF0000" face="楷体">
```

<font>标记的属性如表 3-2 所示。

表 3-2　<font>标记的属性

属性	设置值	说明
size	相对值（size=+2） 绝对值（size=2）	设置文字的大小，默认值为 size=3
color	颜色名称（color="red"） HEX 码（color="#FF0000"）	设置文字的颜色
face	系统内置字形	设置文字的字体

face 的属性设置值最好是系统内置字形，当浏览者的计算机中没有设置的字体时，浏览器会自动以系统内置字形进行显示。

size 的属性设置值可以是相对值或者绝对值，当没有设置 size 属性值时，默认值为 3。相对值的意思是以 0 为基础，每加一则字体放大一级，最大到“+4”，每减一则字体缩小一级，最小到“-2”。

2. <b>、<u>、<i>标记

这些标记都必须有结束标记。<b>、<u>、<i>三者可以组合使用，语法和效果请参考下面的说明。

<b>标记是将文字设置为粗体。语法如下：

```
<b>这是粗体字</b>
```

显示的结果为：

```
这是粗体字
```

如果想要将网页中的重点文字以粗体标识，HTML5 建议使用<strong>标记。<strong>标记也必须有结束标记</strong>，用法与<b>标记相同。

<i>标记是将文字设置为斜体。语法如下：

```
<i>这是斜体字</i>
```

显示的结果为：

这是斜体字

<u>标记是为文字添加下划线，语法如下：

```
<u>这是加了下划线的字</u>
```

显示的结果为：

这是加了下划线的字

基本上，HTML5 都不建议使用这些字形标记，最好使用 CSS 语法来代替：<b>标记可以用 CSS 的 font-weight 语法，<i>标记可以用 CSS 的 font-style 语法，<u>使用 text-decoration 语法。

有关字形样式的标记，请参考以下范例。

范例：ch03_06.htm

```
<p><b>李商隐 锦瑟</b></p>
锦瑟无端五十弦，<br />
<b>一弦一柱思华年。</b><br />
<i>庄生晓梦迷蝴蝶，</i><br />
<u>望帝春心托杜鹃。</u><br />
<u><i><b>沧海月明珠有泪，</b></i></u>
```

执行结果如图 3-7 所示。

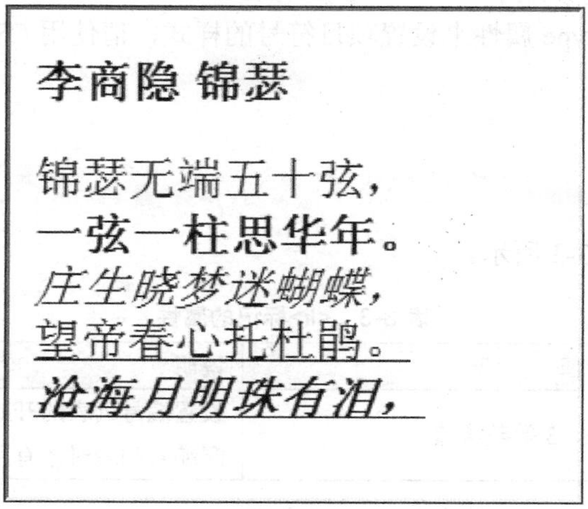

李商隐 锦瑟

锦瑟无端五十弦，
一弦一柱思华年。
庄生晓梦迷蝴蝶，
<u>望帝春心托杜鹃。</u>
<u>沧海月明珠有泪，</u>

图 3-7　设置字形格式的页面

3.3.2　设置上标、下标

字形效果样式方面的标记主要可以为文字添加上标（<sup>标记）、下标（<sub>标记）等效果。

<sup>与<sub>标记分别用于将文字设置为上标和下标，通常用于化学方程式或数学公式，语法如下：

```
SO<sub>4</sub><sup>2+</sup>
```

显示的结果为：

SO_4^{2+}

3.3　项目符号与编号——使用列表标记

列表标记可以将文字内容分门别类地列出来，并且在文字段落前面添加符号或编号，让网页更容易阅读。列表标记分为符号列表与编号列表两种，也可以在列表中再加入一层列表，变成多层嵌套列表。

3.3.1　符号列表

符号列表标记功能是将文字段落向内缩进，并在段落的每一个列表项目前面加上圆形（•）、空心圆形（○）或方形（▪）等项目符号，以达到醒目的效果。由于符号列表没有顺序编号，因此又称为无序列表（Unordered List）。符号列表的标记是<ul>，必须搭配<li>标记使用。

只需要在项目的文字段落前面加上<ul>标记，并在每个项目的前面加上<li>标记，在段落结尾加上</ul>标记即可。

<ul>标记的语法如下：

```
<ul>...</ul>
```

HTML5 不支持使用 type 属性来设置项目符号的样式，请使用 CSS 的 list-style-type 语法来定义样式。

<li>标记的语法如下：

```
<li value="3">
```

<li>标记的属性如表 3-3 所示。

表 3-3　<li>标记的属性

属性	设置值	说明
value	1、2、3 等整数值	设置编号列表的开始值，此属性只有搭配编号列表时才有用，默认值为 1

请参考下面的范例。

范例：ch03_07.htm

```
<h2>蝴蝶的种类</h2>
<ul>
    <li>凤蝶科</li>
    <li>大红纹凤蝶</li>
    <li>乌鸦凤蝶</li>
    <li>白纹凤蝶</li>
    <li>大凤蝶</li>
</ul>
```

执行结果如图 3-8 所示。

蝴蝶的种类

- 凤蝶科
- 大红纹凤蝶
- 乌鸦凤蝶
- 白纹凤蝶
- 大凤蝶

图 3-8　符号列表

3.3.2　编号列表

当我们想要以有序的条目方式来显示数据时，编号列表标记无疑是最佳选择。编号列表标记是<ol>，其功能是将文字段落向内缩进，并在段落的每个项目前面加上 1、2、3……有顺序的数字，又称为有序列表（Ordered List）。编号列表同样必须搭配<li>标记使用。

<ol>标记的语法如下：

```
<ol type="i" start="4"></ol>
```

<ol>标记的属性如表 3-4 所示。

表 3-4　<ol>标记的属性

属性	设置值	说明
type	设置值有 5 种	设置数目样式，默认值：type=1
start	1、2、3 等整数值	设置编号起始值，默认值：start=1
reversed	reversed	反向排序，数字改为由大到小（IE 9 不支持）

编号列表的样式共有 5 种，如表 3-5 所示。

表 3-5　编号列表的样式

type 设置值	项目编号样式	说明
1	1, 2, 3, ...	阿拉伯数字
A	A, B, C, ...	大写英文字母
a	a, b, c, ...	小写英文字母
I	I, II, III, ...	大写罗马数字
i	i, ii, iii, ...	小写罗马数字

请参考如下的范例。

范例：ch03_08.htm

```
<h2>蝴蝶的种类</h2>
<ul>
<li>凤蝶科</li>
<ol type="A">
    <li>大红纹凤蝶</li>
    <li>乌鸦凤蝶</li>
    <li>白纹凤蝶</li>
    <li>大凤蝶</li>
</ol>
<li>粉蝶科</li>
<ol>
    <li>荷氏黄蝶</li>
    <li>台湾黄蝶</li>
    <li>端红粉蝶</li>
    <li>黄纹粉蝶</li>
</ol>
<li>小灰蝶科</li>
```

```
<ol reversed="reversed">
    <li>红边黄小灰蝶</li>
    <li>朝仓小灰蝶</li>
    <li>紫小灰蝶</li>
    <li>凹翅紫小灰蝶</li>
</ol>
</ul>
```

执行结果如图 3-9 所示。

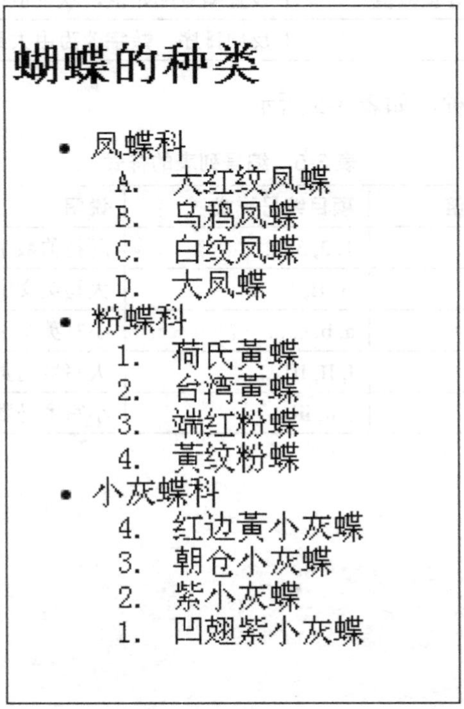

蝴蝶的种类

- 凤蝶科
  - A. 大红纹凤蝶
  - B. 乌鸦凤蝶
  - C. 白纹凤蝶
  - D. 大凤蝶
- 粉蝶科
  - 1. 荷氏黄蝶
  - 2. 台湾黄蝶
  - 3. 端红粉蝶
  - 4. 黄纹粉蝶
- 小灰蝶科
  - 4. 红边黄小灰蝶
  - 3. 朝仓小灰蝶
  - 2. 紫小灰蝶
  - 1. 凹翅紫小灰蝶

图 3-9 嵌套的列表

目前 IE 11 仍不支持<ol>标记的 reversed 属性，使用 360 安全浏览器就可以看到 reversed 属性的反向排序效果了。

上面范例创建的是两层嵌套列表，第一层是加入项目符号，所以我们在前后加上<ul></ul>标记，需要符号的数据前面加上<li>标记，第二层是加入编号，所有的<li>放在<ol>及</ol>标记之间，如图 3-10 所示。

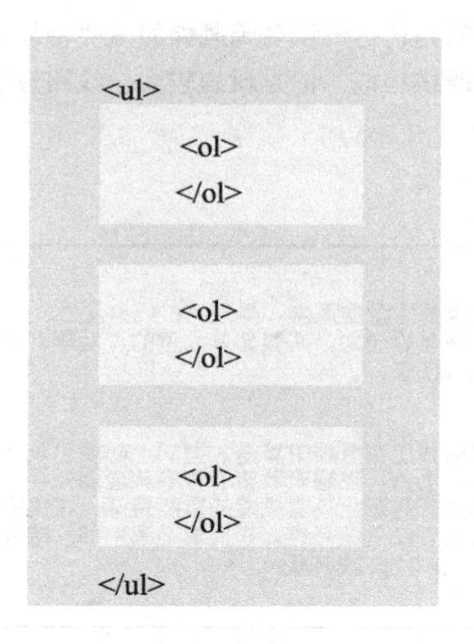

图 3-10　创建两层嵌套列表的标记

3.3.3　定义列表

定义列表（Definition List）适用于有主题与内容的两段文字，通常第一段以<dt>标记定义主题，第二段以<dd>标记来定义内容，如图 3-11 所示。

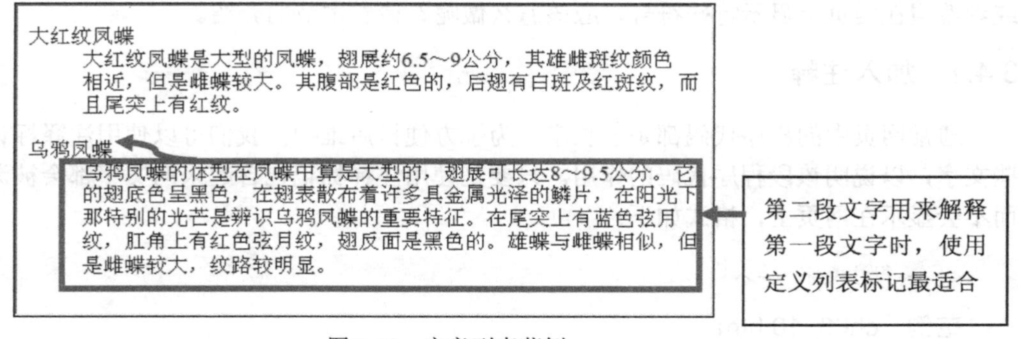

图 3-11　定义列表范例

范例：ch03_09.htm

```
<dl>
<dt>
大红纹凤蝶
<dd>大红纹凤蝶是大型的凤蝶，翅展约 6.5～9 厘米，其雄雌斑纹颜色相近，但是雌蝶较大。其腹部是红色的，后翅有白斑及红斑纹，而且尾突上有红纹。
</dl>
<dl>
<dt>
乌鸦凤蝶
<dd>
乌鸦凤蝶的体型在凤蝶中算是大型的，翅展可长达 8～9.5 厘米。它的翅底色呈黑色，在翅表散布着许多
```

```
具金属光泽的鳞片，在阳光下那特别的光芒是辨识乌鸦凤蝶的重要特征。在尾突上有蓝色弦月纹，肛角上有红色弦月纹，翅反面是黑色的。雄蝶与雌蝶相似，但是雌蝶较大，纹路较明显。
    </dl>
```

执行结果如图 3-12 所示。

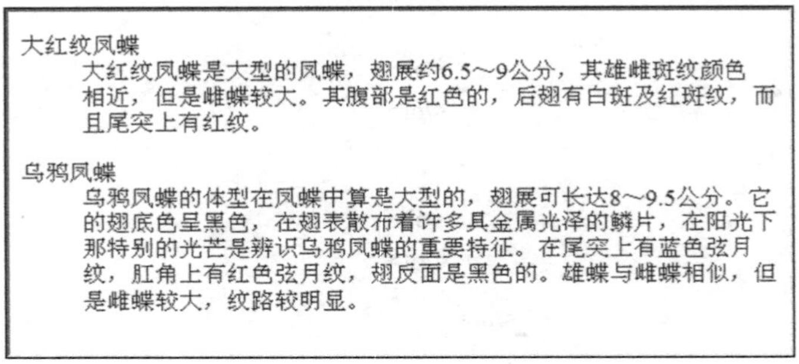

大红纹凤蝶
　　大红纹凤蝶是大型的凤蝶，翅展约6.5～9公分，其雄雌斑纹颜色相近，但是雌蝶较大。其腹部是红色的，后翅有白斑及红斑纹，而且尾突上有红纹。

乌鸦凤蝶
　　乌鸦凤蝶的体型在凤蝶中算是大型的，翅展可长达8～9.5公分。它的翅底色呈黑色，在翅表散布着许多具金属光泽的鳞片，在阳光下那特别的光芒是辨识乌鸦凤蝶的重要特征。在尾突上有蓝色弦月纹，肛角上有红色弦月纹，翅反面是黑色的。雄蝶与雌蝶相似，但是雌蝶较大，纹路较明显。

图 3-12　定义列表

3.4　注释与特殊符号

当我们在编写 HTML 文件时，如果希望在程序代码中添加注释说明性文字，以免日后遗忘，或者希望在网页上显示特殊符号，应该怎么做呢？请看本节的介绍。

3.4.1　加入注释

通常网页中的程序代码都是一长串，为了方便日后维护，我们可以使用注释标记来标注一些文字，以说明该段程序代码的作用。只要是使用注释标记包含起来的文字都会被浏览器忽略而不会显示在网页上，格式如下：

```
<!-- 批注文字 -->
```

范例：ch03_10.htm

```
<!--正文开始-->
<h2>蝴蝶的种类</h2>
<ul>
    <li>凤蝶科</li>
    <li>大红纹凤蝶</li>
    <li>乌鸦凤蝶</li>
    <li>白纹凤蝶</li>
    <li>大凤蝶</li>
</ul>
<!--正文结束-->
```

执行结果如图 3-13 所示。

上例中分别在程序代码首行及尾行加入了注释，当浏览网页时，这些文字并不会在网页上显示出来。

蝴蝶的种类

- 凤蝶科
- 大红纹凤蝶
- 乌鸦凤蝶
- 白纹凤蝶
- 大凤蝶

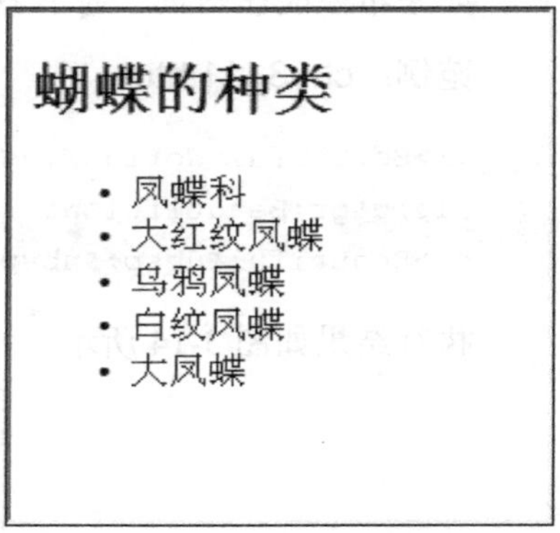

图 3-13　注释未出现在网页中

另外，使用 HTML 注释加入条件，就可以让 IE 浏览器根据注释内容进行条件判断，而其他浏览器（例如，Firefox、Opera、Safari 和 Google Chrome）只会把 IE 注释当作普通的 HTML 注释进行处理。IE 条件的注释建议放在<head>与</head>标记内。语法如下：

```
<!--[if IE]>只有 IE 会执行这里的语句<![endif]-->
```

上述代码是让注释标记的语句只有 IE 才能执行。IE 注释内还可以加入一些命令来限制 IE 的版本，例如 lt（lower than）表示更旧的版本，语法如下：

```
<!--[if lt IE 9]>IE 9 以下的版本会执行此语句<![endif]-->
```

上述代码会让注释标记的语句只有 IE 6~IE 8 的版本才会执行。

3.4.2　使用特殊符号

HTML 中的标记常用到“<”（小于）、“>”（大于）、“""”（双引号）和“&”等符号，如果想在文件中显示这些符号，它们会被认为是标记而无法正常显示，这时就可以输入该符号对应的表示法。这样，就能够在浏览器中显示这些符号了。表 3-6 为特殊符号代码表。

表 3-6　特殊符号代码表

特殊符号	HTML 表示法
©	©
<	⁢
>	>
"	"
&	&
半角空格	

请看下面的例子：

```
<u>Beautiful World</u>
```

当我们要将上面的文字显示于浏览器上时，就可以这样表示：

```
&lt;u&gt;Beautiful World&lt;/u&gt;
```

另外，笔者要特别说明网页中“空格”的用法。你一定觉得奇怪，“空格”有什么值得介绍的，按下键盘上的空格键不就可以了吗？其实不然，不管我们在 HTML 文件中按了几次键盘的空格键，在网页上浏览时，都只会显示一个空格的距离。

如果希望能在网页上显示多个空格，就必须使用“ ”符号。

范例：ch03_11.htm

```
<i>Beautiful World</i><br />
&lt;u&gt;Beautiful World&lt;/u&gt;<br />
<i>Beautiful   World</i>
```

执行结果如图 3-14 所示。

图 3-14　添加空格的效果

想要在网页上显示多个空格，除了在 HTML 文件中使用“ ”之外，还可以使用全角的空格（先切换到全角再按空格键），不过为了日后程序维护方便，建议还是使用“ ”为佳。

3.5　新增中继标记——<meta>

<meta>标记必须存在于<head>与</head>标记之间，其功能大多与浏览器设置相关，由于效果不会直接显示于网页上，因此常常被忽略，事实上<meta>标记有很多实用的功能，包括设置网页编码、重新整理网页以及自动换页等，下面进行详细介绍。

3.5.1　meta 标记语法

meta 标记的语法可分为两大类：

```
<meta http-equiv="HTTP 表头信息" content="信息内容">
```

以及

```
<meta name="网页信息" content="信息内容">
```

http-equiv 属性主要用于定义 HTTP 表头信息，例如网页编码方式、自动换页等；name 属性则是描述网页的信息，例如网页关键词、网页作者等。两者都必须搭配 content 属性使用。

<meta>标记置放于<head></head>里，如下所示：

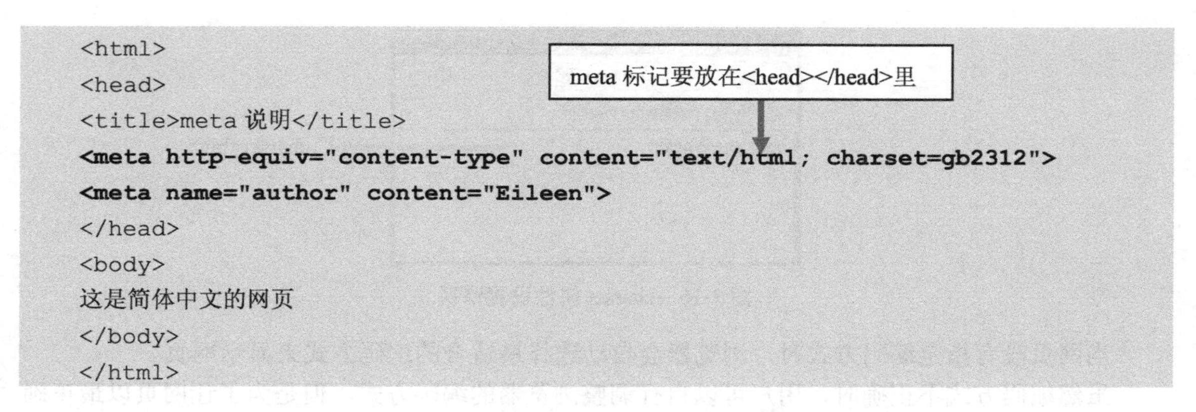


```
<html>
<head>
<title>meta 说明</title>
<meta http-equiv="content-type" content="text/html; charset=gb2312">
<meta name="author" content="Eileen">
</head>
<body>
这是简体中文的网页
</body>
</html>
```

接下来就认识一下 http-equiv 属性以及 name 属性各有哪些好用的功能。

3.5.2　认识 meta 标记的 http-equiv 属性

meta 标记的 http-equiv 属性用来定义 HTML 文件中的 HTTP 表头，常用的 http-equiv 属性种类包括如下几种。

1. content-type

content-type 是设置网页文件的格式，其语法如下：

```
<meta http-equiv="content-type" content="text/html; charset=gb2312">
```

content 属性里设置网页文件的格式内容，每一项内容以分号（；）分开；text/html 表示以 text 或 html 标准来编译网页；charset 则是指定网页的编码字集（Character Set），big5 表示编码字集是使用繁体中文，如果编码方式不对，那么用户会看到一堆乱码。例如，网页内容是简体中文，charset 指定为 gb2312，看到的网页是正确无误的，如图 3-15 所示。

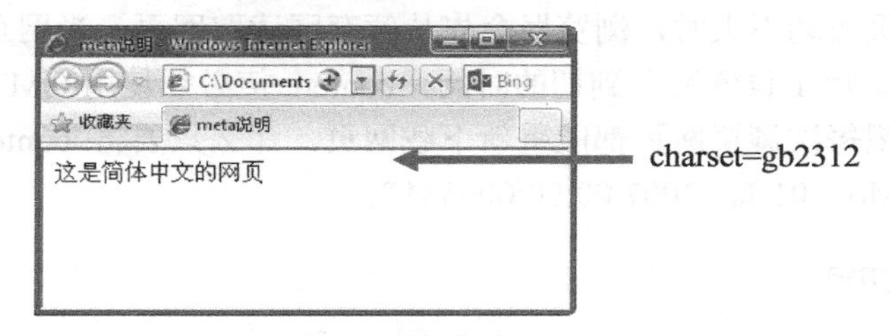

图 3-15　charset 属性设置正确

如果网页内容是简体中文，而 charset 设置为繁体（big5）来编码，那么用户看到的网页将如图 3-16 所示。

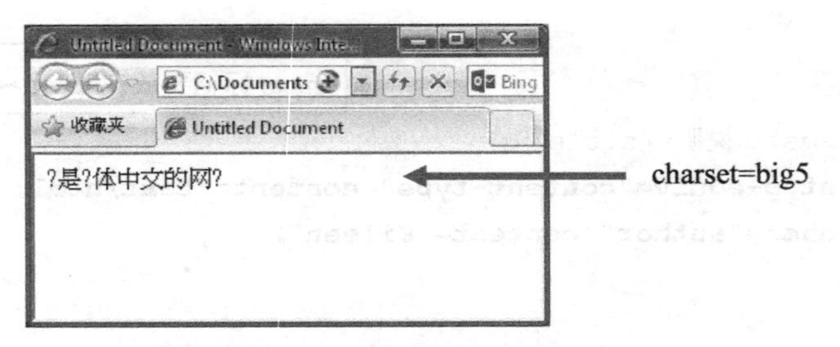

图 3-16　charset 属性设置错误

当网页没有指定编码方式时，浏览器会自动选择最适合的编码方式来显示网页。

虽然编码方式不正确时，用户可以自行调整浏览器的编码方式，但是为了让网页以最正确的语言来显示，建议还是以<meta>标记指定编码方式。

2．refresh

refresh 是让网页重新整理，语法如下：

```
<meta http-equiv="refresh" content="10; url=http://www.abc.com.tw">
```

content 属性用于设置默认秒数，如果加上 url 参数就表示跳到 url 所指定的网页（自动跳转），如果省略网址，就表示重新整理网页。上行程序代码中 content="10; url=http://www.abc.com.tw"，表示 10 秒后转往 http://www.abc.com.tw 网页。

3．expires

expires 是设置网页到期的时间，语法如下：

```
<meta http-equiv="expires" content="Sun, 22 Jun 2008 15:18:44 GMT">
```

通常网页改动不大时，浏览器会先从暂存区读取网页，当网页过期时，才会到服务器重新读取。expires 用于设置网页到期的时间，content 值必须使用 GMT 时间格式。

如果希望每次浏览网页都能重新下载网页，那么只要将 content 设置为过去的时间就可以了，例如：Mon, 01 Jan 2007 00:00:00 GMT。

4．pragma

pragma 是设置 cache（快取）的模式，语法如下：

```
<meta http-equiv="pragma" content="no-cache">
```

content="no-cache"表示禁止浏览器从暂存区读取网页，如此一来，用户将无法脱机浏览。

5．set-cookie

set-cookie 是设置 cookie 到期的时间，语法如下：

```
<meta http-equiv="set-cookie" content="Sun, 22 Jun 2008 15:18:44 GMT">
```

当 content 设置的时间到期时，cookie 将被删除。content 值必须使用 GMT 时间格式。

学习小教室

何谓 cookie

cookie 是记录在浏览器里的变量，用来存放特定的信息，必须利用 script 程序或 CGI 程序来写入或读取。例如，有些网站为了让用户不必每次都重新输入账号，会利用 cookie 来记录账号，下次进入网页时就会自动弹出账号，直到清空 cookie 或 cookie 到期。

IE 浏览器若要清空 cookie，可以从“工具/Internet 选项/常规/浏览历史记录”处单击“删除”按钮，在弹出的“删除浏览的历史记录”对话框中选中 cookie 复选框，再单击“删除”按钮，即可删除计算机里所有的 cookie 记录，如图 3-17 所示。

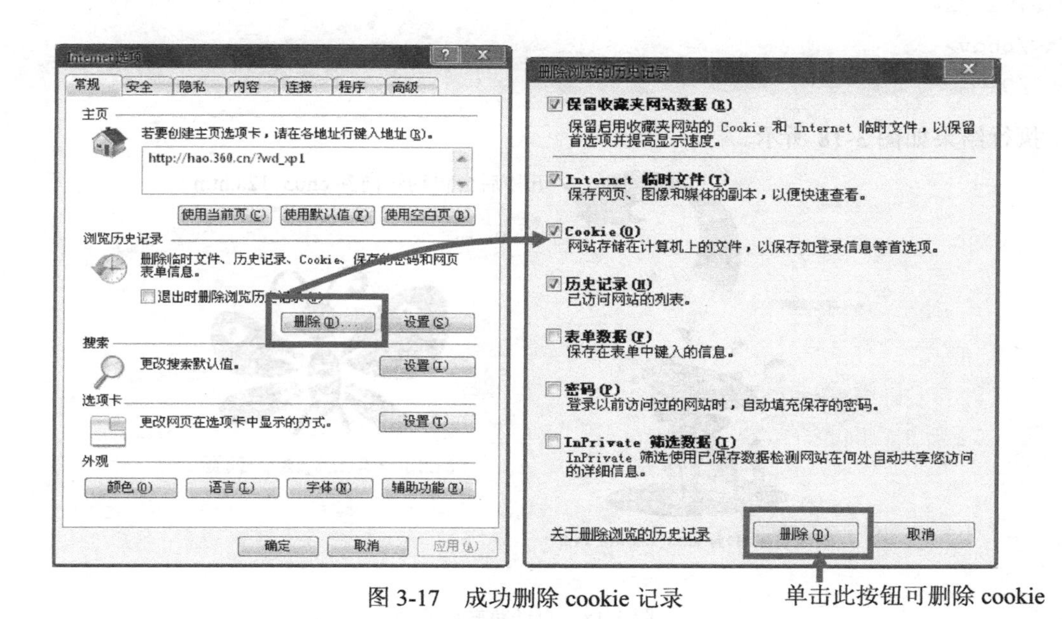

图 3-17　成功删除 cookie 记录

6．windows-target

windows-target 是限制网页显示的目标窗口，语法如下：

```
<meta http-equiv="windows-target" content="_top">
```

content="_top"意思是强制将网页显示于最上层，网页加入这行语句的话可以防止别人在框架里显示您的网页。

介绍了这么多种<meta>标记的 http-equiv 属性用法，接着再来看一个实际的范例。

范例：ch03_12.htm

```
<html>
<head>
<title>meta 标记的应用</title>
<meta http-equiv="content-type" content="text/html; charset=gb2312">
<meta http-equiv="refresh" content="5; url=ch03_12a.htm">
</head>
<body>
<center>
<img src="images/cat.jpg" width="200" height="210" border="0"><p>
<b>五秒后将自动转到 ch03_12a.htm 网页</b>
</center>
</body>
</html>
```

执行结果如图 3-18 所示。

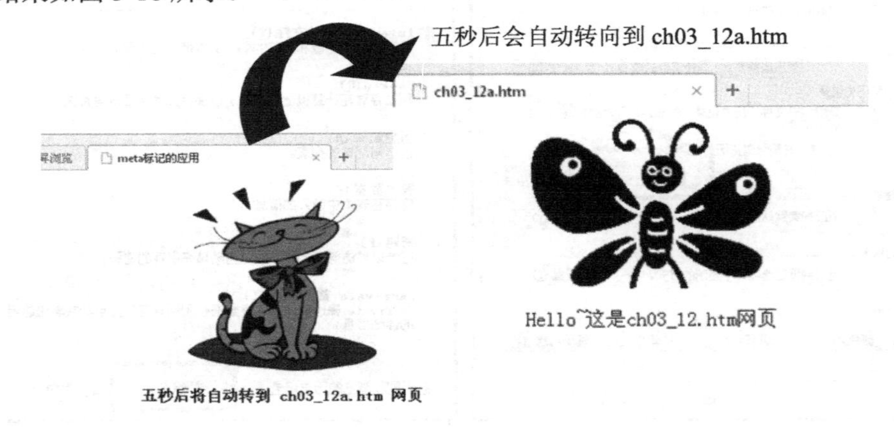

图 3-18　自动跳转到网页

范例中加入了<meta http-equiv="refresh" content="5; url=ch03_12a.htm">语句，所以从浏览器中打开这个网页，5 秒后就会自动跳转到 ch03_12a.htm 网页了。

3.5.3　认识 meta 标记的 name 属性

meta 标记的 name 属性用来声明网页的相关信息，常用的 name 属性种类如下所示。

1. keywords

keywords 是用来设置网页的关键词，语法如下：

```
<meta name ="keywords" content="animal,dog,动物,狗,宠物">
```

content 属性用于填入网页的关键词，让搜索引擎可以更容易地根据 keywords 所设置的关键词搜寻到网页。关键词可以输入中文或英文，以逗号（,）分隔。

2．description

description 用来说明网页的主要内容，语法如下：

```
<meta name="description" content="网站简要说明">
```

content 属性是描述此网页的简单说明，内容应简洁明了，建议不要超过 100 个字符。

学习小教室

如何让搜索引擎准确找到你的网站

keywords 和 description 这两个属性可以让搜索引擎准确地找到你的网站，让更多网友访问你的主页。有些搜索引擎不需要进行登录，就能自动搜寻 WWW 上的网站，就是根据网页里的 keywords 和 decription 属性来完成的。

为了防止这两个属性被乱用而影响搜索引擎的搜索效果，有些搜索引擎会限制 keywords 和 decription 属性的条件。例如，限制关键词字数或不允许重复的关键词等，在设置关键词时，应特别注意。

3．author

author 用来说明网页的作者，语法如下：

```
<meta name="author" content="Eileen">
```

content 属性用于标明网页的作者姓名等资料。

4．creation-date

creation-date 用来标注网页制作的时间，语法如下：

```
<meta name="creation-date" content="sun, 22 jun 2008 15:18:44 GMT">
```

content 值必须使用 GMT 时间格式。

3.6 div 标记与 span 标记

HTML 文件里需要将组件进行对齐功能时，常会用到<div>标记。<div>标记是动态网页不可或缺的组件之一，它具有群组与图层的功能，如果搭配 JavaScript 语法或 CSS 语法，就能让网页组件产生移动效果，甚至能控制组件的显示与隐藏，是学习动态网页必需的标记。

本书下一篇将介绍 CSS 语法，在此先让读者了解 div 标记。

3.6.1 认识 div 标记

<div>标记是容器标记，结束必须有</div>标记，属于独立的区块标记（block-level）。也就是说，它不会与其他组件同时显示在同一行，</div>标记之后会自动换行。其功能有点类似群组，只要放在<div></div>标记里的组件，都会称为单一对象。在 HTML 语法里<div>标记通常被用来做对齐功能，语法如下：

```
<div align="center" style="font-size: 13pt ; ">
```

<div>标记的属性如下。

1. align

align 属性用来设置<div></div>标记里的组件对齐方式，设置值有 center（居中对齐）、left（靠左对齐）以及 right（靠右对齐）。

2. style

style 属性里是 CSS 语法，用来设置组件的样式。上面的语法“font-size: 13pt ; ”的意思是将文字大小设置为 13pt。

请看下面的范例。

范例：ch03_13.htm

```
<html>
<head>
<title>div 标记的应用</title>
</head>
<body>
<div align="center">
锦瑟无端五十弦，<br>
一弦一柱思华年。<br>
庄生晓梦迷蝴蝶，<br>
望帝春心托杜鹃。<br>
沧海月明珠有泪，<br>
蓝田日暖玉生烟。<br>
此情可待成追忆，<br>
只是当时已惘然。
</div>
</body>
</html>
```

执行结果如图 3-19 所示。

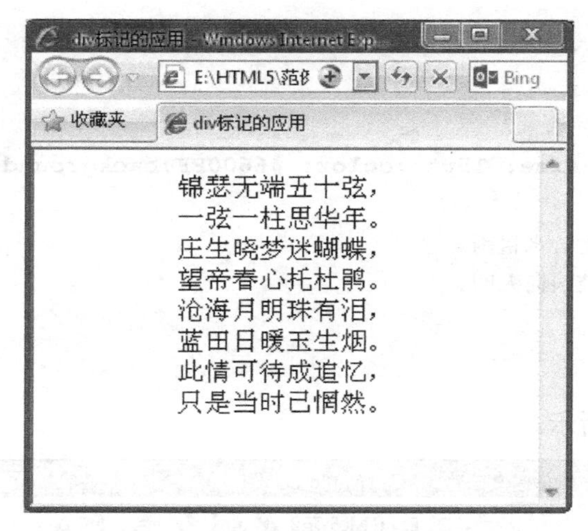

图 3-19　div 标记的执行结果

<div align="center">的作用与居中标记<center>的功能是相同的，都是将标记内的组件对齐。

3.6.2　认识 span 标记

<span>标记与<div>标记有些类似，差别在于</div>标记之后会换行，而<span>属于行内标记（inline-level），可与其他组件显示于同一行。<span>标记语法如下：

```
<span style="font-size: 13pt ; ">
```

<span>标记是 HTML4.0 后才出现的标记，主要是针对 CSS 样式列表所设计的，在 HTML 语法里较少使用。

通过下面的范例，可以更清楚<div>与<span>标记的用法与两者的差别。

范例：ch03_14.htm

```
<html>
<head>
<title>div 标记与 span 标记</title>
</head>
<body>
<div style="font-size: 15pt ;color: #FF0000;background-color:#FFFFCC">李商隐 锦瑟</div>
锦瑟无端五十弦，
一弦一柱思华年。
庄生晓梦迷蝴蝶，
望帝春心托杜鹃。
沧海月明珠有泪，
蓝田日暖玉生烟。
此情可待成追忆，
```

```
    只是当时已惘然。
    </div>
    <p>
    <span style="font-size: 15pt ;color: #6600FF;background-color:#FFFFCC">白居易
白云泉</span>
    天平山上白云泉，云自无心水自闲。
    何必奔冲山下去，更添波浪向人间。
    </body>
    </html>
```

执行结果如图 3-20 所示。

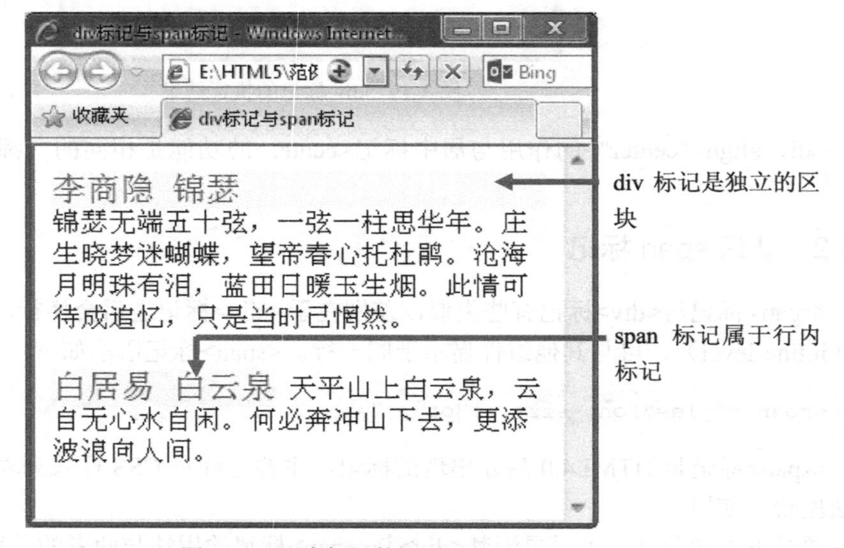

图 3-20　两个标记的区别

<div>标记与<span>标记里的 style 属性使用 CSS 语法：**"font-size"**用于设置文字大小，**"color"**用于设置文字颜色，**"background-color"**则用于设置背景颜色。

本章小结

1. HTML 用来设置段落的标记有<p>、
、<pre>、<blockquote>、<hr>、<h1>~<h6>等。

2. 在 HTML 语法中可以利用<p>标记来分出段落，换行则可以利用
标记来完成。

3. <p>标记可以是单一标记，也可以是容器标记（成对出现）。当<p>置于段落的结尾时，具有分段的功能，不需要加上</p>作为结束，网页上看到的效果是换行并增加一个空行。

4.
标记的功能是换行，可以说是 HTML 标记中最常用的一个标记，不需要结尾标记，也没有属性。

5. <pre>标记可以让<pre></pre>标记之间的文字按照原始代码的排列方式进行显示。

6. <bolckquote>标记是缩进标记，如果我们希望让某个段落缩进，只要在其前后加上

<bolckquote></bolckquote>就可以了。

7. <hr>标记的作用是添加水平线。

8. <h1>、<h2>、<h3>、<h4>、<h5>、<h6>这几个标记的用途是设置段落标题的大小级别，<h1>字体最大，<h6>字体最小。由<h1>～<h6>标记标识的文字将会独占一行。

9. <font>标记主要用于设置文字的字号、颜色以及字体，属性有 size、color 和 face。

10. <b>标记是将文字设置为粗体。

11. <i>标记是将文字设置为斜体。

12. <u>标记是为文字添加下划线。

13. <sup>与<sub>标记分别是将文字设置为上标和下标。

14. “无序列表”（Unordered List）。符号列表的标记是<ul>，必须搭配<li>标记使用。

15. “有序列表”（Ordered List）。编号列表的标记是<ol>，必须搭配<li>标记使用。

16. <!-- 注释文字 -->是 HTML 注释的表示方式。

17. 如果希望能在网页上显示多个空格，就必须利用“ ”符号表示，或者输入全角空格。

18. <meta>标记必须置放于<head>与</head>标记之间，其功能大多与浏览器设置相关。

19. meta 标记的 http-equiv 属性用来定义 HTML 文件的 HTTP 表头。

20. cookie 是记录在浏览器里的变量，用来存放特定的信息，必须利用 script 程序或 CGI 程序来写入或读取。

21. <div>标记是容器标记，结束必须有</div>标记，属于独立的区块标记（block-level），也就是说它不会与其他组件同时显示在同一行。

22. <span>标记与<div>标记有点类似，差别在于</div>标记之后会换行，而<span>属于行内标记（inline-level），可与其他组件显示于同一行。

习　题

一、选择题

1. 下列_____不是段落标记。

（A）<p>　（B）
　（C）<h1>　（D）<td>

2. HTML 文件的源代码中含有“abc <p>”，其作用是____。

（A）将 abc 以斜体显示　（B）在 abc 之前划一条水平线

（C）将 abc 与其前后内容分成不同段　（D）将 abc 以粗体显示

3. 制作 HTML 网页时，想要让文字换行，应该使用____标记。

（A）<p>　（B）
　（C）<h1>　（D）<pre>

4. 制作 HTML 网页时，想在网页中加入水平线，应该使用____标记。

（A）<p>　（B）
　（C）<h1>　（D）<hr>

5. 下列____不是<font>标记的属性。

（A）size　（B）color　（C）width　（D）face

6. 制作 HTML 网页时，如果想在网页添加上标字，应该使用____标记。

（A）<p>　　（B）<sup>　　（C）<sub>　　（D）<hr>

7. 制作 HTML 网页时，如果想在段落内每个项目前面加上 1、2、3 等有顺序的数字，可以使用____标记。

（A）<ol>　　（B）<ul>　　（C）<h1>　　（D）<hr>

8. 下列____是 HTML 标记的注释表示方式。

（A）<!…-->　　（B）/*…*/　　（C）//　　（D）--

9. 如果希望能在网页上显示多个空格，就可以使用____符号来表示。

（A） >　　（B） 　　（C） "　　（D） ©

二、操作题

1. 请将 ex03_01.htm 修改成如图 3-21 所示的网页。

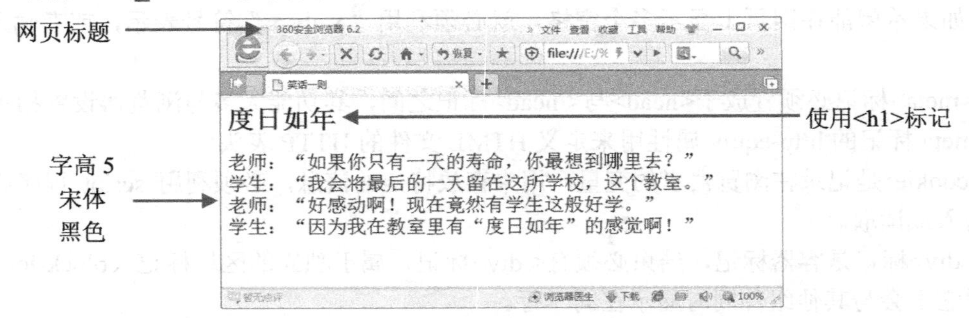

图 3-21　使用标题格式

2. 请将 ex03_02.htm 修改成如图 3-22 所示的网页。

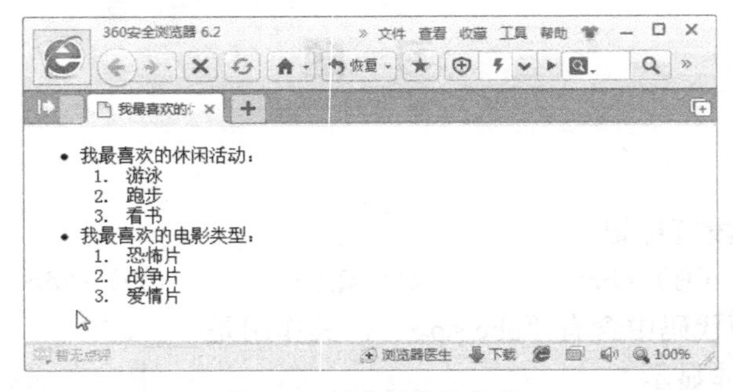

图 3-22　创建嵌套列表

第 4 章　多媒体素材的运用

进入本章之后，网页将不再只有文字，加入了多媒体素材之后使网页就更加生动有趣了。

网页多媒体素材种类众多，一般包括图片（picture）、动画（animated picture）、音效（sound effect）、音乐（music）、影音短片（video clip）等。以往想要在网页播放影音，需要使用 ActiveX 或 Plug-in 的方式来达到，例如 YouTube 影音需要安装 flash player。HTML5 之后，只要使用内置的标记就可以直接置入影音文件，用户只要使用支持 HTML5 的浏览器，就不再需要安装任何播放器了。

许多初学者会遇到图片处理方面的问题，例如要如何缩放图片、如何让图片背景透明等。本章将介绍一套免费的图形处理软件，协助读者解决图片处理的困扰。

4.1　网页图片使用须知

吸引人的网页总少不了精美的图片，千言万语也比不上一张图片令人印象深刻，因此图片是网页上相当重要的元素。

网页常用的图片格式为 PNG、JPEG 以及 GIF 格式（图片格式请参考 1.3.2 常见的图片格式章节的说明）。通常静态的图片常用 PNG、JPEG 格式，动态的图片则使用 GIF 格式。

4.1.1　图片的尺寸与分辨率

网页受限于带宽，太多或太大的图片会让网页显示的速度变慢，造成浏览者的困扰。对整体网站的视觉效果而言，也会添加更大的负担。因此，放入图片前应该先做好规划并筛选适合的图片。网页图片的选择应该考虑图片格式、图片分辨率以及图片大小 3 个方面。

1. 建议的图片格式

选择网页上的图片只有一个原则，即在图片清晰的前提下，文件越小越好。建议大家采用 JPEG 或 GIF 的图片格式，尽量不要使用 BMP，因为 BMP 格式的图片文件比较大。

2. 建议的图片分辨率

分辨率是指在单位长度内的像素点数，单位为 dpi（dot per inch），是以每英寸包含几个像素来计算的。像素越多，分辨率就越高，而图片的质量也就越细腻；反之，分辨率越低，质量就越粗糙。基本上，网页上图片的理想分辨率只要 72dpi 就够了（计算机屏幕的分辨率为每英寸 72 点）。

3. 建议的图片大小

网页上使用的图片文件当然是越小越好，不过必须考虑到图形文件的清晰度，一张图片文件很小但是很模糊的图片，放在网页上也是没有意义的。一般来说，图片最好不要超过 30KB。如果遇到特殊情况，必须使用大张图片，那么建议先将图片分割成数张小图，再“拼”到网页上，这样可以缩短图片显示速度，浏览者就不需要等待一大张图下载的时间了（有关图片分割方法，下面章节中有详细的说明），如图 4-1 所示。

图形文件先分割成
4 张小图，再到网
页上拼成一张完整
的图片

图 4-1　将大图分割成小图

掌握以上 3 项重点，我们就可以帮网页添加漂亮的图片，也不用担心影响网页浏览的效果了。

4.1.2　图片的来源

巧妇难为无米之炊，想要使用图片，当然必须要有图片才行。下面是图片的来源。

- 利用绘图软件自行制作图片。
- 从扫描仪或数码相机中获得。
- 网络上免费的图片素材。

网络上可以找到很多热心网友提供的免费图片下载，例如 Maggy 的网页素材、阿芳图库等。

如果读者使用他人的照片或者图片，可以通过该网站提供的联系方式与著作权人联系，向著作权人询问是否可以授权使用，相信热心的网友都会乐于提供授权。最好能够在网页适当位置标识图片的来源，这样才是尊重著作权人的做法。

4.2　图片的使用

接下来介绍图片的使用。除了可以将图片放在网页上之外，还可以将图片作为网页底图使用。

在设置图片时，先要确定图片的文件名和路径，你可以从每个章节的范例文件中找到images文件夹，本书使用的范例图片都存放在这个文件夹中。

4.2.1 嵌入图片

嵌入图片的标记是<img>。<img>标记是单一标记，其语法如下：

```
<img src="images/photo.jpg" alt="这是图片" />
```

<img>标记的属性如表 4-1 所示。

表 4-1 <img>标记的属性

属性	设置值	说明
src	图片位置	指定图片的路径及文件名
alt	说明文字	鼠标移到图片时显示的文字
height	图片高度	以像素为单位
width	图片宽度	以像素为单位

范例：ch04_01.htm

```
<h1>背包客旅行札记</h1>
<h4>旅行是一种休息，而休息是为了走更长远的路</h4>
<img src="images/photo.jpg" alt="户外泳池" width="300" />
```

执行结果如图 4-2 所示。

图 4-2 在网页中插入图片

制作一个网站可能需要使用大量的图片，有经验的网页设计师通常会将图片存放在图片文件夹中，以利于网页的制作。当图片与网页文件存放在不同文件夹时，就必须指定图片的路径。接下来，我们学习如何在HTML语法中指定图片路径。

4.2.2 路径表示法

网页文件中的路径有两种，一种是相对路径（Relative Path），另一种是绝对路径（Absolute Path）。绝对路径通常指想要链接到网络上的某一张图片时，可以直接指定 URL，表示方式如下：

```
<img src="http://网址/图片文件.jpg" />
```

相对路径以**网页文件**存放文件夹与**图片文件**存放文件夹之间的路径关系来表示，下面就以图 4-3 为例来说明相对路径的表示法。

如图 4-3 所示，一个网站的根目录是 myweb 文件夹，myweb 文件夹中有 travel 和 flower 文件夹，而 flower 文件夹中还有 animal 文件夹。

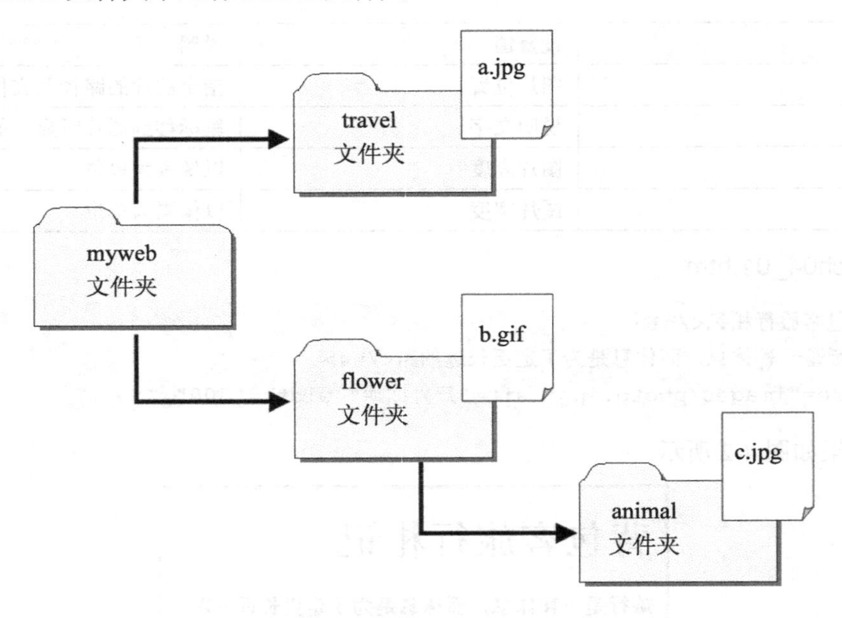

图 4-3 网页的文件夹结构

1. 网页与文件位于同一个文件夹

当网页与文件位于同一个文件夹时，只要以文件名表示就可以了。

例如，网页位于 flower 文件夹，想要在网页内嵌入 travel 文件夹中的 a.jpg 文件，可以表示如下：

```
<img src="a.jpg" />
```

2. 位于上层文件夹

路径的表示法是以“../”代表上一层文件夹，“../../”表示上上层文件夹，以此类推。当文件位于网页的上层文件夹时，只要在文件名前加上“../”就可以了。

例如，网页位于 animal 文件夹，想要在网页内加入 flower 文件夹里的 b.gif 图形文件，可以如下表示：

```
< img src="../flower/b.gif" />
```

3. 位于下层文件夹

当文件位于网页的下层文件夹时，只要在文件名前加上文件夹路径就可以了。

例如，网页位于 flower 文件夹，想要在网页内加入 animal 文件夹中的 c.jpg 文件，可以表示如下：

```
<img src="animal/c.jpg" />
```

4.3 图像处理软件

放置到网页中的图片有图片大小及格式的限制，如果拿到的图片不适合作为网页图片，应该怎么办呢？别担心！可以利用图像处理软件来加工处理，例如，图片格式的更改、图片尺寸大小的剪裁以及图片方向的旋转等基本的图形处理工作都可以 DIY。

一般常见的图像处理软件（例如，PhotoImpact、Photoshop 等）都是很好用的图像处理软件。如果你的计算机中没有图像处理软件，也没有关系，本节将介绍目前流行的图像处理软件 Photoshop，让你可以自行对图片进行基本的处理。

4.3.1 初识 Photoshop

Photoshop 是一款优秀的图像处理软件，对相片的处理功能更是齐全，例如去除红眼、美化肌肤、亮度调整、色偏调整等。另外，专业图像软件必备的图层、滤镜、抠图功能，它也样样具备，可以说 Photoshop 是功能完善、简单好用的软件。

安装此软件的软硬件需求如下。

- 系统需求：Windows XP/2000/2003。
- 内存需求：128MB。
- 硬盘空间需求：280MB。

安装并打开 Photoshop 软件之后，可以看到它的操作界面，如图 4-4 所示。

图 4-4　Photoshop 界面

Photoshop 功能相当丰富，由于篇幅有限，本书仅针对常用的图片编辑功能进行介绍。如果读者有兴趣，可以到网上搜索网友为 Photoshop 提供的教学和作品欣赏，相信不但对制作网页时的图片处理有帮助，而且对平时照片的美化与编辑也有很好的帮助。接下来请参考下面的说明来使用此软件。

4.3.2　改变图片格式

网页中最常用的图片格式是 JPEG、GIF 和 PNG，下面我们看看如何改变图片格式。

范例：更改图片格式

01 打开文档，如图 4-5 所示。

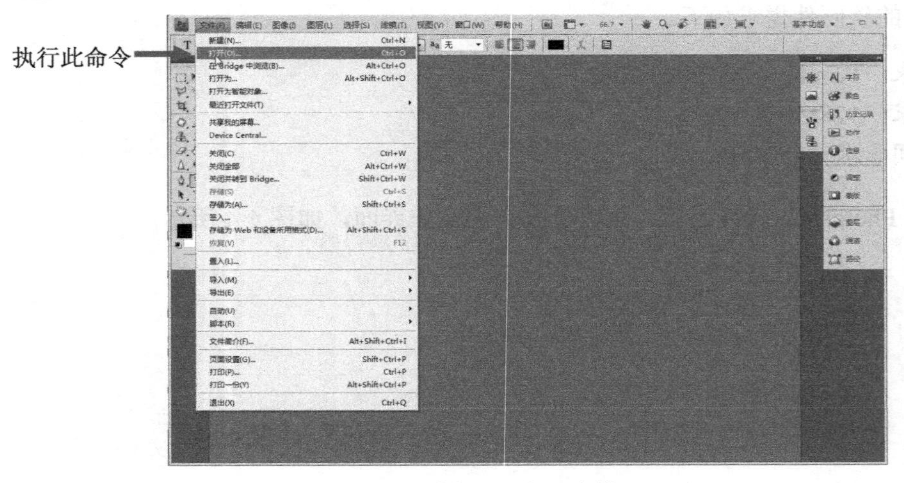

图 4-5　打开文档

02 选择 butterfly.jpg 文件，如图 4-6 所示。

图 4-6　选择图片文件

03 将图形文件另存为其他格式，如图 4-7 所示。

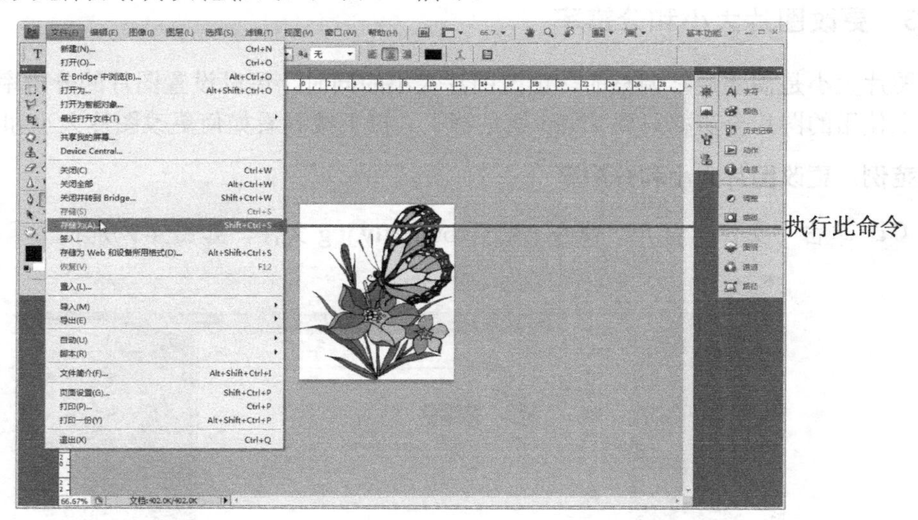

图 4-7　选择“存储为”命令

04 选择要存储的图像格式，在此我们将图片格式存储为 GIF 格式，如图 4-8 所示。

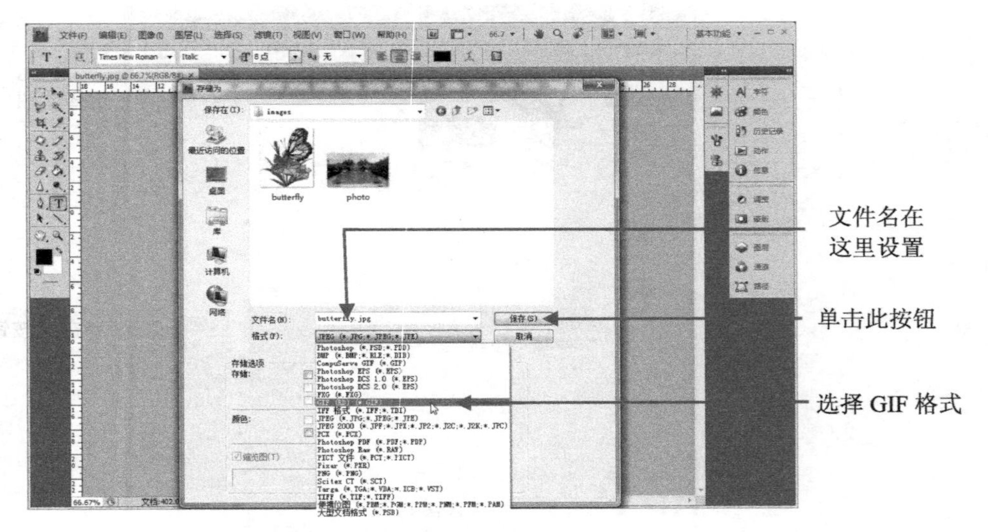

图 4-8　存储为 GIF 格式

存储之后，图片就由 JPEG 更改为 GIF 格式了。

4.3.3　更改图片大小和分辨率

图片大小是需要经常调整的。更改图片大小的同时，可以设置图片的分辨率。一般来说，网页上使用的图片分辨率只要 72dpi 就足够了。接下接看看如何更改图片大小和分辨率。

范例：更改图片大小和分辨率

01 单击“文件 | 打开”命令，打开 butterfly.jpg 文件，如图 4-9 所示。

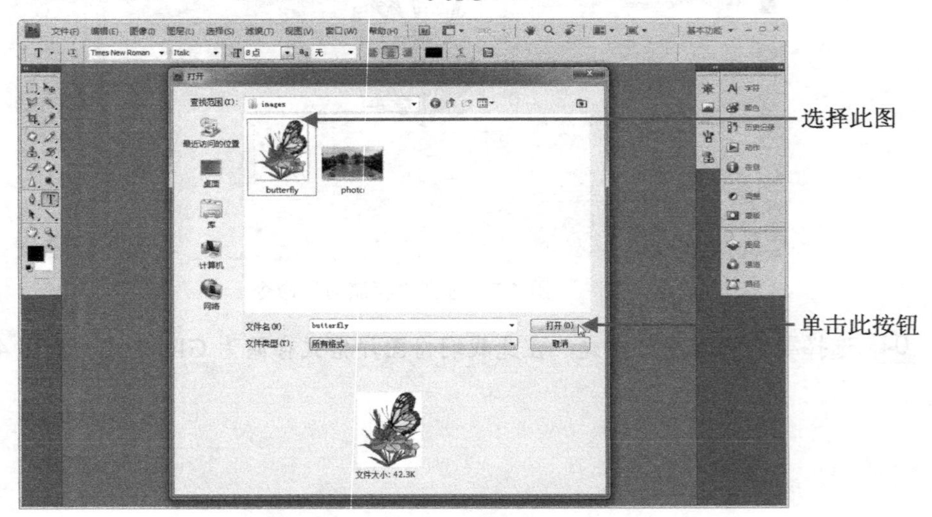

图 4-9　打开图片文件

02 选择“图像 | 图像大小”命令，如图 4-10 所示。

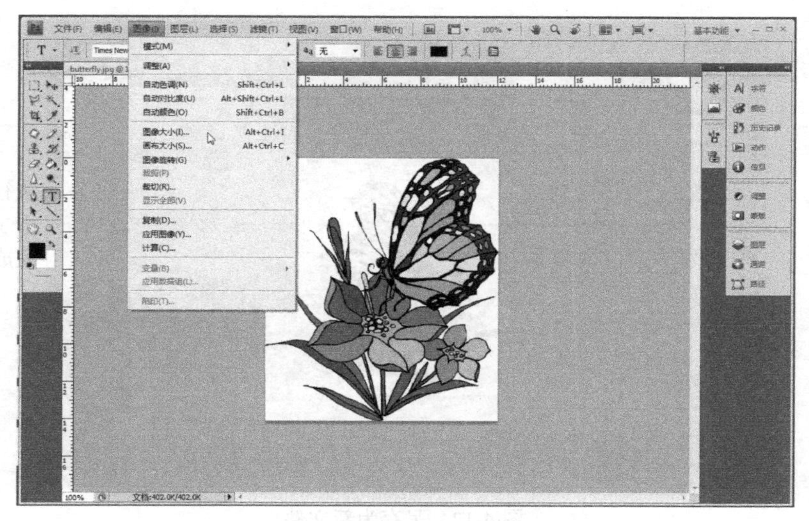

图 4-10　选择“图像大小”命令

03 设置宽度为 300 像素，分辨率为 72dpi，如图 4-11 所示。

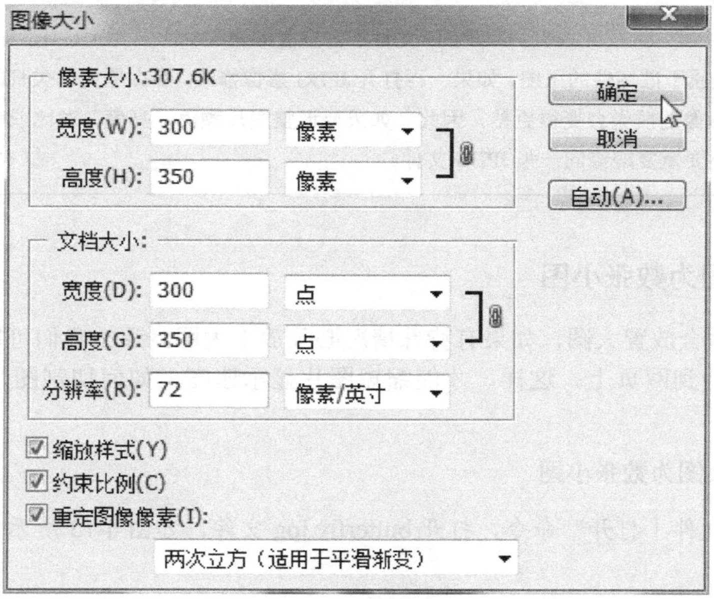

图像大小
像素大小:307.6K
宽度(W): 300 像素
高度(H): 350 像素
确定
取消
自动(A)...
文档大小:
宽度(D): 300 点
高度(G): 350 点
分辨率(R): 72 像素/英寸
☑ 缩放样式(Y)
☑ 约束比例(C)
☑ 重定图像像素(I):
两次立方（适用于平滑渐变）

图 4-11　设置图像大小

04 设置完成之后，只要另存为新文件即可，如图 4-12 所示。

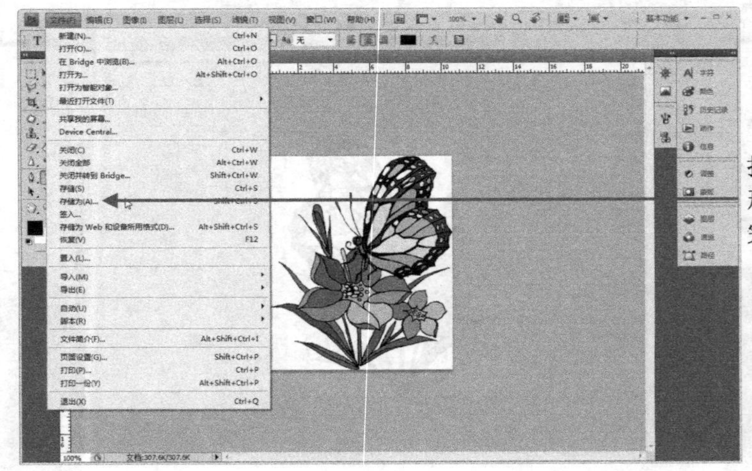

图 4-12　另存为新文件

学习小教室

JPEG 文件不宜重复编辑

JPEG 文件是属于破坏性的压缩，如果一再打开 JPEG 影像修改，那么原先已失真的影像又被压缩一次，可想而知，影像的质量会变得更差。因此，如果要调整图片颜色、亮度、对比或裁切等，最好能一次修改好，尽量不要重复编修同一张 JPEG 文件。

4.3.4　切割大图为数张小图

网页上并不适合放置大图，如果有特殊情况必须放上大图，那么我们可以先将图片分割成数张小图，再组合到网页上。这样，才能缩短图片显示速度。如何切割图片呢？请看下面的介绍。

范例：切割大图为数张小图

01 单击“文件 | 打开”命令，打开 butterfly.jpg 文件，如图 4-13 所示。

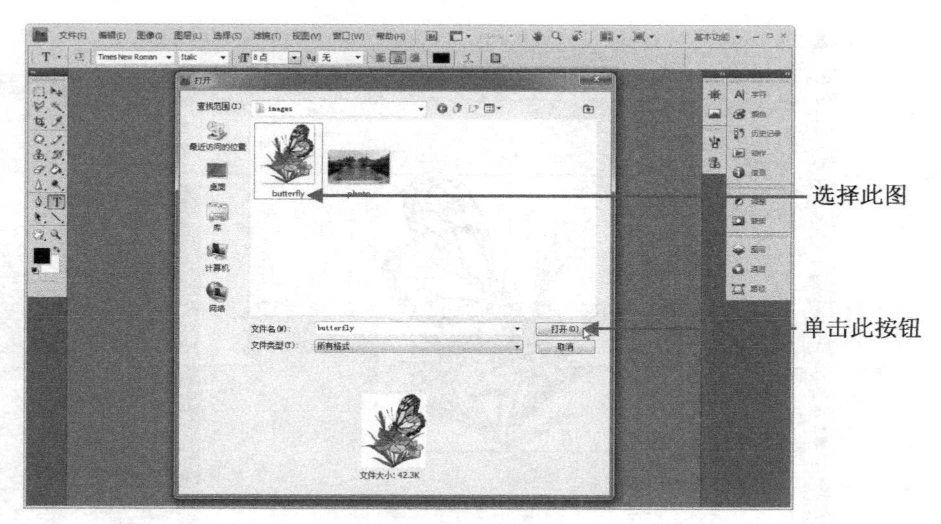
选择此图
单击此按钮

图 4-13 打开图片文件

02 如果图片太小，为了方便操作，可以将查看画面放大，如图 4-14 所示。

使用此工具可以将查看画面放大

图 4-14 放大显示图片

03 按住“裁剪工具”按钮不放，在弹出的工具列表中单击“切片工具”，如图 4-15 所示。

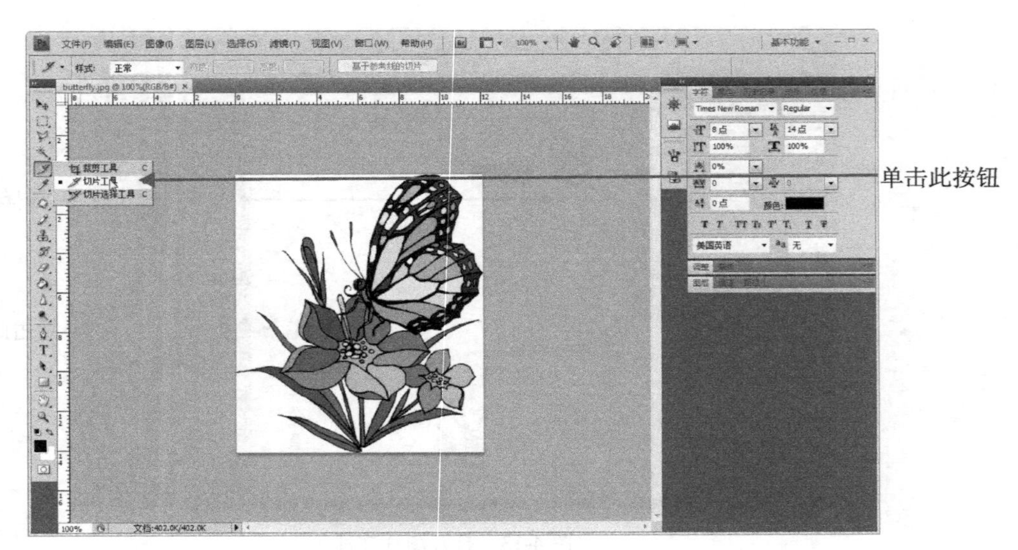

图 4-15　单击“切片工具”

04 按住鼠标左键在图片中拖动，以设置水平和垂直分割数。

05 单击“文件 | 存储为 Web 和设备所用格式”命令，如图 4-16 所示。

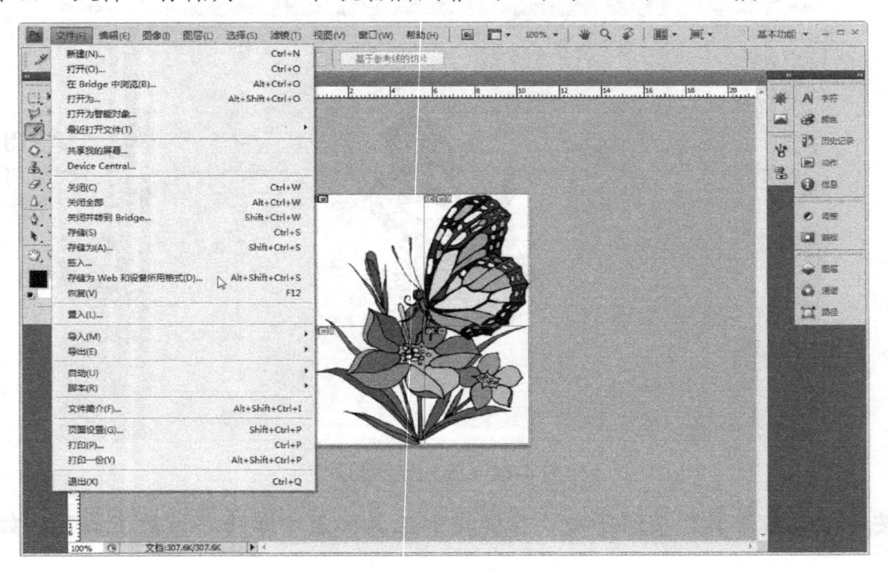

图 4-16　单击“存储为 Web 和设备所用格式”命令

06 选择要存储图片的格式、图像大小后，单击“存储”按钮，如图 4-17 所示。

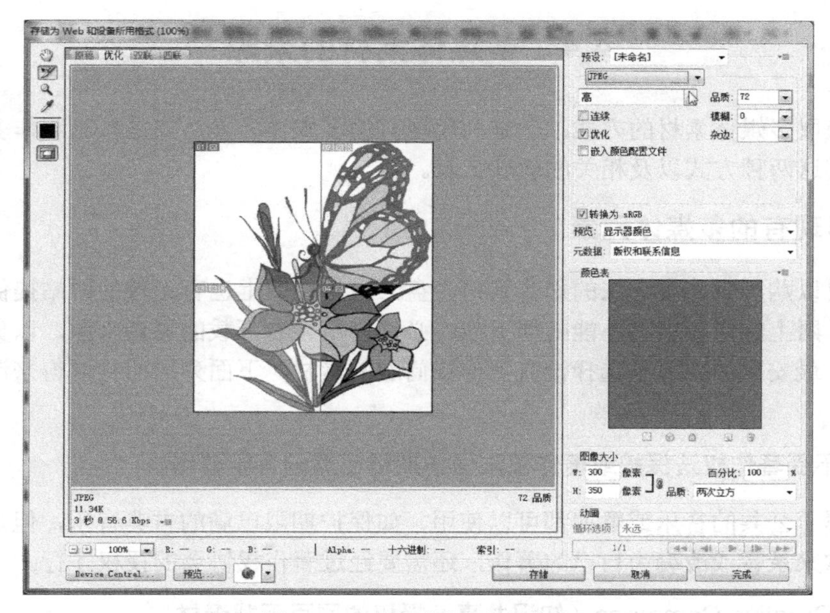

图 4-17　对网页图片进行优化

07 此时，在弹出的对话框中指定保存位置和文件名后，单击“保存”按钮，即可将一张大图保存为几个小图，如图 4-18 所示。

图 4-18　将一张大图切割为几张小图

切割完成的小图必须借助表格，才能准确无误地组合成完整的大图，显示在网页上。至于表格的使用方法，请继续学习下一章。

4.4　多媒体素材的来源

有两种获取多媒体素材的方式：一是利用现有的多媒体元素，二是自己制作多媒体元素。本节分别介绍这两种方式以及相关的软件工具。

4.4.1　利用现有的多媒体元素

市面上可以购买到许多合法的影音素材光盘，另外在网上也有无数的网站提供免费的影音素材。不过，网上的影音素材不能随便下载，必须谨慎查看下载的影音来源，以免不小心触犯了著作权法。最安全的方式是选择没有著作权问题的素材，下面列出两种取得来源的方式，以供用户参考。

1. 选择不受著作权法保护或著作权法保护期限已满的音乐著作

例如，属于公共的音乐或歌曲都可以使用，如保护期限已满的古典音乐，但是这类公共的音乐如果要拿来录音或改编为自己的著作，还需要经过著作权协会的授权才行。

2. 从有 Creative Commons（知识共享）授权的网页下载素材

只要你在网页上看到知识共享的标志，就表示网页的主人同意你在授权规范内使用其网页上的素材。什么是知识共享呢？下面进行说明。

Creative Commons（知识共享，简称 CC）是一个非营利组织，它建立一套“保留部分权利”的授权条款机制，让著作权人可以通过简单的“图标”，针对自己同意的范围进行授权。

知识共享的授权标志上标识出同意的授权方式，授权方式如表 4-2 所示。

表 4-2　知识共享的授权标志

标志	意义	说明
	署名	必须标识著作人姓名
	禁止演绎	不可以更改或重作
	非商业性使用	不可以用于商业用途
	相同方式共享	可以更改作品，但必须以相同的授权方式共享给其他人

例如，图 4-19 是基本的知识共享标志，表示以“署名-非商业性”的方式对外授权，也就是说，使用作品时必须标识著作人姓名并且不可以用于商业用途。

图 4-19　基本的知识共享标志

而图 4-20 表示“署名-相同方式共享”，意思是使用作品时必须标识著作人姓名，并且改变此作品时必须以相同的授权方式共享给其他人使用。

图 4-20 署名-相同方式共享

4.4.2 自己制作多媒体元素

自己的生活点滴以及学校的活动照片或影片不可能有现成的素材可以使用，必须自己动手编辑制作才行。利用数码相机或者数码摄像机拍摄的照片或影片经过软件编辑之后就可以变成网页上的素材。

目前市面上有许多软件，我们不需要花费大笔的金钱就可以编辑自己的照片或影片，例如之前曾经介绍过的 Photoshop 软件，就是编辑照片的好帮手。至于影音方面，也有一些免费的自由软件可以使用，现在介绍如下。

1. VirtualDub

VirtualDub 是一个多媒体剪辑软件，能够针对现有的电影短片文件（如 AVI、MPEG 文件）进行编辑，除了剪辑影片之外，还能够获取影片中的声音文件，并且加上你想要的字幕以及各种特殊转场与滤镜效果。

2. Audacity

Audacity 可将 WAV、MP3 等格式的文件导入并加以编辑，再搭配上剪辑、混音等功能，修剪出令人满意的音乐文件，除此之外，它还可以录音。

3. Anvil Studio

Anvil Studio 是 MIDI 音乐的编辑程序，可以进行多轨的录制、编曲、编辑以及加入类似打击乐器的声音等功能。

本书篇幅有限，无法详细介绍这些软件的操作方法。如果你对影音编辑感兴趣，不妨自行下载软件并查看操作手册进行练习。

4.5 添加影音特效

有些网站进入后就会听到悦耳的音乐，或者单击网页上的按钮之后就播放影片，这是怎么做到的呢？下面将一步一步地示范并讲解在网页中添加影音的处理方式。

4.5.1 在网页中加入音乐

网页中常见的音乐格式有 WAV、MP3、OGG（Vorbis 编码）等，这几种格式的特性在第 1.3.3 小节“常见的声音格式”中已经介绍过，相信各位读者仍记忆犹新。现在看看如何为网页添加美妙的音乐。

HTML5 有两种多媒体标记可以用来播放影片或声音，一个是<video>标记，另一个是<audio>标记。<video>与<audio>都可以播放声音，不同点在于<video>可以显示图像，<audio>只有声音，不会显示图像。

首先来看音频<audio>标记。语法如下：

```
< audio src="music.mp3" type="audio/mpeg" controls></ audio>
```

可以提供设置的属性如下。

- **src="music.mp3"：** 设置音乐文件名以及路径，<audio>标记支持 MP3、WAV 及 OGG3 等音乐格式。
- **autoplay：** 是否自动播放音乐。加入 autoplay 属性表示自动播放。
- **controls：** 是否显示播放面板。加入 controls 属性表示显示播放面板。
- **loop：** 是否循环播放。加入 loop 属性表示循环播放。
- **preload：** 是否预先加载，减少用户等待时间，属性值有 auto、metadata 及 none 三种。当设置 autoplay 属性时，preload 属性会被忽略。
  - auto：网页打开时就加载影音。
  - metadata：只加载 meta 信息。
  - none：网页打开时不加载影音。
- **width / height：** 设置播放面板的宽度和高度，单位为像素。
- **type="audio/mpeg"：** 指定播放类型，不需要让浏览器去检测文件格式，type 必须指定适当的 MIME(Multipurpose Internet Mail Extension)类型，例如，MP3 对应到 audio/mpeg，也可以在 type 中再增加 codec 属性参数，更加明确地指定文件编码，例如：type='audio/ogg; codec="vorbis"。

各种浏览器对<audio>标记能够支持的音乐格式并不相同，请参考表 4-3。

表 4-3 浏览器对音乐格式的支持

浏览器	MP3	WAV	OGG
Internet Explorer 9	✓		
Google Chrome 6	✓	✓	✓
Apple Safari 5	✓	✓	
Firefox 4.0		✓	✓
Opera 10.6		✓	✓

如果要让大部分浏览器都能支持，最好准备 MP3、OGG 两种格式，WAV 格式文件比较大，不建议用于网页上。HTML5 提供了<source>标记，可以同时指定多种音乐格式，浏览器会依序找到可以播放的格式。语法如下：

```
<audio controls="controls">
  <source src="music.ogg" type="audio/ogg" />
```

```
  <source src="music.mp3" type="audio/mpeg" />
</audio>
```

这样，当浏览器不支持第一个 source 指定的 OGG 格式或者找不到音频文件时，就会播放第二个 source 指定的 MP3 音乐。

范例：ch04_02.htm

```
<h3>加入音乐</h3>
<audio controls="controls">
  <source src="multimedia/music.ogg" type="audio/ogg" />
  <source src="multimedia/music.mp3" type="audio/mpeg" />
  你的浏览器不支持 audio 播放模式!
</audio>
```

执行结果如图 4-21 所示。

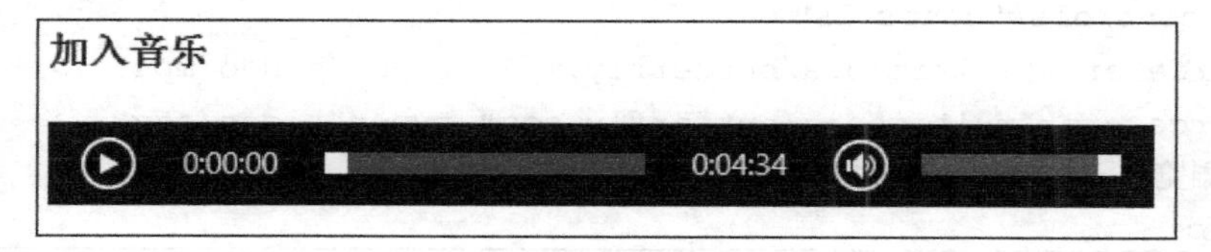

图 4-21　在 IE 浏览器中播放音乐

在 Google Chrome 浏览器中显示的音乐播放面板如图 4-22 所示。

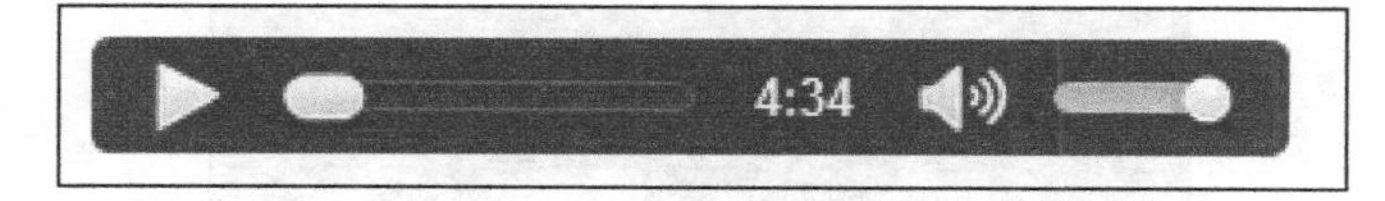

图 4-22　在 Google Chrome 浏览器中显示的音乐播放面板

当浏览器不支持<audio>标记时，会将写在<audio></audio>标记中的文字显示在屏幕上。

如果要将音乐设置为背景音乐，只要在<audio>标记中添加 autoplay 就可以了：

```
<audio src="music.ogg" autoplay></audio>
```

4.5.2　添加影音动画

要在网页中添加影音文件，可以使用 HTML5 新增的<video>标记，其属性与<audio>标记大致相同。语法如下：

```
<video src="multimedia/butterfly.mp4" controls="controls"></video>
```

<video>标记支持 3 种影音格式：OGG（Theora 编码）、MP4 和 WEBM（VP8 编码）。各种浏览器对<video>标记能够支持的影音格式并不相同，请参考表 4-4。

表 4-4　各浏览器对<video>标记的支持

浏览器	MP4	OGG	WEBM
Internet Explorer 9	✓		
Google Chrome 6	✓	✓	✓
Apple Safari 5	✓		
Firefox 4.0			✓
Opera 10.6		✓	✓

如果要让所有浏览器都能浏览影片，至少要准备 MP4 + OGG 或 MP4 + WebM 才能支持大多数浏览器。

范例：ch04_03.htm

```
<h3>加入影片</h3>
<video controls="controls">
   <source src="multimedia/butterfly.mp4" type="video/mp4" />
   <source src="multimedia/butterfly.ogg" type="video/ogg" />
   你的浏览器不支持此影音播放模式！
</video>
```

执行结果如图 4-23 所示。

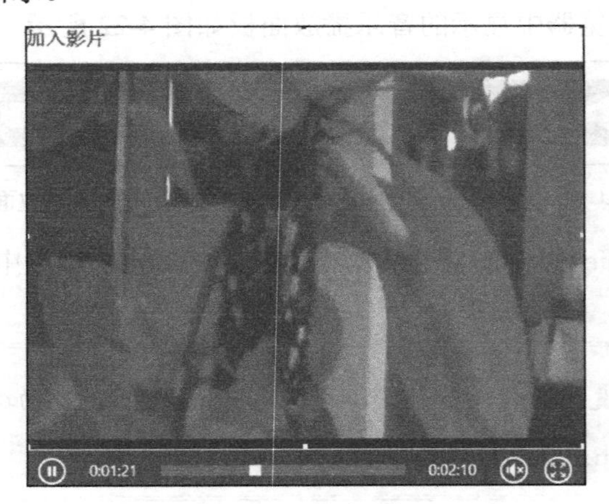

图 4-23　播放视频

由于<video>标记中加入了 controls 属性，因此影片上会出现播放面板，面板上从左到右依次是播放/暂停按钮、音量调整按钮和全屏按钮。

学习小教室

关于电影编码

我们经常用扩展名来判断文件的类型，但是对于影音文件未必适用，影音文件的文件格式（container）和编码（codec）之间并非绝对相关。决定影音文件播放的关键在于浏览器是否含有适合的影音编解码技术。

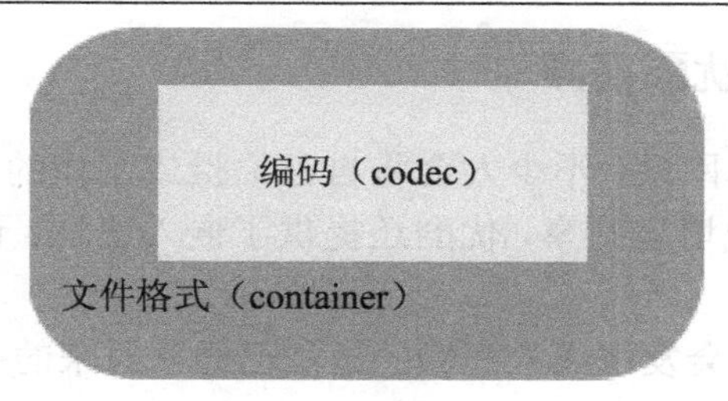

常见的视频编码与译码技术有 H.264、Ogg Theora、WebM/VP8。处理音频的是 Ogg Vorbis；H.264 编码适用于多种影片格式，例如 QuickTime 的 MOV 文件、优酷等各大网络影音网站中常见的 FLV 文件；WebM 是 Google 发布的影音编码格式。

时至今日，浏览器厂商对于采用哪一种音频以及视频编码仍未获得共识，也就是说，想通过 HTML5 将影音嵌入网站，必须考虑各种不同的影音格式，才能让各种浏览器都能读取。

4.5.3　添加 Flash 动画

Flash 动画是矢量格式，文件小且并不失真，不仅可以加入音效，还可以制作交互效果，因此相当受欢迎。Flash 动画应用的范围相当广泛，包括首页、动画短片、超链接、表单，甚至能做出各种各样的游戏以及动画。

Flash 动画可以在网页中播放的格式是.swf 文件，在网页中加入 Flash 动画可利用<embed>标记，语法如下：

```
<embed src="movie.swf" width="100" height="100" >
```

4.5.4　传统影音播放器

HTML5 加入影音文件的语法相当简洁方便，但是当前有些常用的浏览器（例如 IE 8）仍然不支持 HTML5，因此最好能够提供传统的 object 与 embed 语法，让不支持<video>标记的浏览器能够使用 Flash Player 进行播放。

语法如下：

```
<video controls="controls">
   <source src="multimedia/butterfly.mp4" />
   <source src="multimedia/butterfly.ogg" />
    <object  classid="clsid:d27cdb6e-ae6d-11cf-96b8-444553540000"  codebase=
"http://download.macromedia.com/pub/shockwave/cabs/flash/swflash.cab#version=6,
0,40,0">
          <param name="movie" value=" butterfly.swf" />
          <param name="allowFullScreen" value="true" />
          <param name="allowscriptaccess" value="always" />
          <embed  movie="butterfly.swf"  type="application/x-shockwave-flash"
allowscriptaccess="always" allowfullscreen="true"></embed>
     </object>
</video>
```

4.5.5 使用 iframe 嵌入优酷视频

优酷是知名的视频共享网站，不少人会将自己拍摄或制作的视频上传到优酷上。如果同时想把视频在自己的网页或博客共享，优酷还提供了嵌入语法，让我们可以将视频嵌入网页中。

共享过优酷视频的用户会发现嵌入视频的语法已经从原来的<object>改为使用<iframe>来嵌入视频，如图 4-24 所示。

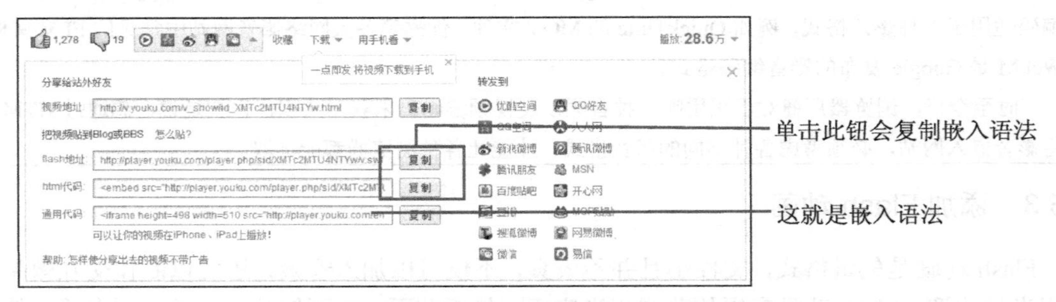

图 4-24　在优酷中嵌入视频

新的嵌入视频语法以<iframe>标记来播放视频，通过新的视频嵌入语法，优酷会自动按照浏览者的设置，使用 AS3 Flash 或 HTML5 来播放视频。

首先我们看一下<iframe>标记的用法。

<iframe>标记属于框架语法，能够将要链接的网页与组件直接内嵌在当前的网页中，其语法如下：

```
<iframe name="f1" src="new_page.htm" width="300" height="400">你的浏览器不支持iframe 框架。</iframe>
```

<iframe></iframe>标记成对出现，<iframe>标记内的文字只有在浏览器不支持<iframe>标记时才会显示，可供设置的属性如下。

- **src="new_page.htm"**：想要显示在窗格中的文件路径以及文件名。
- **name="f1"**：框架窗格名称。
- **width="300"/ height="400"**：窗格的宽度和高度，以像素为单位。
- **seamless**：隐藏边框及滚动条，让网页看不出来嵌入了 iframe 框架。

可参看下面的范例。

范例：ch04_04.htm

```
<h3>加入 iframe 框架</h3>
<p>
<a href="ch09_03_a.htm" target="main">浪淘沙</a>
<a href="ch09_03_b.htm" target="main">虞美人</a>
<p />
```

链接到名称为 main 的框架

默认的链接文档名

```
<iframe name="main" src="ch09_03_a.htm" width="350" height="380" seamless>
        你的浏览器不支持 iframe 框架!
</iframe>
```

执行结果如图 4-25 所示。

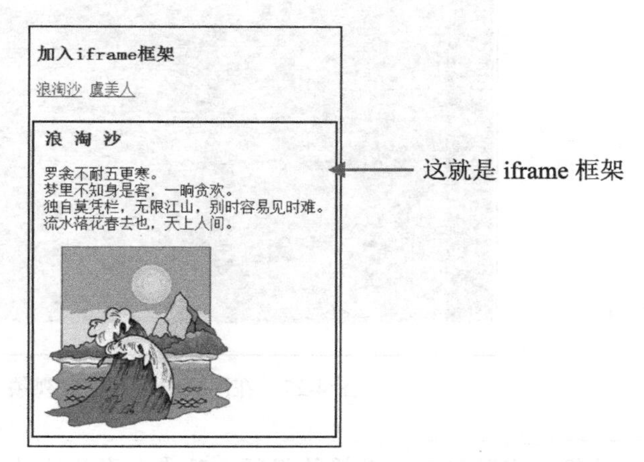

图 4-25　使用框架

范例中为“浪淘沙”及“虞美人”加入了超链接，当单击“浪淘沙”时会链接到 ch04_04_a.htm；单击“虞美人”时会链接到 ch04_04_b.htm，而链接的网页会显示在 iframe 窗格内。

因为笔者在<iframe>标记中的 name 属性内指定了窗格名称，所以设置超链接时，只要使用 target 属性指定窗格名称，就可以将网页显示在指定的窗格了。

从上面的范例可以了解到 iframe 框架可以放置在网页的任何位置，添加 seamless 属性会将边框隐藏起来，让网页看不出有内置框架，可惜 IE 9 还不支持 seamless 属性，用 Google Chrome 浏览器浏览范例，就会呈现如图 4-26 所示的效果。

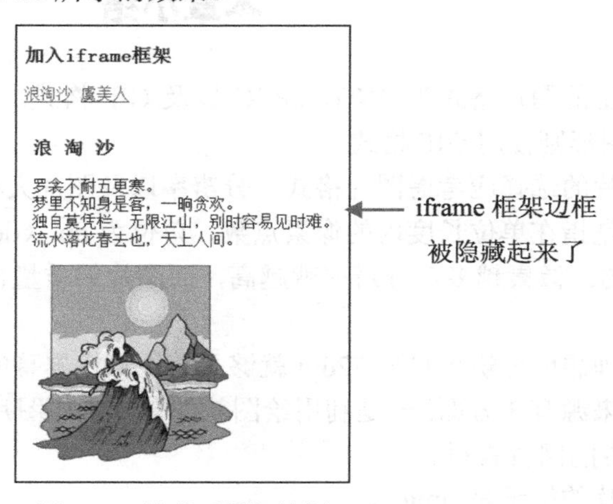

图 4-26　隐藏了框架边框

同样，想要用 iframe 嵌入视频，只要将 src 改成视频网址即可。

```
<iframe width="420" height="315" src="http://www.优酷.com/embed/uq2RBrjP3KQ" frameborder="0" allowfullscreen>
</iframe>
```

在网页中加入上述语法后，就可以嵌入优酷视频了，如图 4-27 所示。

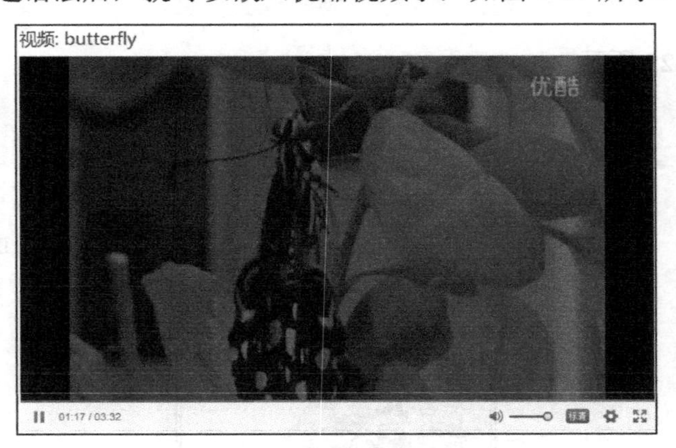

图 4-27　在网页中嵌入优酷视频

如果想让优酷影音自动播放视频，只要在影片地址最后加上“?autoplay=1”，就会在网页打开时自动播放视频：

```
<iframe src = "http://www.youku.com/embed/uq2RBrjP3KQ?autoplay = 1">
</iframe>
```

将视频嵌入网页中，必须注意版权问题，包括音乐、MV、翻录的电视或电影等视频文件，不要随意将视频文件嵌入网页中共享给他人浏览，以免误触法网而背上侵权的罪名。

本章小结

1. 网页常用的图片格式为 PNG、JPEG 以及 GIF 格式，通常静态的图片使用 PNG、JPEG 格式，动态的图形则使用 GIF 格式。

2. 网页图片的选择应考虑图片格式、分辨率以及图片大小等。

3. 分辨率是指在单位长度内的像素点数，单位为 dpi（dot per inch），是以每英寸包含几个像素来计算的。像素越多，分辨率就越高，而图片的质量也就越细致；反之，分辨率越低，质量就越粗糙。

4. 网页上理想的分辨率只要 72dpi 就够了（计算机屏幕的分辨率每英寸 72 点）。

5. 图片的来源有 3 方面：一是利用绘图软件自行制作图片，二是从扫描仪或数字相机获得，三是网络上免费的网页素材。

6. 插入图片的标记是<img>。

7. 网页文件中的路径有两种，一种是相对路径（Relative Path），另一种是绝对路径（Absolute

Path）。

8. 绝对路径通常用在想要连接到网络上某一张图片时直接指定URL。

9. 相对路径是以网页文件存放文件夹与图片文件存放文件夹之间的路径关系来表示的。

10. Photoshop是一个优秀的影像处理软件，对相片的处理功能更是齐全，例如去除红眼、美化肌肤、亮度调整、色偏调整等。另外，专业影像软件必备的图层、滤镜、抠图功能，它也样样具备，可以说是功能完善、简单好用的软件。

11. 影音素材的取得有两种方式，一是利用现有的多媒体，二是自己制作影音元素。

12. 网页中常见的音乐格式有WAV、MP3、OGG等。

13. <video>与<audio>标记都可以播放声音，不同点在于video可以显示影像，audio只会有声音，不会显示影像。

14. Flash动画是矢量格式，文件小且不失真，不仅可以加入音效，还可以制作互动效果，因此相当受欢迎。

15. <iframe>标记属于框架语法，能够将要连接的网页与组件直接内嵌在目前的网页中。

习 题

一、选择题

1. 下列_____不是图片格式。

（A）JPEG　（B）GIF　（C）BMP　（D）MP3

2. 网页图片的选择应考虑_______。

（A）图片格式　（B）分辨率　（C）图片大小　（D）以上皆是

3. <img>标记的_______属性可以用来设置图片的路径与文件名。

（A）src　（B）hspace　（C）width　（D）align

4. <img>标记的________属性可以用来设置图片的宽。

（A）src　（B）hspace　（C）width　（D）align

5.HTML文件位于animal数据夹，flower数据夹位于animal数据夹内，想要在HTML文件加上flower数据夹内的b.gif图文件，路径应该为________。

（A）< img src="../flower/b.gif" />　（B）< img src="flower/b.gif" />

（C）< img src="b.gif" />　（D）< img src="../animal/b.gif" />

二、操作题

请将ex04_01.htm修改成如图4-28所示的效果。

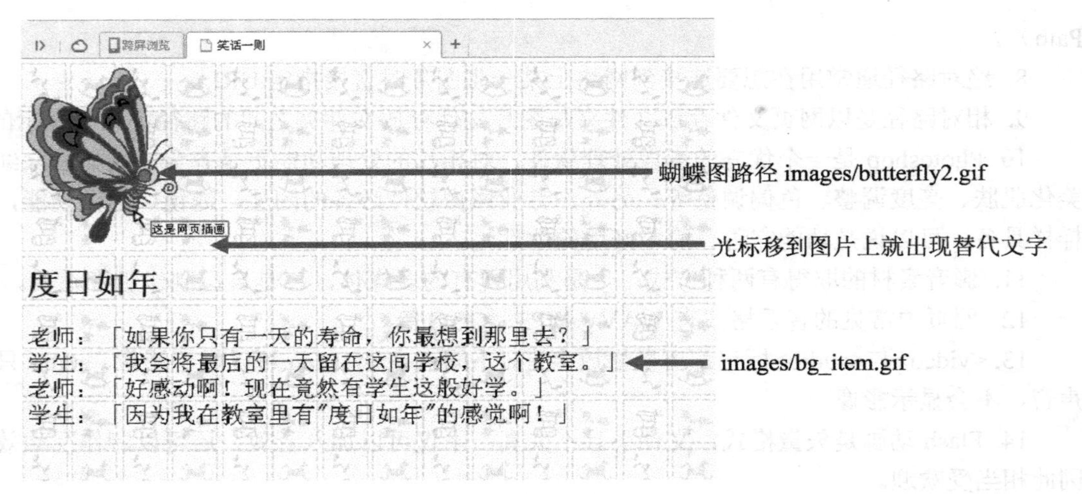
笑话一则
蝴蝶图路径 images/butterfly2.gif
这是网页插画
光标移到图片上就出现替代文字
度日如年
老师：「如果你只有一天的寿命，你最想到那里去？」
学生：「我会将最后的一天留在这间学校，这个教室。」
老师：「好感动啊！现在竟然有学生这般好学。」
学生：「因为我在教室里有"度日如年"的感觉啊！」
images/bg_item.gif

图 4-28　练习文件

第 5 章　表格与表单

只要用户经常上网，一定有过填写表单的经历，例如，申请加入某个网站会员、填写网络调查问卷、参加抽奖活动等。在网页中必须输入数据的界面八九不离十都是使用窗体制作而成的。表格可以帮助网页设计者更系统地呈现数据，使网页更具吸引力，也可以让浏览者立即了解网页的重点。本章将介绍如何制作表格及窗体。

5.1　制作基本表格

网页表格的应用相当广泛，但是标记却很简单，只要熟记<table>、<tr>、<td>这 3 个最重要的标记及其属性，就可以应用自如。由于 HTML 文件中都是一长串密密麻麻的语法，因此在编写表格标记时应力求整齐易读，否则杂乱无章的写法会让以后编辑 HTML 文件时格外辛苦。

5.1.1　表格的基本架构

一个基本的表格包含“表格（table）”“单元格（cell）”“列（column）”和“行（row）”，完整的表格如图 5-1 所示。

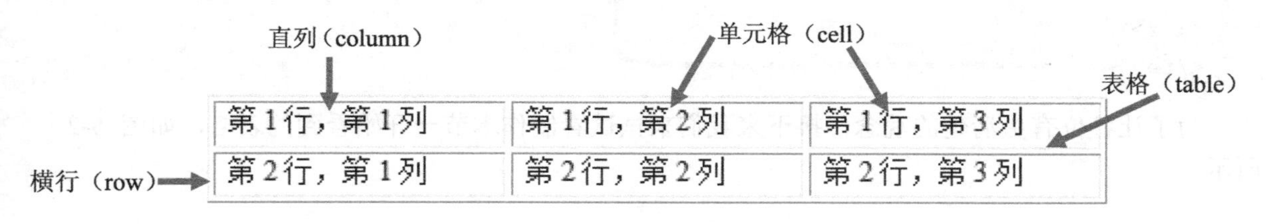

图 5-1　表格的基本架构

通常我们以“行”代表“横行”、“列”代表“直列”。

在 HTML 文件中加入表格，有下列 3 个步骤：

设置表格 → 设置行的数目 → 设置列的数目

使用的标记如下（这 3 组标记是制作表格最重要的标记，请熟记语法和使用顺序）：

01 设置表格。

标记语法：

```
<table border="1"> ... </table>
```

<table></table>标记的功能是声明表格的起始与结束。border 属性用来设置是否显示表格边框线。

02 设置行的数目。

标记语法：

```
<tr> … </tr>
```

<tr></tr>标记的功能是产生一行，此组标记必须置于<table></table>标记内。

03 设置列的数目。

```
<td> … </td>
```

<td>标记的功能是在一行中产生一列，文字就是写在<td></td>标记里面，此组标记必须置于<tr></tr>标记内。

举例来说，如果我们要产生一行两列的表格，那么可以表示如下：

```
<table border="1">                          ← 表格的起始与结束
<tr>                                        ← 行
    <td>第 1 列, 第 1 栏</td>               ← 文字就是写在这里；2 列
    <td>第 1 列, 第 2 栏</td>
</tr>
</table>
```

为了让各位有更清楚的观念，接下来我们来试试看制作本节一开始看到的表格，如图 5-2 所示。

第1行，第1列	第1行，第2列	第1行，第3列
第2行，第1列	第2行，第2列	第2行，第3列

图 5-2　示例表格

请用户先自行练习，再对照范例程序代码。相信不用死记硬背也能很快熟悉这 3 组标记。

范例：ch05_01.htm

```
<table border="1">
<tr>
    <td>第 1 行, 第 1 列</td>
```

```
        <td>第 1 行，第 2 列</td>
        <td>第 1 行，第 3 列</td>
    </tr>
    <tr>
        <td>第 2 行，第 1 列</td>
        <td>第 2 行，第 2 列</td>
        <td>第 2 行，第 3 列</td>
    </tr>
    </table>
```

执行结果如图 5-3 所示。

第1行，第1列	第1行，第2列	第1行，第3列
第2行，第1列	第2行，第2列	第2行，第3列

图 5-3　创建的表格

学习小教室

撰写易读易懂的 HTML 源代码

编写 HTML 源代码时，除了要求语法的正确性以外，源代码的易读易懂也是相当重要的，不但要善用“注释”，而且最好能分出层次。例如，表格中的标记是先写行后写列，我们就可以在<td>标记前添加空白。这样，当源代码是很长一串时，也不需要浪费时间查找表格的起始与结尾，整个表格的层次都能一目了然。

```
<table border="1">
<tr>
    <td>第 1 行，第 1 列</td>
    <td>第 1 行，第 2 列</td>
</tr>
</table>
```

标记前方可按 Tab 键加上空格，区分出层次

养成良好的编写习惯，才能让以后修改源代码的时候变得更轻松。

5.1.2　设置表格标题

表格中除了上一小节介绍的 3 组主要的标记之外，还有另外两组标记可以用来设置表格标题和列标题，分别是<caption></caption>标记与<th></th>标记。

1. 设置表格标题

标记语法：

```
<caption> ... </caption>
```

<caption></caption>标记的功能是为表格加入标题，放在<table>标记之后。

2. 设置列标题

标记语法：

```
<th> ... </th>
```

<th>标记与<td>的功能是相同的，唯一不同的是<th>标记所标识的单元格文字会以粗体显示，通常当作表格第一行的标题，用法很简单，只要把表格第一行的<td>更换为<th>即可。

范例：ch05_02.htm

```
<table border="1">
<caption>季销售量统计表</caption>
<tr>
    <th>季别</th>
    <th>产品名称</th>
    <th>价格</th>
    <th>销售量</th>
</tr>
<tr>
    <td>第一季</td>
    <td>电视</td>
    <td>18000</td>
    <td>10 台</td>
</tr>
<tr>
    <td>第二季</td>
    <td>电冰箱</td>
    <td>36000</td>
    <td>10 台</td>
</tr>
</table>
```

执行结果如图 5-4 所示。

季销售量统计表

季别	产品名称	价格	销售量
第一季	电视	18000	10台
第二季	电冰箱	36000	10台

图 5-4　创建的表格

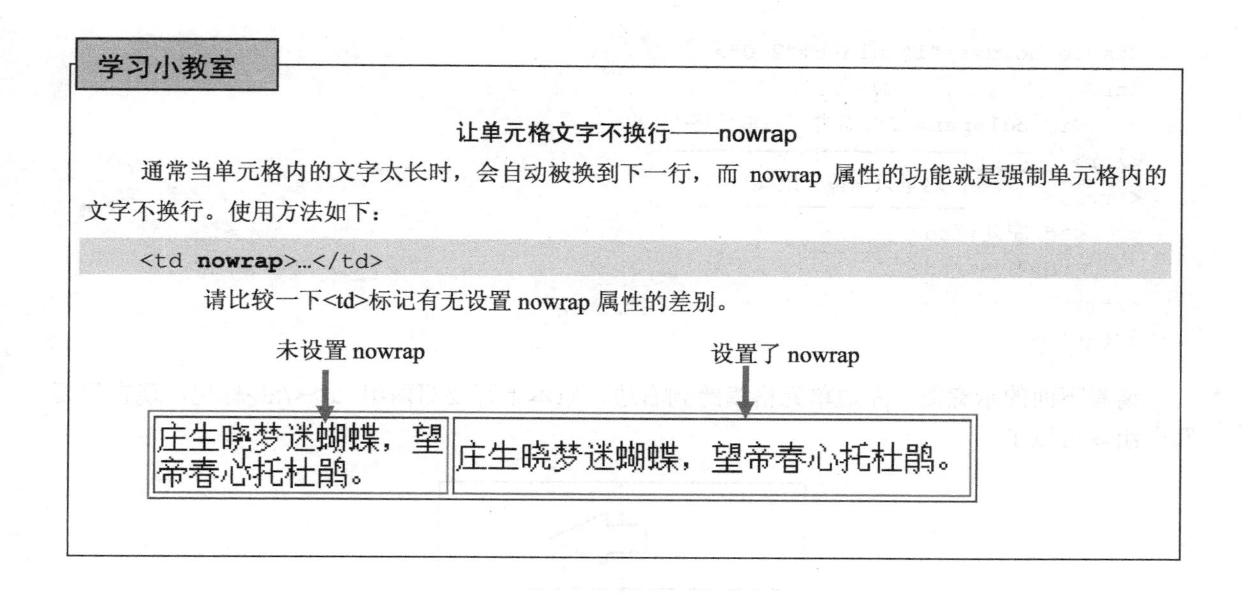

学习小教室

让单元格文字不换行——nowrap

通常当单元格内的文字太长时，会自动被换到下一行，而 nowrap 属性的功能就是强制单元格内的文字不换行。使用方法如下：

```
<td nowrap>…</td>
```

请比较一下<td>标记有无设置 nowrap 属性的差别。

未设置 nowrap
设置了 nowrap
庄生晓梦迷蝴蝶，望帝春心托杜鹃。
庄生晓梦迷蝴蝶，望帝春心托杜鹃。

5.2　表格的编辑技巧

如果你曾经用过 HTML 表格，可能遇到过表格分布不均，或者加入文字内容之后，单元格变得难以控制等问题。本节将针对制作表格时经常遇到的问题进行更详尽的说明，例如，合并单元格、改变表格对齐方式等。

5.2.1　合并单元格

当我们希望将表格修改成下面这样，让第一行由两个单元格并成一个单元格时合并单元格的功能就派上用场了。

我的成绩单	
语文	100
数学	96

这是两个单元格合并成一个单元格

合并单元格功能分为“合并左右列”和“合并上下行”两种。上面就是使用了合并左右列的功能，现在先来看看如何进行合并。

1. 合并左右列

合并左右列的属性是 colspan，设置值为准备合并的列数，其用法如下：

```
<td colspan="2" >
```

这表示合并两列的意思，colspan 属性是从左往右合并单元格，因此，只保留本身的<td></td>标记，另一组<td></td>标记就不需要了，如下所示。

```
<table border="1" width="200">
<tr>
    <td colspan="2">合并左右单元格</td>
</tr>
<tr>
    <td>左列</td>
    <td>右列</td>
</tr>
</table>
```

这里只保留一组<td></td>

请看下面的示意图。左边单元格横跨到右边，原本上行要写两组<td></td>标记，现在只要写一组就可以了。

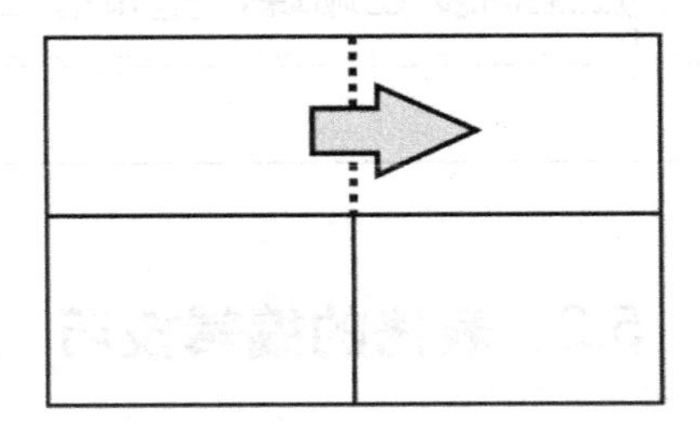

网页上看到的执行结果如下。

合并左右单元格	
左列	右列

2. 合并上下行

合并上下行的属性是 rowspan，设置值为准备合并的行数，用法如下：

```
<td rowspan="3" >
```

这是表示合并 3 行的意思，rowspan 属性是从上往下合并单元格，因此，只保留本身的<td></td>标记就可以，下方的另外两个<td></td>标记必须去除，如下所示。

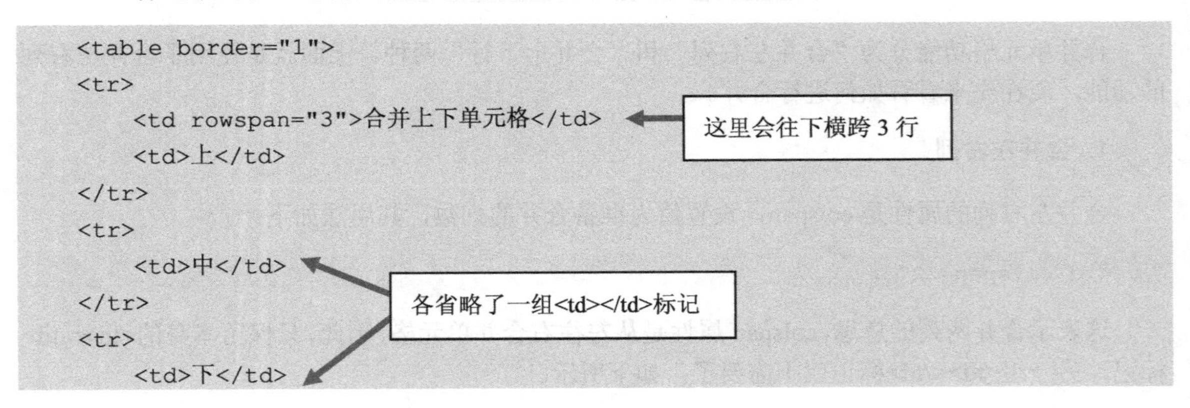


```
<table border="1">
<tr>
    <td rowspan="3">合并上下单元格</td>
    <td>上</td>
</tr>
<tr>
    <td>中</td>
</tr>
<tr>
    <td>下</td>
```

```
</tr>
</table>
```

请看下面的示意图。最上方的单元格往下横跨 3 个单元格，原本右列的 3 组<td></td>标记，只保留第一组就可以了。

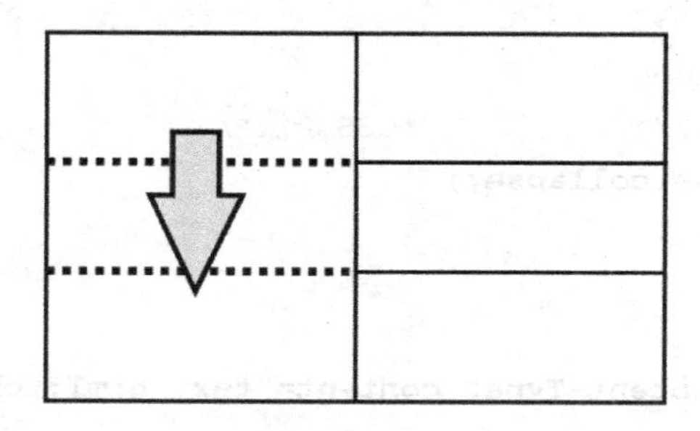

网页上看到的执行结果如下。

学习小教室

遇到空白单元格时的处理方式

当单元格内没有任何内容（也就是空白）的时候，单元格的边框会消失，如下所示。

单元格里没有任何内容时，单元格会变成这样
语文
英语
王月华
95
80

只要在空白单元格中输入一个全角空格或“ ”就能解决这个问题了。

输入全角空格或“ ”就能正常显示了

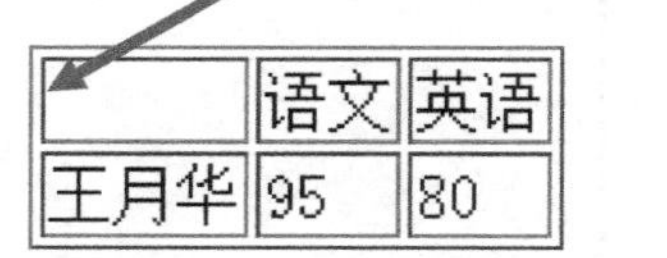

5.2.2 利用表格组合图片

还记得之前在“图像处理软件”章节里曾介绍过将大图切割成小图的技巧吗？现在我们就来看看如何将切割好的小图借助表格再拼回原图。

下载资源的范例“ch05/ch05_03”文件夹中有 4 张已经切割好的小图，请跟着范例来练习。

范例：ch05_03.htm

```
<!DOCTYPE html>
<html>
<head>
<meta charset="utf-8">
<title>ch05_03</title>
<style type="text/css">            /*CSS 语法*/
table{border-collapse:collapse;}
td{padding:0;}
img{display:block;}
</style>
<meta http-equiv="Content-Type" content="text/html; charset=utf-8"></head>
<BODY>
<TABLE>
    <TR>
        <TD><IMG SRC="ch05_03/1.jpg"></TD>
        <TD><IMG SRC="ch05_03/2.jpg"></TD>
    </TR>
    <TR>
        <TD><IMG SRC="ch05_03/3.jpg"></TD>
        <TD><IMG SRC="ch05_03/4.jpg"></TD>
    </TR>
</TABLE>
</BODY>
</HTML>
```

执行结果如图 5-5 所示。

图 5-5　利用表格拼图

本范例是通过 HTML 表格语法加上 CSS 语法共同完成的，程序代码中<style type="text/css"></style>标记声明使用 CSS 语法。

HTML4 的表格提供 cellpadding（文字与表格边框线的距离）和 cellspacing（边框线粗细）属性，只要将两者设为 0，就可以达到与本范例同样的效果。不过，HTML5 已经确定不再支持这两个属性。

如果本范例不使用表格，而全部利用 CSS 语法进行定位也是相当容易的。用户可以参考下面的程序代码，有关 CSS 语法的部分，请读者参考第 4 篇的说明。

范例：ch05_03_CSS.htm

```
<!DOCTYPE html>
<html>
<head>
<meta charset="gb2312">
<title>ch05_03_CSS</title>
<style type="text/css">   /*CSS 语法*/
div{position:absolute; left:50px; top:50px;}
img{position:absolute;}
#img2{left:171px;}
#img3{top:200px;}
#img4{left:171px; top:200px;}
</style>
</head>
<BODY>
<div>
<IMG SRC="ch05_03/1.jpg" id="img1">
<IMG SRC="ch05_03/2.jpg" id="img2">
<IMG SRC="ch05_03/3.jpg" id="img3">
<IMG SRC="ch05_03/4.jpg" id="img4">
</div>
</BODY>
</HTML>
```

学习至此，你可以发现 HTML5 停用了大部分的样式美化和定位的属性，不管是文字、图片还是表格，都是如此。因此，想要以 HTML5 来制作网页，学习 CSS 语法相当重要。

当网页文件使用了过多 table 语法创建表格时，浏览器需要花费更多时间加载，会让网页下载速度变慢，而且搜索引擎对于表格建构的网页也需要花较多时间解析，因此网页文件最好少用表格（table）。

5.3 什么是表单

表单由许多表单组件组成，主要是让用户填写数据发送到服务器端，进行必要的处理，例如，在线购物、讨论区和留言板等功能。不过，HTML 语法只能控制前端用户界面，也就是只能将表单组件安排到网页上，必须搭配 ASP 或 PHP 之类的服务器程序才能进行服务器端的处理和数据库访问。如果是制作个人网页或小型网站，不一定要动用服务器程序，借助 E-Mail 来发送表单数据，同样也可以达到数据收集的目的。下面认识一下表单。

表单的主要功能是让用户输入数据，想想看，你平常上网时是不是经常要输入数据呢？不管是搜索网页、加入会员还是在线购物，每一项功能都少不了表单。下面介绍表单的一些应用。

1. 网页搜索

在门户网站或搜索网站输入文字的界面，就是一个最简单却最常见的表单应用，如图 5-6 所示。

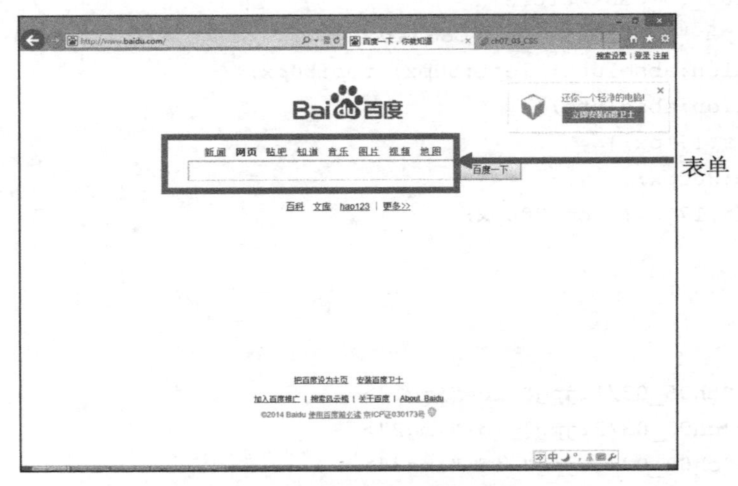

图 5-6　在文本框中输入搜索条件

2. 各种申请表单

有些网站必须先输入个人资料报名成为会员之后，才能使用网站中的资源，输入个人资料的界面就是一个表单，如图 5-7 所示。

图 5-7　填写个人资料

3. 在线投票

你有过在线投票的经历吗？调查方经常会举办与生活或时事相关的投票活动，投票的界面也是表单的一种应用，如图 5-8 所示。

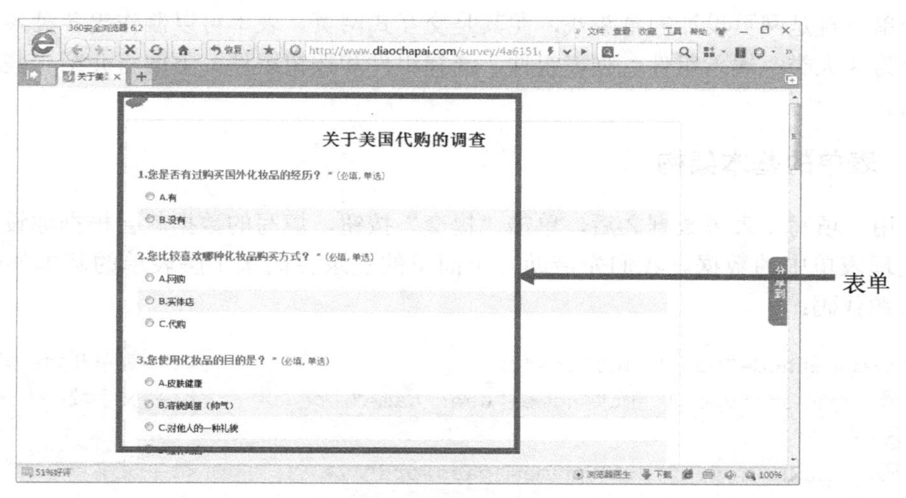

图 5-8　在线投票

4. 在线购物

不管是在线购物还是拍卖网站，随处都可以看到表单界面，让用户输入购买商品种类及商品数量，如图 5-9 所示。

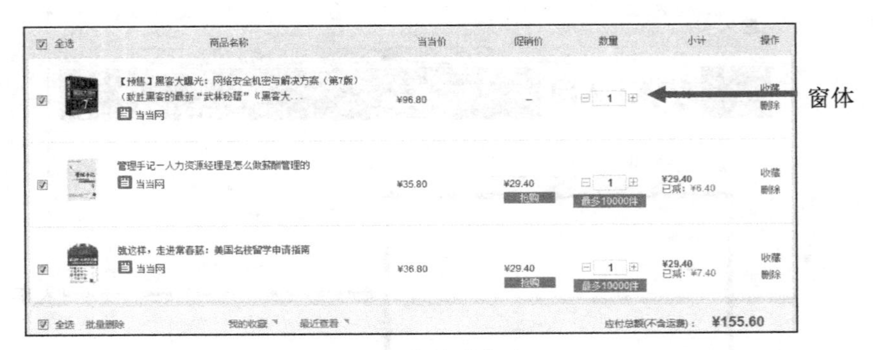

图 5-9　在线购物

介绍了这么多表单的应用，相信你已经体会到表单的实用性与重要性。接下来将介绍各种表单组件的制作，至于如何发送表单数据到服务器端进行处理，已经超出本书范围，在此不做介绍。如果读者有兴趣，可以参考专门介绍 ASP 或 PHP 等程序的书籍。

5.4　创建表单

表单一直是网页设计的重头戏，尤其是交互式网页。表单可以制作出各种各样的组件，大致可分为 4 大类：输入组件、列表组件、选择组件和按钮组件。下面将介绍一些基本的表单制作方法。

5.4.1　表单的基本架构

当用户填写了表单数据之后，单击“提交”按钮，填写的数据就会根据你设置好的处理程序来处理表单中的数据。我们先借助一个简单的登录界面来了解表单的基本架构，下面是其 HTML 源代码：

```
<form method="post" action="">                     <!--表单开始-->
账号：<input type="text" name="user_name" />        <!--文字域-->
<br/>
密码：<input type="text" name="password" />         <!--文字域-->
<br/>
<input type="submit" value="提交" />                <!--提交按钮-->
<input type="reset" value="取消" />                 <!--取消按钮-->
</form>                                            <!--表单结束-->
```

执行结果如图 5-10 所示。

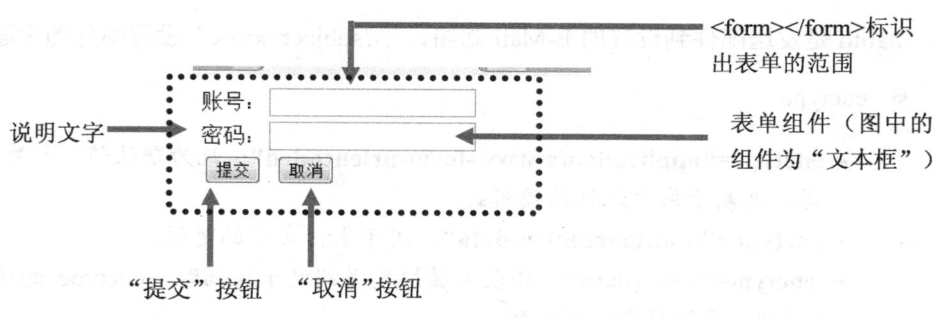

图 5-10　表单的基本架构

<form>是表单的开始标记，而</form>是表单的结束标记，各种表单组件必须放在<form></form>标记围起的范围内，才能有效运行。通常表单中会包括表单标记（<form>）、说明文字、表单组件、“提交”按钮和“取消”按钮等。

图 5-10 中虚线部分是为了让读者了解<form>标记的作用而添加的，实际在网页浏览时并不会出现此虚线。

下面先来认识<form>标记。

<form></form>标记就像一个容器，其中会放置各种表单组件，其语法如下：

```
<form method="post" action="abc.asp">
```

- method

method 属性用于设置发送数据的方式，设置值有 post 和 get 两种。利用 get 方式发送数据时，数据会直接加在 URL 之后，安全性比较差，并且有 255 个字符的字数限制，适用于数据量少的表单，例如：

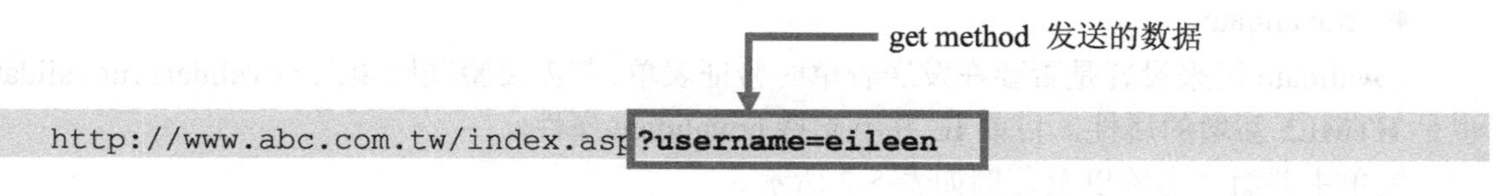

post 方式是将数据封装之后再发送，字符串长度没有限制，数据安全性比较高。对于需要保密的信息，例如用户账号、密码、身份证号、地址以及电话等，通常会采用 post 方式进行发送。

- action

表单通常会与 asp 或 php 等数据库程序配合使用，属性 action 用来指出发送的目的地，例如 **action="abc.asp"**表示将表单送到 abc.asp 网页进行下一步的处理。如果不使用数据库程序，也可以将表单属性发送到电子邮件信箱，其语法如下：

```
<form method="post" action="mailto:abc@mail.com.tw?subject=xxxx"
enctype="text/plain" >
```

mailto 是发送邮件到设置的 E-Mail 邮箱，“?subject=xxxx”设置邮件的主题。

- enctype
  - **enctype="application/x-www-form-urlencoded"**：此为默认值，如果 enctype 省略不写，则表示采取此种编码模式。
  - **enctype="multipart/form-data"**：用于上传文件的时候。
  - **enctype="text/plain"**：将表单属性发送到电子信箱时，enctype 的值必须设为"text/plain"，否则将会出现乱码。

- target

指定提交到哪一个窗口，属性值共有 5 个，如表 5-1 所示。

表 5-1 target 属性值

属性值	说明
_blank	打开新窗口
_self	当前的窗口
_parent	上一层窗口（父窗口）
_top	最上层窗口
框架名称	直接指定窗口或框架名称

- autocomplete

autocomplete 用来设置 input 组件是否使用自动完成功能，HTML5 新增的属性值有 on（使用）和 off（不使用）两种。

- novalidate

novalidate 用来设置是否要在发送表单时验证表单，若需要验证则填入 novalidate。novalidate 也是 HTML5 新增的属性，目前 IE 并不支持 novalidate 属性。

表单主要组件名称以及范例如表 5-2 所示。

表 5-2 表单主要组件名称及范例

表单组件分类	组件名称	范例
输入组件	text	<input type="text" name="t1" size="20" />
	textarea	<textarea rows="2" name="s1" cols="20"></textarea>
	password	<input type="password" name="pw" size="5" />
	date	<input type="date" name="bday" max="2012-12-31" />
	number	<input type="number" name="quantity" min="1" max="5" />
	search	<input type="search" name="searchword" />
	color	<input type="color" name="colorpicker" />

（续表）

表单组件分类	组件名称	范例
输入组件	range	<input type="setrange" name="range" />
	output	<output name="x" for="a b"></output>
	keygen	<keygen name="security" />
列表组件	select	<select size="1" name="d1"></select>
	datalist	<datalist id="search_list"> </datalist>
选择组件	radio	<input type="radio" value="v1" checked name="R1" />
	checkbox	<input type="checkbox" name="c1" value="ON" />
按钮组件	submit	<input type="submit" value="提交" name="sbtn" />
	reset	<input type="reset" value="重置" name="rbtn" />
	button	<input type="button" value="按钮" name="b1" />

其中，date、number、color、range、datalist、output 以及 keygen 是 HTML 新增的组件，目前 IE 都不支持，建议使用 Google Chrome 浏览效果。

下面继续介绍组件的语法、属性以及使用方式。

5.4.2 输入组件

输入组件是表单组件中最常用的，主要是让用户输入数据。一般网页中常用的输入组件有文本框（text）、多行文本框（textarea）、密码域（password）3 种，date、number、color、range 等是 HTML5 新增的 input 组件，必须结合 JavaScript 才能发挥作用。

1. 文本框 text

语法如下：

```
<input type="text" name="username" value="guest" size="10" maxlength="10"/>
```

外观如图 5-11 所示。

guest

图 5-11 文本框外观

常用属性如下。

- **type="text"：** 输入方式为 text，能产生一个单行的文本框，这是必要的域，上限为 255 个字符。
- **name="username"：** 文本框的名称，方便表单处理程序辨认表单组件，可以自行设置，英文、数字以及下划线都可以，但是区分大小写。
- **value="guest"：** 文本框的默认值，如果省略此属性，则文本框是空白的，例如 value="guest"表示 guest 字样会出现在文本框中，用户可以修改。

- **size="10"**：文本框的长度。数字越大，文本框越长。如果省略不写，则会以默认 size=20 为长度。
- **maxlength="10"**：限制文本框字数。为了避免用户输入错误，可以加入此属性来限制输入的字数，例如手机号码是 11 位，则 maxlength="11"，当用户输入 11 个字符之后就无法继续输入了。
- **autofocus**：自动获得焦点，也就是指加载网页之后，自动将光标（插入点）移到此文本框内。

2. 多行文本框 textarea

语法如下：

```
<textarea name="memo" cols="20" rows="4" wrap="virtual">这是多行文本框这是多行文本框这是多行文本框这是多行文本框</textarea>
```

外观如图 5-12 所示。

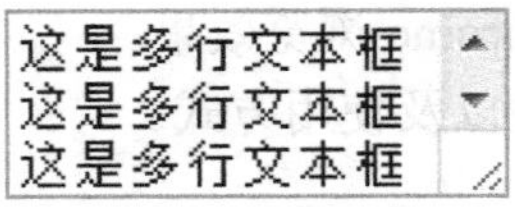

这是多行文本框
这是多行文本框
这是多行文本框

图 5-12　多行文本框

常用属性如下。

- **name="memo"**：文本框的名称，可以自行设置，英文、数字和下划线都可以，区分大小写。
- **cols="20"**：文本框的宽度。
- **rows="4"**：文本框的行数。
- **wrap="virtual"**：设置文本框内的文字提交表单后是否换行。设置值有 hard 和 soft。hard 会在输入的字超过 cols 宽度时自动换行，soft 是不换行（如果文本框没有设置 wrap 属性，默认是不换行的）。

学习小教室

readonly 属性

如果你不想让用户在文本框内输入数据，可以在<input>或<textarea>标记中加上 readonly 属性，用法如下：

```
<input type="text" name="username" value="guest" readonly />
```

这样，用户可以看到这个文本框，但是无法输入数据。

举例来说，在有些网站的添加会员功能中，账号是由系统产生的，因此用户不需要输入；或者购物网站中的商品价格是固定的，金额会利用文本框显示给用户看，但是不希望用户去修改金额。

3. 密码域 password

密码域是特殊的输入组件，当用户在密码域输入数据时，会以星号（*）或圆点（●）来取代输入的文字，保护输入的数据不会被看见。语法如下：

```
<input type="password" name="T1" size="20" />
```

外观如图 5-13 所示。

图 5-13　密码域

密码域的属性与文本框 text 类似，外观看起来也跟文本框一样，唯一区别在于密码域的 type 属性设置值是 password，输入的文字会以星号（*）或圆点（●）来代替。

4. 日期域 date（HTML5 新功能，目前 IE 不支持）

当用户单击日期域时，会弹出日期菜单，让用户选择日期，此为 HTML5 的新功能，目前 IE 不支持。

语法如下。

```
<input type="date" name="selectdate" />
```

外观如图 5-14 所示。

图 5-14　日期域

当用户单击日期域时，会出现如图 5-15 所示的日期菜单。

图 5-15　日期菜单

5. 数字域 number（HTML5 新功能，目前 IE 不支持）

数字域让用户只能以上下键来选择数字，此为 HTML5 新功能，目前 IE 不支持。语法如下：

```
<input type="number" name="setnumber" value="5" min="3" max="20" />
```

number 组件提供 min 和 max 属性来限制用户输入的数字范围，min 限制最小值，max 限制最大值，例如上式表示限制用户只能选择 3~20 的数字。外观如图 5-16 所示。

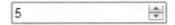

图 5-16　数字域

6. 颜色域 color（HTML5 新功能，目前 IE 不支持）

颜色域在用户选择颜色时使用，当单击颜色域时，会产生颜色菜单，让用户选择颜色，如图 5-17 所示。语法如下：

```
<input type="color" name="selectcolor" value="#ff00ff"/>
```

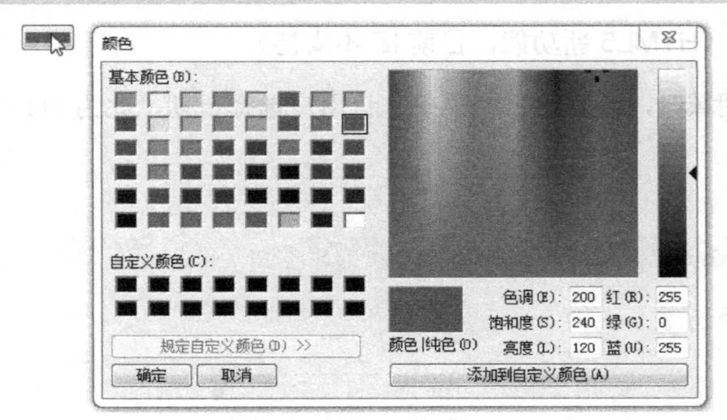

图 5-17　颜色域

属性 value 用来设置默认的颜色。

7. 范围域 range（HTML5 新功能，目前 IE 不支持）

range 域与 number 域一样都是让用户选择数字，只是 range 的界面是水平的滚动条，语法如下：

```
<input type="range" name="selectrange" value="5" min="3" max="20" />
```

外观如图 5-18 所示。

图 5-18　范围域

范例：ch05_04.htm

```
<form method="post" action="">
            请输入账号密码<br />
            账号：<input type="text" name="username" size="20" /><br />
```

```
            密码：<input type="password" name="password" size="20" /><br />
            <input type="submit" value="登录" name="B1" />
</form>
```

执行结果如图 5-19 所示。

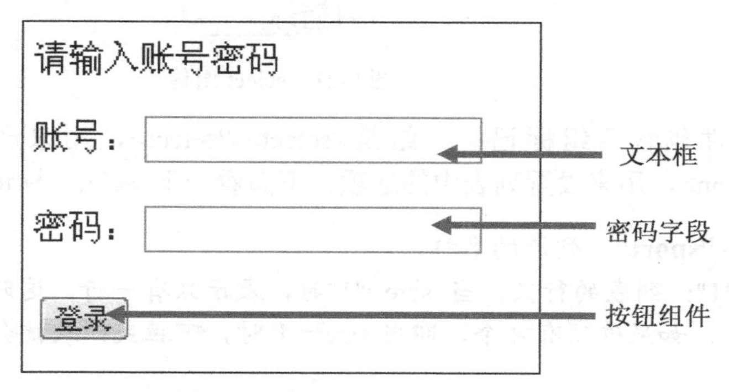

图 5-19　表单范例

范例中使用了文本框、密码域以及按钮组件。按钮组件的功能是让用户单击按钮之后将表单进行下一步处理。按钮组件的语法稍后将会介绍。

8. 搜索域 search（HTML5 新功能，目前 IE 不支持）

搜索域的外观与一般文本框（text）相同，但是当用户输入文字之后，搜索域右边就会显示"×"，单击"×"就可以删除搜索域中的文字，如图 5-20 所示。语法如下：

```
<input type="search" name="searchword" />
```

HTML5 ×

图 5-20　搜索域

5.4.3　列表组件

列表组件包括 select 组件与 datalist 组件。

1. select 组件

select 组件由<select></select>标记与<option>标记组成，语法如下：

```
<select size="1" name="sport">
    <option>游泳</option>
    <option>跑步</option>
    <option>骑自行车</option>
    <option>打篮球</option>
</select>
```

外观如图 5-21 所示。

图 5-21　select 组件

select 组件包含两组标记：一组是<select></select>，用来产生空的列表；另一组是<option></option>，用来设置列表中的选项。下面看一下<select>标记的常用属性。

- **name="sport"**：列表的名称。
- **size="1"**：列表的行数，当 size="1"时，表示只有一行，这时看到的列表是常见的下拉式列表。如果选项有 4 个，即当 size="4"时，下拉式列表就会变成选择列表，如图 5-22 所示。

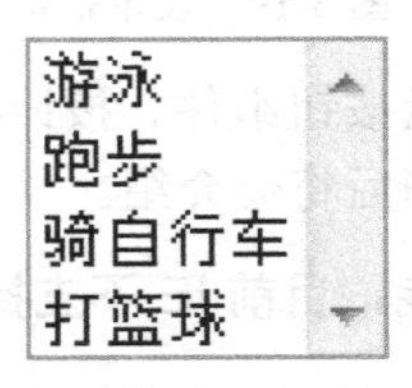

图 5-22　无法滚动的列表

这时如果 size 大于 1 但是小于 4，就会变成带滚动条的列表，如图 5-23 所示。

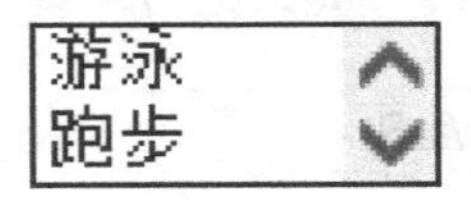

图 5-23　带滚动条的列表

- **multiple**：添加了此属性，表示此域中的选项可以多选，只要在选择时按下 Ctrl 或 Shift 键就可以一次选择好几个选项，如图 5-24 所示。

图 5-24　多选列表

当列表中添加了 muitiple 属性并且 size="1"时，下拉式列表就会变成滚动条列表，如下所示。

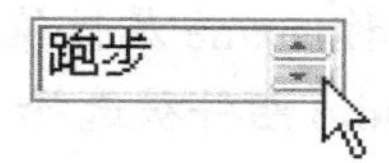

2. datalist 组件（HTML5 新功能，目前 IE 不支持）

datalist 组件由<datalist></datalist>标记与<option>标记组成，必须与<input>组件的 list 属性一起使用。datalist 组件的功能有点类似于自造词列表，主要是让用户只要输入第一个字，就可以从列表中找出符合的词语。语法举例说明如下：

```
<input list="browsers" />        <!--input 组件-->
 <datalist id="browsers">        <!--必须指定 id 名称-->
   <option value="Internet Explorer"></option>
   <option value="Firefox"></option>
   <option value="Chrome"></option>
   <option value="Opera"></option>
   <option value="Safari"></option>
 </datalist>
```

以上语法呈现的效果如图 5-25 所示。

图 5-25 自造词列表

datalist 组件包含两组标记：一个是<datalist></datalist>，用来产生空的列表；另一个是<option>，用来设置列表中的选项。datalist 组件必须先使用 id 属性并指定 id 名称。这样，input 组件的 list 属性值只要设置得与 datalist 组件的 id 属性相同，就可以取得 datalist 组件中的列表。

例如，上述语法中 datalist 组件共设置了 5 个列表值：Internet Explorer、Firefox、Chrome、Opera、Safari。当用户输入“f”，就会找到列表中的 Firefox。

5.4.4 选择组件

选择组件有两种，一种是单选按钮（radio），另一种是复选框（checkbox）。

1. 单选按钮 radio

单选按钮用于单选的场合，例如，性别、职业的选择等，语法如下：

```
<input type="radio" name="gender" value="女" checked />
```

常用属性如下。

- **type="radio"**：type 属性设置为 radio，表示产生单一选择的按钮，让用户单击选择。
- **name="gender"**：radio 组件的名称，name 属性值相同的 radio 组件会被视为同一组 radio 组件，而同一组内只能有一个 radio 组件被选择。
- **value="女"**：radio 组件的值，当表单被提交时，已选择的 radio 组件的 value 值就会被发送进行下一步处理。radio 组件的 value 属性设置的值无法从外观上看出，所以必须在 radio 组件旁边添加文字，此处的文字只是让用户了解此组件的意思，并不会随表单提交，如图 5-26 所示。

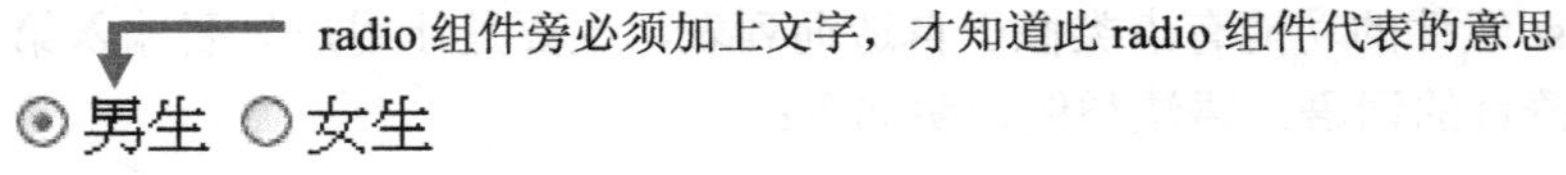

radio 组件旁必须加上文字，才知道此 radio 组件代表的意思

◉男生 ○女生

图 5-26 单选按钮

- **checked**：设置 radio 组件为已选择。同一组 radio 组件的 name 属性值必须相同，如果要默认其中一个 radio 为已选择状态，只要使用 checked 就可以了，如图 5-27 所示。

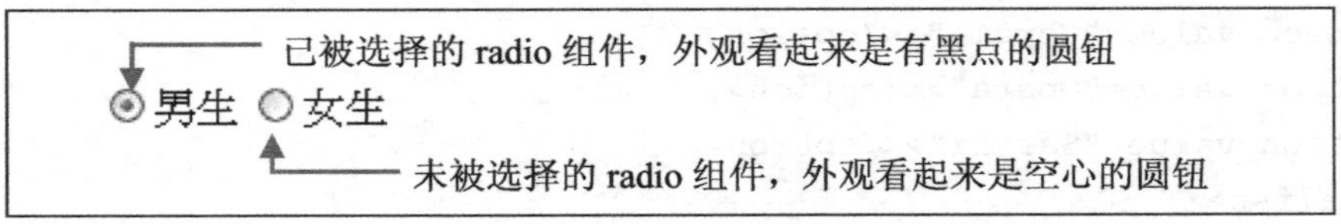

已被选择的 radio 组件，外观看起来是有黑点的圆钮

◉男生 ○女生

未被选择的 radio 组件，外观看起来是空心的圆钮

图 5-27 男生为已选择状态

范例：ch05_05.htm

```
请选择你的性别：
<form method="post" action="">
    <input type="radio" name="gender" value="男" checked />男生
    <input type="radio" name="gender" value="女" />女生
</form>
```

执行结果如图 5-28 所示。

请选择你的性别：

◉男生 ○女生

图 5-28 单选按钮

2. 复选框 checkbox

复选框用于可以多重选择的场合，例如兴趣、喜好等选项，其语法如下：

```
<input type="checkbox" name=" interest" value="看电影" checked />
```

常用属性如下。

- **type="checkbox"**：type 属性值为 checkbox 表示产生一个复选框，让用户选择。

- **name=" interest "**：checkbox 组件的名称。name 属性值相同的 checkbox 组件会被视为同一组 checkbox 组件，而同一组内可以有多个 checkbox 组件被选择。
- **value="看电影"**：checkbox 组件的值。当表单被提交时，已选择的 checkbox 组件的 value 值就会被提交进行下一步处理。checkbox 组件的 value 属性设置的值无法从外观上看出，所以必须在组件旁边加上文字，用户才知道该 checkbox 组件代表的意思。
- **checked**：设置 checkbox 组件为已选择。

范例：ch05_06.htm

```
请选择你的兴趣：(可多选)
<form method="post" action="">
    <input type="checkbox" name="interest" value="运动" checked />运动<br>
    <input type="checkbox" name="interest" value="看电影" />看电影<br>
    <input type="checkbox" name="interest" value="上网" checked />上网<br>
    <input type="checkbox" name="interest" value="唱歌" />唱歌<br>
    <input type="checkbox" name="interest" value="健行" />健行
</form>
```

执行结果如图 5-29 所示。

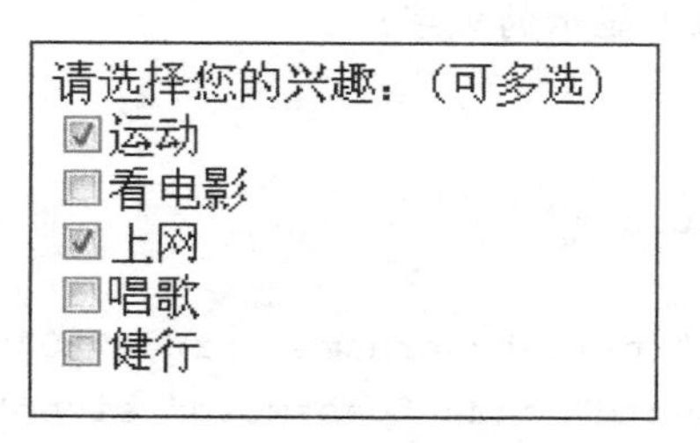

图 5-29 复选框

5.4.5 按钮组件

按钮组件有 3 种：一种是表单填写完成之后，单击“提交”按钮（submit）将表单发送；另一种是提供用户清除表单属性的“重置”按钮（reset）；第 3 种是普通按钮（button），这种按钮本身并无任何作用，通常会搭配 Script 语法来完成想要的效果。

下面分别介绍这 3 种按钮的语法及其常用属性。

1. submit 按钮

```
<input type="submit" name="s1" value="确定" />
```

常用属性如下。

- **type="submit"**：type 属性值为 submit，表示是“提交”按钮。当用户单击此按钮时，表单就会按照<form>标记的 action 属性设置的方式来发送表单。
- **name="s1"**：按钮组件的名称，如果只是普通的发送，name 属性可以省略。
- **value="确定"**：显示在按钮上的文字。

2. reset 按钮

```
<input type="reset" name="r1" value="重置" />
```

常用属性如下。

- **type="reset"**：type 属性值为 reset，表示是“重置”按钮。当用户单击此按钮时，会将表单中所有组件的值恢复到默认值。
- **name="r1"**：按钮组件的名称，功能不大，通常会省略此属性。
- **value="重置"**：显示在按钮上的文字。

3. button 按钮

```
<input type="button" name="back" value="回上页" />
```

常用属性如下。

- **type="button"**：type 属性值为 button，表示是普通按钮，本身并无作用，必须搭配 Script 语法来达到想要的效果。
- **name="back"**：按钮组件的名称，功能不大，通常会省略此属性。
- **value="回上页"**：按钮上显示的文字。

范例：ch05_07.htm

```
<form method="post" action="">
请输入账号密码<br / >
账号：<input type="text" name="username" size="20" /><br />
密码：<input type="password" name="password" size="20" /><br />

<input type="submit" value="提交" />
<input type="reset" value="重填" />
<input type="button" value="回上页" onclick="javascript:history.back();" />
</form>
```

Button 组件单击按钮时执行的操作，通常会搭配 JavaScript 使用

执行结果如图 5-30 所示。

请输入账号密码
账号：
密码：
提交 重填 回上页

图 5-30　普通按钮

button 组件本身没有作用，必须搭配 Script 语法才有用，范例中在 button 按钮上添加了 JavaScript 语法，如下所示：

```
onclick="javascript:history.back();"
```

当按钮组件被单击时会触发 onclick 事件，因此我们只要在 onclick 事件中添加 Script 语法就可以了。范例中加入的“history.back();”是 JavaScript 语法，意思是回上一页。

5.4.6　表单分组

当表单属性太长太多时，可以将表单中的问题分门别类，以免用户输入数据时眼花缭乱。用来将表单分组的标记是< fieldset>，必须以</ fieldset>结尾，<legend></legend>标记可以设置分组标题。语法如下：

```
<fieldset>
<legend>分组标题</legend>
分组内容
</fieldset>
```

上述语法会在网页中呈现如图 5-31 所示的效果。

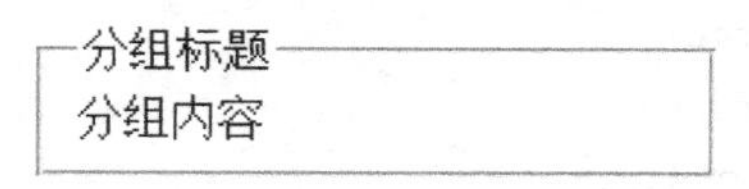

图 5-31　表单分组

5.5　操作范例——教学意见调查表

认识了所有的表单组件之后，实际操作一遍，更加能够熟悉表单的应用。请读者自己先练习完成如下的教学意见调查表，再来对照下面的程序代码。

题目：请制作教学意见调查表

（1）当网页加载时，将插入点光标放在“科目名称”文本框内。

（2）系所列表包括：英文系、法律系、信息管理系、电子工程系、信息工程系，如图 5-32 所示。

教学意见调查表
个人及课程资料
1. 科目名称：
2. 请选择系所：英文系
3. 讲师：
4. 性别：男生 女生
5. 开课日期：年/月/日
意见调查
1. 这门课你的出席状况是 没有缺课 缺课1-3次 缺课4-6次 缺课6次以上
2. 你对这门课的学习态度 很认真 还算认真 很不认真
3. 修习这门课的原因(可复选) 必修 凑学分 个人兴趣 其他原因
4. 请简述你对此门课程的期望或改进的建议：
提交 重写

图 5-32　教学意见调查表

程序代码如下。

范例：ch05_08.htm

```
<h3>教学意见调查表</h3>
<form method="post" action="" enctype="text/plain">
<fieldset>
<legend>个人及课程资料</legend>
<ol>
    <li>
    科目名称：<input type="text" name="subject" autofocus />
    </li>
    <li>
    请选择系所：
    <select size="1" name="department">
    <option>英文系</option>
    <option>法律系</option>
    <option>信息管理系</option>
    <option>电子工程系</option>
    <option>信息工程系</option>
    </select>
    </li>
    <li>
    讲师：<input type="text" name="teacher" />
    </li>
    <li>
    性别：
    <input type="radio" name="sex" value="男生" checked />男生
    <input type="radio" name="sex" value="女生" />女生
    </li>
    <li>
    开课日期：<input type="date" name="startdate" />
    </li>
</ol>
</fieldset>
<fieldset>
<legend>意见调查</legend>
<ol>
    <li>
    这门课你的出席状况是
    <input type="radio" name="assist" value="没有缺课" />没有缺课 
    <input type="radio" name="assist" value="缺课 1-3 次" />缺课 1-3 次 
    <input type="radio" name="assist" value="缺课 4-6 次" />缺课 4-6 次 
```

```
        <input type="radio" name="assist" value="缺课 6 次以上" />缺课 6 次以上
        </li>
        <li>
        你对这门课的学习态度
        <input type="radio" name="attitude" value="很认真" />很认真 
        <input type="radio" name="attitude" value="还算认真" />还算认真 
        <input type="radio" name="attitude" value="很不认真" />很不认真
        </li>
        <li>
        修习这门课的原因(可复选)
        <input type="checkbox" name="reason" value="必修" />必修
        <input type="checkbox" name="reason" value="凑学分" />凑学分
        <input type="checkbox" name="reason" value="个人兴趣" />个人兴趣
        <input type="checkbox" name="reason" value="其他" />其他原因
        </li>
        <li>
        请简述你对此门课程的期望或改进的建议: <br />
        <textarea rows="3" name="hope" cols="50"></textarea>
        </li>
    </ol>
    </fieldset>
    <input type="submit" value="提交" />
    <input type="reset" value="重写" />
    </form>
```

文本框的 autofocus 属性和日期域（date）IE 均不支持，如果想看到完整的执行结果，请使用 Google Chrome 浏览器进行浏览。

本章小结

1. 网页表格的应用相当广泛，但是标记却很简单，只要熟记<table>、<tr>和<td>这 3 个最重要的标记及其属性，就能够应用自如。

2. <table></table>标记的功能是声明表格的起始与结束。border 属性用来设置表格的边框线粗细。

3. <tr></tr>标记的功能是产生一个横行，此组标记必须置于<table></table>标记内。

4. <td>标记的功能是在一横行中产生一个直列，文字就写在<td></td>标记里面，此组标记必须置于<tr></tr>标记内。

5. <caption></caption>标记的功能是为表格加入标题，放在<table>标记之后。

6. <th>标记与<td>标记的功能是相同的，唯一不同的是<th>标记标识的单元格文字会以粗体表示，通常当作表格第一行的标题，其用法很简单，只要把表格第一行的<td>更换为<th>即可。

7. 如果表格没有指定宽度，则表格宽度会随着单元格内文字的长短缩放。

8. colspan 与 rowspan 属性是<td>标记才有的属性，类似 Word 软件中“合并单元格”功能。

9. 合并左右列的属性是 colspan，合并上下行的属性是 rowspan。

10. nowrap 属性的功能是强制单元格内的文字不换行。

11. 当单元格内没有任何内容也就是空白的时候，单元格的边框会消失，只要在空白单元格中输入一个全角空格或“ ”就可以了。

12. 表单（Forms）是由许多表单组件组成的，主要是让用户填写数据发送到服务器端，进行必要的处理，例如在线购物、讨论区和留言板等功能。

13. <form>是表单的开始标记，而</form>是表单的结束标记，各种表单组件必须放在<form></form>标记围起的范围内才能有效运行。

14. method 属性用于设置发送数据的方式，设置值有 post 和 get 两种。

15. 利用 get 方式发送数据时，数据会直接加在 URL 之后，安全性比较差，并且有 255 个字符的字数限制，适用于数据量少的表单。

16. post 方式是将数据封装之后再发送，字符串长度没有限制，数据安全性比较高。对于需要保密的信息，例如用户账号、密码、身份证号、地址以及电话等，通常会采用 post 来发送。

17. enctype 是表单发送的编码方式，共有 3 种模式：enctype="application/x-www-form-urlencoded"、enctype="multipart/form-data"和 enctype="text/plain"。

18. 输入组件是表单组件中最常用的组件，主要是让用户输入数据。输入组件共有文本框（text）、多行文本框（textarea）和密码域（password）3 种。

19. 多行文本框（textarea）的 wrap 设置值有 hard、soft。hard 会在输入的字超过 cols 宽度时自动换行，soft 是不换行的（如果文本框没有设置 wrap 属性，默认不换行）。

20. 如果你不想让用户在文本框内输入数据，可以在<input>或<textarea>标记中添加 readonly 属性。

21. 密码域是特殊的文字组件，当用户在密码域输入数据时，会以星号（*）或圆点（●）来取代输入的文字，保护输入的数据不会被看见。

22. 列表组件包含两组标记，一组是<select></select>，用来产生空的列表；另一组是<option></option>，用来设置列表中的选项。

23. 选择组件有两种，一种是单选按钮（radio），另一种是复选框（checkbox）。

24. 按钮组件有 3 种，一种是表单填写完成之后，单击“提交”按钮（submit）将表单发送；另一种是提供用户清除表单内容的“重置”按钮（reset）；第 3 种是普通按钮（button）。

习 题

一、选择题

1. 下列_____不是表格的标记。

（A）<table>　　（B）<td>　　（C）<tr>　　（D）

2. 网页表格中的每一个小格称为______。

（A）列　（B）行　（C）单元格　（D）像素

3. 下列_____标记声明表格的起始与结束。

（A）<td> </td>　（B）<table></table>　（C）<tr></tr>　（D）<th></th>

4. <th>标记的作用是下列_____。

（A）合并单元格　（B）声明表格开始　（C）设置列的标题　（D）拆分单元格

5. 下列_____属性有合并左右列的功能。

（A）colspan　（B）rowspan　（C）align　（D）width

6. 下列_____属性有合并上下行的功能。

（A）colspan　（B）rowspan　（C）align　（D）width

7. 当单元格内没有任何内容时，单元格的边框会消失，这时候可以在单元格中输入_____符号，就能让单元格保持空白又能显示边框。

（A）br　（B） 　（C）&nb;　（D）tr

8. 下列_____是可以让用户输入数据的表单组件。

（A）search　（B）date　（C）text　（D）button

9. _____表单域适合输入一整篇的文字内容。

（A）textarea　（B）checkbox　（C）radio　（D）text

10. 在_____表单域中，用户输入的内容会变成星号或圆点。

（A）password　（B）textarea　（C）radio　（D）text

二、问答与操作题

1. method 属性用于设置发送数据的方式，请说明其设置值有哪两种。
2. 请简述表单中的按钮组件有哪几种，它们各自有什么功能。
3. 请设计如图 5-33 所示的表单。

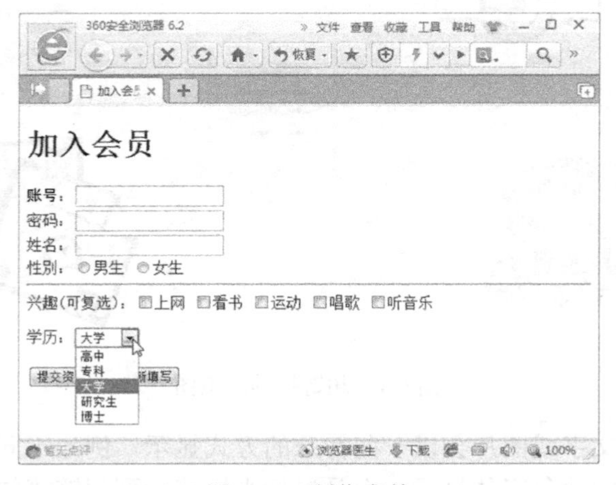

图 5-33　制作表单

第 6 章　创建超链接

超链接是网页设计中相当重要的一环，通过它可以创建网页与网页之间的关系，也可以链接到其他网站，达到网网相连的目的。

6.1　认识超链接

网页中的超链接引导浏览者下一步应该往哪里走，因此，超链接的规划与使用是很重要的，茫茫网海，千万别让网友们在你的网站中迷了路。首先，我们来看看什么是“超链接”。

6.1.1　什么是超链接

所谓“超链接（hyperlink）”，是指在 HTML 文件的图片或文字中添加链接标记，当浏览者单击该图片或文字时，会立即被引导到另一个位置。这个位置可以是网页、BBS、FTP，甚至可以是链接到文件，让浏览者打开或下载，也可以直接链接到 E-Mail 邮箱，当单击链接时，自动打开创建邮件的画面。超链接的示意图如图 6-1 所示。

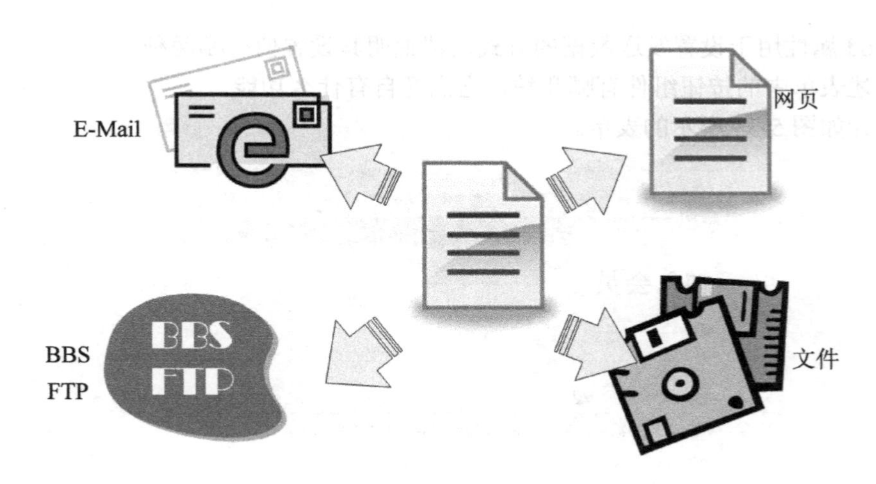

图 6-1　超链接的示意图

通常设置超链接的文字或图片会以一些特殊的方式显示，例如不同的文字颜色、大小或样式，默认以添加下划线的蓝色字体显示，而且鼠标光标移动到超链接的位置时，光标会变成小手的形状，如下所示。

我是有超链接的文字

鼠标光标移到超链接文字的情况

鼠标光标移到超链接图片的情况

我们可以利用 CSS 语法来修改鼠标光标移到超链接时的形状，详细做法请参考第 2 篇“CSS 美化篇”。

6.1.2 规划超链接

好的网站在制作时应该考虑到网页的操作是否人性化。例如，网站应该有“导航栏”，让浏览者能够很顺畅地浏览网站；还要有“网站地图”，让浏览者能够对网站架构一目了然，尤其是大型网站。

不管是制作“导航栏”还是“网站地图”，超链接都是相当关键的因素。因此，制作网页前应该先规划出网站的最佳浏览路径，然后在网页的适当位置添加超链接，并且以不同颜色或样式区分超链接是否被单击过，以免浏览者重复浏览相同的网页。

接下来，我们就来看看如何添加超链接。

6.2 加入超链接

超链接除了可以在网页之间互相链接之外，还可以链接到文件或 E-Mail 邮箱等，下面先来看看它的用法。

6.2.1 超链接的用法

首先认识链接标记。链接标记是<a href=""></a>，不管是文字还是图片都可以加上超链接。下面是超链接的语法。

```
<a href="index.htm" target="_top">
```

具体属性如下。

1. href="index.htm"

href 属性设置的是该链接所要链接的网址或文件路径，例如：

```
<a href="http://www.yahoo.com.tw">
<a href="download/file.zip">
```

如果文件路径与 html 文件不是位于同一目录，就必须加上适当的路径，相对路径或绝对路径都可以。关于相对路径与绝对路径的区别请参考第 6.2.2 小节“路径表示法”。

2．target="top"

target 属性设置链接的网页打开方式有下列几种：

- target="_blank"：链接的目标网页会在新的窗口中打开。
- target="_parent"：链接的目标会在当前的窗口中打开，若在框架网页中则会在上一层框架打开目标网页。
- target="_self"：链接的目标会在当前运行的窗口中打开，这是默认值。
- target="_top"：链接的目标会在浏览器窗口打开，若有框架，则网页中的所有框架都将被删除。
- target="窗口名称"：链接的目标会在有指定名称的窗口或框架中打开。

超链接可以分为文字超链接与图片超链接。要让文字产生超链接，只需在文字前后加上<a href=""></a>标记就可以了，例如：

```
<a href=" index.htm ">回首页</a>
```

显示结果如图 6-2 所示。

图 6-2　文字链接

超链接文字的颜色会随着超链接状态有所不同，在默认状态下，文字外观会有如下变化。

（1）尚未浏览的超链接（unvisited）：文字会显示蓝色（blue）、有下划线。
（2）浏览过的超链接（visited）：文字会显示紫色（purple）、有下划线。
（3）单击超链接时（active）：文字会显示红色（red）、有下划线。

要在图片上产生超链接，同样在图片前后加上<a href=""></a>标记就可以了，例如：

```
<a href="index.htm"><img src="images/home.jpg" border="0"></a>
```

显示结果如图 6-3 所示。

图 6-3　图片链接

6.2.2　站外网页链接

如果要从自己的网页连接到其他人的网站，可以在网页上加入站外网页链接，其语法如下：

```
<a href="网址">…</a>
```

例如：

```
<a href="http://www.nju.edu.cn/">南京大学</a>
```

就这么简单，只要在链接的位置填入网址就行了，下面来看一个实例说明。

范例：ch06_01.htm

```
<h2>好用的搜索网站：</h2>
<table border="1">
<tr>
    <td>网站名称</td>
    <td>网址</td>
</tr>
<tr>
    <td><a href="http://www.baidu.com" target="_top">百度</a></td>
    <td>www.baidu.com</td>
</tr>
<tr>
    <td><a href="http://www.google.com" target="_blank">google</a></td>
    <td>www.google.com</td>
</tr>
<tr>
    <td><a href="http://www.sogou.com">搜狗 </a></td>
    <td>www.sogou.com</td>
</tr>
</table>
```

网页会在新窗口中打开

执行结果如图 6-4 所示。

好用的搜索网站：

网站名称	网址
百度	www.baidu.com
google	www.google.com
搜狗	www.sogou.com

图 6-4　创建超链接

范例中前两个链接添加了 target 属性，设置值为“_top”与“_blank”，“_top”是将链接目标在最上方窗口中打开。由于本身已经是最上层，因此与没有加入 target 属性的效果一样，即会将网页在当前使用的窗口中打开。

6.2.3　站内网页链接

站内网页链接就是自己网站中网页的链接，语法与站外网页链接相同，唯一区别在于站内链接必须以“相对路径”来指定链接目标，其语法如下：

```
<a href="链接目标相对路径">…</a>
```

例如：

```
<a href="index.htm">回首页</a>
```

如果网页与链接目标位于同一个目录中，那么只要填入文件名就行了；如果位于不同目录，必须将“相对路径”标识清楚，下面来看一个实例说明。

范例：ch06_02.htm

```
<h3>南唐【李煜】</h3>
<table>
<tr>
    <td>
    南唐后主，姓李名煜，乃南唐中主第六子，因中主让位，弄到宫帷内哄，各兄弟为争皇位，互相残杀而亡，李煜郄被迫登基。李煜生平雅好学问，诗词书画，无一不精，尤善于填词而成为一代词宗。本是风流才子，后期成为亡国之君，以血泪写家国之痛，被誉为“词中之帝”。
    </td>
</tr>
</table>
<p>
<table>
<tr>
    <td><a href="poetry/poetry1.htm">浪淘沙</a></td>
    <td width="50"> </td>
    <td><a href="poetry/poetry2.htm">虞美人</a></td>
</tr>
</table>
```

执行结果如图 6-5 所示。

南唐【李煜】

南唐后主，姓李名煜，乃南唐中主第六子，因中主让位，弄到宫帷内哄，各兄弟为争皇位，互相残杀而亡，李煜郄被迫登基。李煜生平雅好学问，诗词书画，无一不精，尤善于填词而成为一代词宗。本是风流才子，后期成为亡国之君，以血泪写家国之痛，被誉为“词中之帝”。

浪淘沙　　虞美人

图 6-5　创建超链接

上例中我们希望在 ch06_02.htm 网页的“浪淘沙”文字中加入超链接，单击链接之后可以打开 poetry 目录中的 poetry1.htm 网页。然而这两个网页位于不同的目录（如图 6-6 所示），因此必须填入正确的相对路径，如<a href="**poetry/poetry1.htm**">浪淘沙</a>。

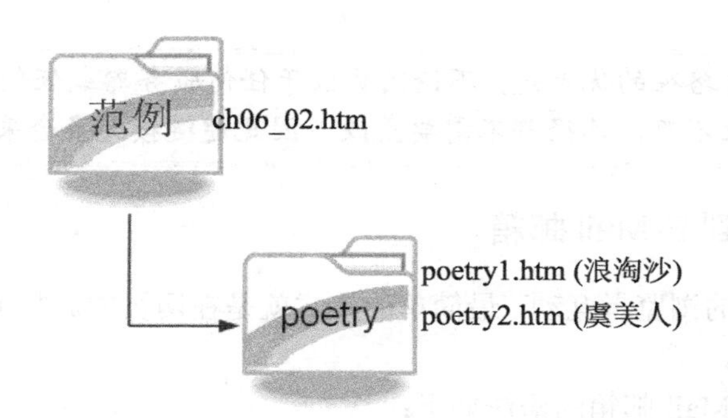

图 6-6 示意图

那么，如果想从 poetry1.htm 网页再回到 ch06_02.htm 网页，超链接又应该怎么写呢？可参看下面的范例。

范例：poetry1.htm

```
<h3>浪 淘 沙</h3>
<table border="0">
<tr>
   <td>罗衾不耐五更寒。梦里不知身是客，一晌贪欢。<br />
  独自莫凭栏，无限江山，别时容易见时难。<br />
  流水落花春去也，天上人间。
   </td>
   <td><img border="0" src="../images/pic1.jpg" width="150"></td>
</tr>
</table>
<a href="../ch06_02.htm">回上页</a>
```

执行结果如图 6-7 所示。

图 6-7 创建超链接

由于“ch06_02.htm” 网页位于 poetry 目录的上一层目录中，相对目录写法以“../”表示回到上一层目录，因此超链接只要填入“../ch06_02.htm”就可以了。

相对路径的优点是，不论网页位于任何服务器或任何目录，只要网页与网页之间的目录不变，路径都不需要更改，因此超链接大多会采用“相对路径”。

6.2.4 链接到 E-Mail 邮箱

要与网页的浏览者互动，最简单的方式就是在网页中添加 E-Mail 超链接，这样浏览者就可以给你写信了。

链接到 E-Mail 邮箱的语法如下：

```
<a href="mailto:E-Mail 账号">…</a>
```

例如：

```
<a href="mailto:eileen@mail.com">写信给版主</a>
```

当单击 E-Mail 超链接时，就会自动出现内置的邮件软件，如图 6-8 所示。

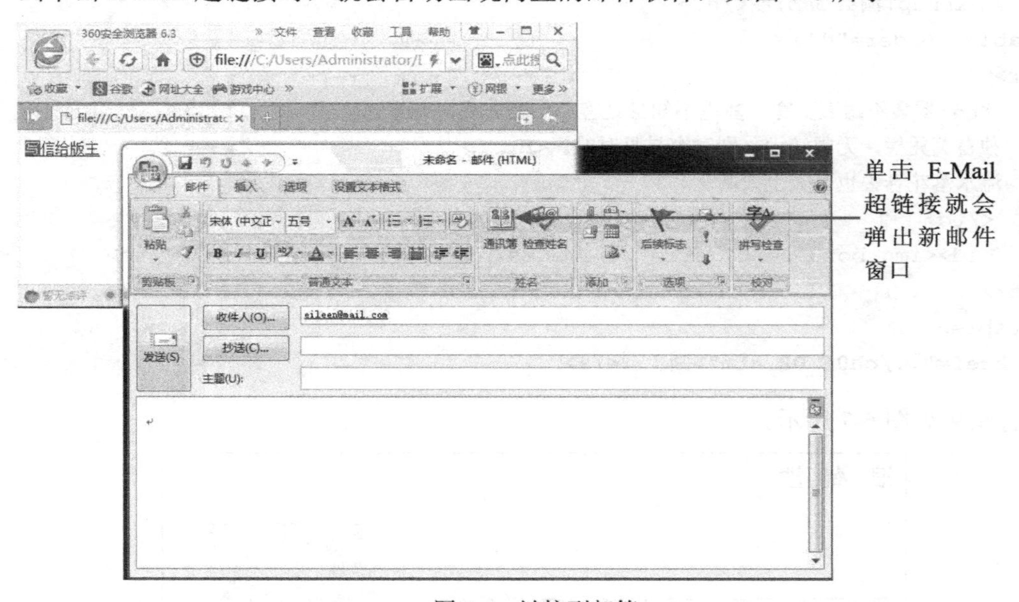

图 6-8　链接到邮箱

浏览者只要在新邮件窗口填写好主题和内容，将邮件送出就可以发信给超链接 mailto 处设置的邮箱了。

如果收件人不止一个人，可以用分号（;）分区，如下所示：

```
<a href="mailto:eileen@mail.com;eileen01@mail.com">写信给版主</a>
```

为了让浏览者更加省事，可以事先设置好主题，设置方式很简单，只要在 E-Mail 邮箱后加上“? Subject=主题文字”就可以了，语法如下：

```
<a href="mailto:eileen@mail.com?subject=我的意见">写信给版主</a>
```

单击超链接之后，新邮件窗口就自动显示主题了，如图 6-9 所示。

图 6-9　给邮件添加主题

除主题之外，还可以设置邮件抄送、密件抄送以及邮件正文。语法如下：

● 邮件抄送：“?cc=抄送的 E-Mail 账号”

```
<a href="mailto:eileen@mail.com?cc=abc@mail.com">写信给版主</a>
```

显示结果如图 6-10 所示。

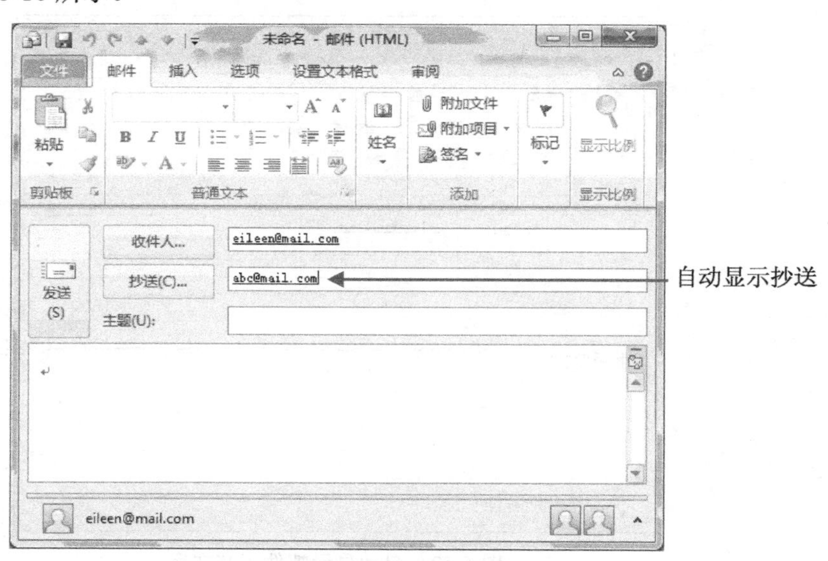

图 6-10　自动添加抄送邮件账号

● 密件抄送："?bcc=密件抄送的 E-Mail 账号"

```
<a href="mailto:eileen@mail.com?bcc=abc@mail.com">写信给版主</a>
```

显示结果如图 6-11 所示。

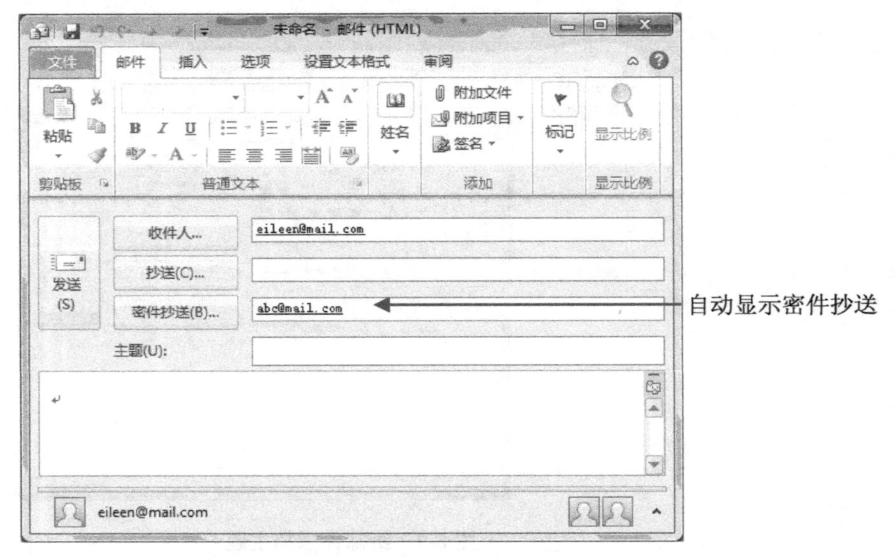

图 6-11　自动添加密件抄送邮件账号

● 邮件正文文字："?body=文字内容"

```
<a href="mailto:eileen@mail.com?body=我要参加">写信给版主</a>
```

显示结果如图 6-12 所示。

图 6-12　自动显示邮件正文文字

6.2.5　链接到文件

如果我们希望提供用户下载文件，就可以配置文件超链接。其语法如下：

```
<a href="abc.zip">下载</a>
```

这是下载或打开文件的写法，只要在链接位置写清楚文件路径和文件名即可。如果文件与网页位于同一个网站中，那么可以用相对路径表示；如果文件位于其他网站，就必须以绝对路径表示，如下所示：

```
<a  href="http://driverdl.lenovo.com.cn/lenovo/Driver Files Upload Floder/
34655/setup.exe">下载 Setup.exe </a>
```

当用户单击链接后，会弹出“查看下载”对话框，询问是否要下载并保存该文件，如图 6-13 所示。

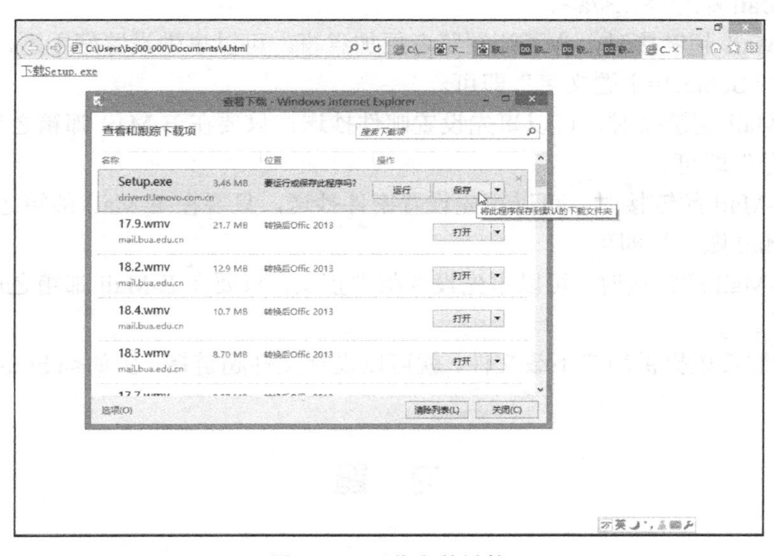

图 6-13　下载文件链接

学习小教室

为什么下载文件时有时会出现“查看下载”对话框，但是有些文件却会直接在浏览器中打开呢？

这是因为打开文件时，浏览器会检查文件的扩展名并查找计算机中已有的应用程序来读取该文件，像 Word 文档、Excel 文档以及 PDF 文档都会直接以对应的应用程序打开在浏览器中，而.exe 可执行文件、.zip 压缩文件这类容易被植入木马程序的文件，风险性比较高，浏览器就会出现“查看下载”对话框，让用户决定是要打开还是存储文件。

如果想要强制出现“查看下载”对话框，就必须使用服务器端的语言（如 ASP、PHP 等）来编写语法了。

本章小结

1. 超链接是指在 HTML 文件的图片或文字中添加链接标记，当浏览者单击该图片或文字时，会立即被引导到另一个位置。这个位置可以是网页、BBS、FTP，甚至可以链接到文件，让浏览者打开或下载；也可以直接链接到 E-Mail 邮箱，当单击链接时，自动打开创建邮件的界面。

2. 当鼠标光标移动到超链接的位置时，默认以添加下划线的蓝色字体显示超链接组件，而且光标会变成小手的形状。

3. 超链接标记是<a href=""></a>，不管是文字还是图片都可以添加超链接。

4. 超链接标记的 href 属性用来设置该链接所要链接的网址或文件路径。

5. 超链接标记的 target 属性用于设置链接的网页打开方式。

6. target 属性为“_blank”与“new”，是在新窗口打开链接目标。

7. 想要与网页的浏览者互动，最简单的方式就是在网页中添加 E-Mail 超链接，语法为<a href="mailto:E-Mail 账号">…</a>。

8. 使用 E-Mail 超链接时，为了让浏览者更加省事，可以事先设置好主题，只要在 E-Mail 邮箱之后加上“? Subject=主题文字”即可。

9. 使用 E-Mail 超链接时，可以事先设置邮件抄送，只要在 E-Mail 邮箱之后加上“?cc=抄送的 E-Mail 账号”即可。

10. 使用 E-Mail 超链接时，可以事先设置密件抄送，只要在 E-Mail 邮箱之后加上“?bcc=密件抄送的 E-Mail 账号”即可。

11. 使用 E-Mail 超链接时，可以事先设置邮件正文，只要在 E-Mail 邮箱之后加上“?body=文字内容”即可。

12. 如果我们希望提供用户下载文件，就可以设置文件超链接，例如<a href="abc.zip">下载</a>。

习　题

一、选择题

1. 下列_____标记与超链接相关。

（A）ref　（B）link　（C）a　（D）top

2. 鼠标光标移动到超链接的位置时默认会变成_____。

（A）漏斗状　（B）拳头状　（C）手指状　（D）箭头状

3. 下列____为正确的超链接标记。

（A）<a href=" ">（B）<a img=" ">　（C）<a target=" ">　（D）<href=" ">

4. 如果想在单击超链接之后将目标网页在新窗口中打开，_____是正确的。

（A）target="_blank"　（B）target="_parent"

（C）target="_self"　（D）target="_top"

5. 设置超链接时，如果想要链接到 E-Mail 信箱，下列__________是正确的。

（A）<a href="mailto:E-Mail 账号">

（B）<a href="mailto:E-Mail 账号?subject=我的意见">

（C）<a href="mailto:E-Mail 账号?cc=abc@mail.com">

（D）以上都可以

二、操作题

请将 ex06_01.htm 加入站外链接、E-Mail 链接，如图 6-14 和图 6-15 所示。

图 6-14 超链接练习

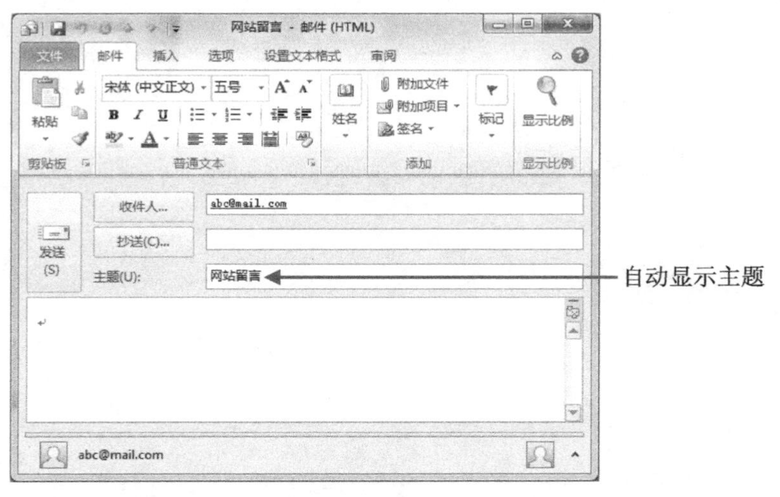

图 6-15 单击链接应该打开 Mail 界面并自动显示主题

第 2 篇

CSS 美化

第 7 章　认识 CSS 样式表

制作网页时最让人困扰的莫过于烦琐的样式设置，不管是文字样式、行距、段落间距或表格样式等都必须逐一设置，一个网站的网页通常不少于 5 页，大型网站可能达数十页，甚至更多。要让每个网页的格式统一，也是一项艰巨的工程。鉴于此，W3C 组织拟定了一套标准格式，也就是“CSS 样式表”，让我们只要在已有的 HTML 语法中加上一些简单的语法，就能够轻松控制网页外观，创建统一风格的网站。下面先介绍什么是 CSS 样式表。

7.1　什么是 CSS 样式表

CSS（Cascading Style Sheet，层叠样式表，简称 CSS 样式表），是 1996 年由 W3C 组织制定的，最新的版本为 CSS3，主要用来弥补 HTML 在样式排版功能上的不足，也由于 CSS 可以丰富网站的视觉效果，因此又有网页“美容师”之称。这么好用的语法，是怎么产生的呢？首先，我们了解一下 CSS 的由来。

7.1.1　CSS 的由来

万维网组织（World Wide Web Consortium，W3C）在 1996 年制定了 CSS 第一版（CSS1）的规则，让用户可以通过样式表自由设计字体的大小、字型、颜色、行距、组件排列等。到了 1998 年 CSS 第二版（CSS2），增加了绝对寻址与相对定位的定位元素，让网页上的组件不必固定在同一个地方，而是可以由程序来控制组件的位置，例如我们经常在网页上看到随着鼠标光标移动的图片、变大变小的文字等，都可以借助 CSS 搭配 JavaScript 语法来完成。2011 年发布的 CSS 第三版（CSS3）是目前 CSS 的最新版本，新增了组件圆角功能、文字阴影及动画效果等。

经过了这么多年的研究，各家浏览器几乎都已支持 CSS 语法，但是支持的程度不尽相同。因此，如果你希望在每种浏览器上看到的网页效果都是一样的，就必须在每一种浏览器上测试，目前 W3C 组织提供 CSS 检测的程序，可以测试网页中使用的 CSS 是否符合 W3C 标准。只要通过 W3C 标准检测，应该就能够兼容于大部分的浏览器了。W3C 提供的 CSS 语法检测网页的网址如下：

```
http://jigsaw.w3.org/css-validator/
```

进入网页，会看到如图 7-1 所示的页面。

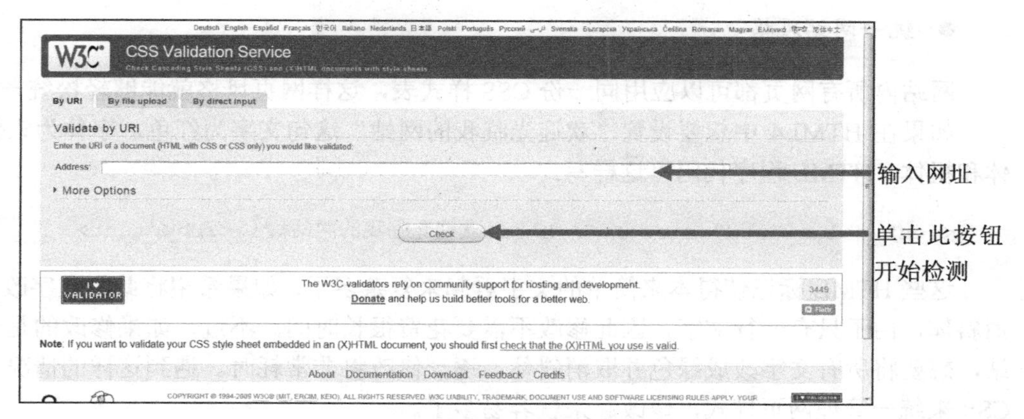

图 7-1　CSS 兼容网页验证

只要输入检测的网址，单击 Check 按钮就会显示出检测结果。如果检测无误，就会出现如图 7-2 所示的页面。

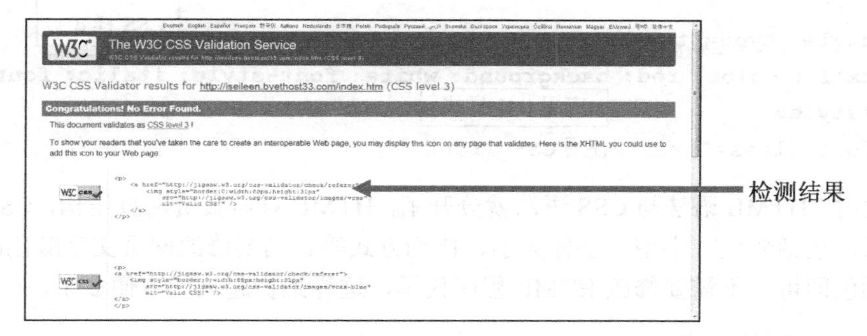

图 7-2　检测结果

7.1.2　CSS 的优势

CSS 具有下面的特色和优点。

- 语法简单、编写容易

CSS 可以精确控制版面位置、网页配色并产生文字与图片特效，功能强大但是语法却很简单。

- 增加网页设计弹性，让网页更容易维护

CSS 语法与 HTML 分开编写，两者可以写在同一份网页文件中，也可以将 CSS 另存之后在 HTML 文件中调用。如果要调整网页样式，只需更改 CSS 语法就好，大大减少了更新网页的麻烦。

- 加快网页加载的速度

应用 CSS 样式之后，有些控制字型、段落的 HTML 标记可以从网页中删除，以减少程序代码的数量。程序代码越少，网页加载的速度就越快。

● 统一网站风格

网站内所有网页都可以应用同一份 CSS 样式表，这样网页风格就能够轻松统一了。

如果在 HTML4 中想要设置“欢迎光临我的网站”这句文字为红色，字体为宋体，加上斜体和粗体，HTML 程序代码可这样写：

```
<font color="red" size="3"><b><i>欢迎光临我的网站</i></b></font>
```

这些 HTML 标记使得本来简单的文字看起来复杂多了，如果希望将此行文字改成绿色、取消斜体，由于只有一行文字，因此修改不需要花费很长时间。不过，如果修改的是一个大型网站，想要将所有文字改成绿色并取消斜体，逐一修改将非常耗时。遇到这样的情况，如果改用 CSS 来统一管理网页样式，修改起来就容易多了。

要使用 CSS，只需事先定义好样式，再应用到 font 标记上即可，上面的例子可以写成这样：

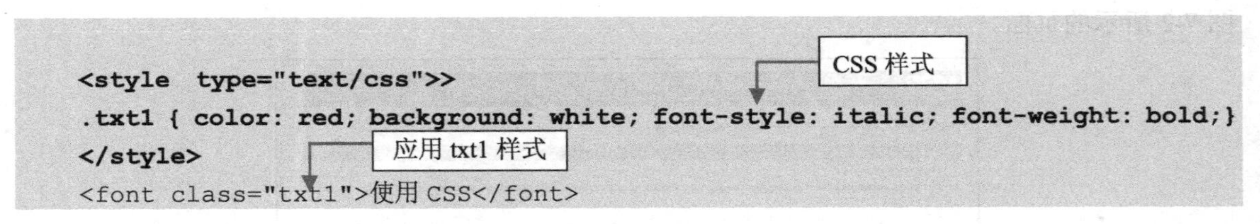

```
<style  type="text/css">>
.txt1 { color: red; background: white; font-style: italic; font-weight: bold;}
</style>
<font class="txt1">使用 CSS</font>
```


此时，HTML 语法与 CSS 语法就分开了，HTML 只需负责网页结构，CSS 控制网页上的视觉效果，包括颜色、字型、字体大小、排列方式等。当要修改网页文字颜色时，只要更改 CSS 中的颜色即可，不需要修改 HTML 程序代码，这样维护起来就方便多了。

7.1.3 CSS 的应用

在进一步学习 CSS 语法之前，笔者先带领大家体验 CSS 在网页上可以产生哪些效果。

● 量身定做 HTML 标记样式，例如，文字颜色、大小和字体等。

HTML 标记中已有的格式，可以通过 CSS 量身定做成符合自己需求的样式，举例来说，我们可以自行修改 HTML 已有的<h1>标记与<h2>标记，如图 7-3 所示。

图 7-3 修改<h1>与<h2>标记样式的效果

● 利用<div>与<span>标记搭配 CSS，可以任意移动网页上的组件，例如重叠的文字、移动的图片等效果，如图 7-4 所示。

图 7-4　利用 CSS 创建重叠的文字和可移动的图片

- 利用滤镜功能，制作各种绚丽的文字或图片特效，例如，渐变字、为图片添加阴影和转场特效等，如图 7-5 所示。

图 7-5　创建图片特效

这些好用的 CSS 语法，将在接下来的章节中陆续介绍。

7.2　建立 CSS 样式表

虽然 CSS 编辑工具可以轻松创建样式表，但是如果不熟悉各个 CSS 属性的用法，将无从下手。首先，让我们先认识 CSS 基本格式。

7.2.1　CSS 基本格式

CSS 样式表由选择器（selector）与样式规则（rule）组成，基本格式如下：

- 选择器（selector）：CSS 样式要应用的目标，可以是 HTML 标记、class 属性或 id 属性，最常用的是 HTML 标记。例如，上面语法中的 h1 本身是 HTML 标记，而此处 h1 就是

一个选择器，只要网页文件应用了这个 CSS 样式，网页内所有<h1>标记都会应用 h1 选择器中的样式规则。

如果其他标记也使用相同的样式，那么可以将不同的选择器写在一起，中间以逗号（,）分隔，例如：

```
h1, p{ color: red;}
```

- 样式规则（rule）：样式规则是用大括号{}括起来的部分，每个规则由属性和设置值组成，例如：

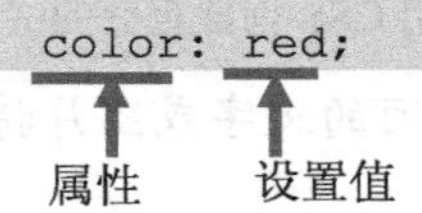

一个选择器中可以设置多种不同的规则，中间只要以分号（;）分隔就可以了，例如：

```
h1{font-size: 12px; line-height: 16px; border: 1px #336699 solid;}
```

上一行语句的意思是将文字大小设置为 12px，行高设置为 16px，并加上颜色为#336699、宽度为 1px 的实线框。

为了让程序更容易阅读，通常我们会将样式分行处理，分行除了可让样式更清楚易读之外，还可以在语句中加入注释，如下所示：

```
h1 {
font-size: 12px;                /*文字大小*/
line-height: 16px;              /*设置行高*/
border: 1px #336699 solid;      /*设置边框线*/
}
```

这样的写法看起来一目了然，以后维护程序时，就更加容易了。

学习小教室

CSS 样式表的注释写法

在 HTML 语法中，注释的写法是将注释文字写在<!--...-->之间，而 CSS 样式表同样可以加上注释，只要在注释文字前后加上/*…*/就可以了。

在使用 CSS 样式之前，必须在 HTML 文件中进行声明，告诉浏览器这份文件应用了 CSS 样式，CSS 应用方式请参考下一节的说明。

7.2.2 应用 CSS 样式表

在 HTML 文件中使用 CSS 样式，有下列 3 种方式。

- 第一种是“行内声明（Inline）”，就是直接将 CSS 样式写在 HTML 标记中。
- 第二种是“内嵌声明（Embedding）”，这是将 CSS 样式表放在 HTML 文件的标头区域，也就是<head></head>标记中。
- 第三种是“链接外部样式文件（Linking）”，先将 CSS 样式表存储为独立的文件（*.css），然后在 HTML 文件中以链接的方式声明。

下面分别介绍这 3 种声明方式。

1. 行内声明（Inline）

如果网页中只有少数几行 HTML 程序需要应用 CSS 样式，可以采用行内声明的方式。在 HTML 标记中利用 style 属性声明 CSS 语法，并写明样式规则就可以了，如下所示：

```
<h1 style="font-family:Broadway BT;border: 1px #336699 solid;">Do a thing quickly often means doing it badly.</h1>
```

范例：ch07_01.htm

```
<html>
<head>
<title>套用 CSS 样式-行内声明</title>
</head>
<body>
<h1 style="color: Red;font-family: Broadway BT;font-weight: bold;border: 1px #336699 solid;">Do a thing quickly often means doing it badly.</h1>
<h1>Do a thing quickly often means doing it badly.</h1>
</body>
</html>
```

执行结果如图 7-6 所示。

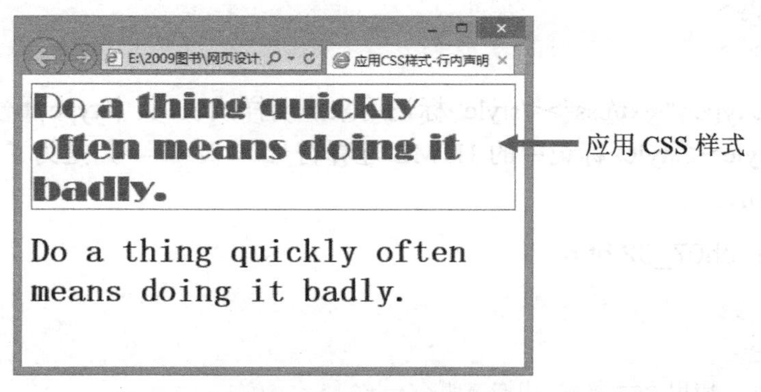

图 7-6　应用 CSS 样式的效果

可以看到，上例的 HTML 文件中有两个<h1>标记，第一个<h1>标记在行内声明 CSS 样式，第二个<h1>标记保持原形，所以网页上就有两种不同样式的显示。

大部分的 HTML 标记都有 style 属性。文字、图片、表格、表单组件等都可以利用 style 属性来改变其视觉效果，不过行内声明的方式仅对该行语句有效。如果大量 HTML 标记都各自加上 CSS 样式，就会让程序代码看起来杂乱，建议采用内嵌声明或链接外部样式文件的方式来应用 CSS 样式。

2. 内嵌声明

内嵌声明的方式是在 HTML 文件中以<style></style>标记进行声明，并且将此样式表放在 HTML 标头区域，也就是<head></head>标记内，如下所示：

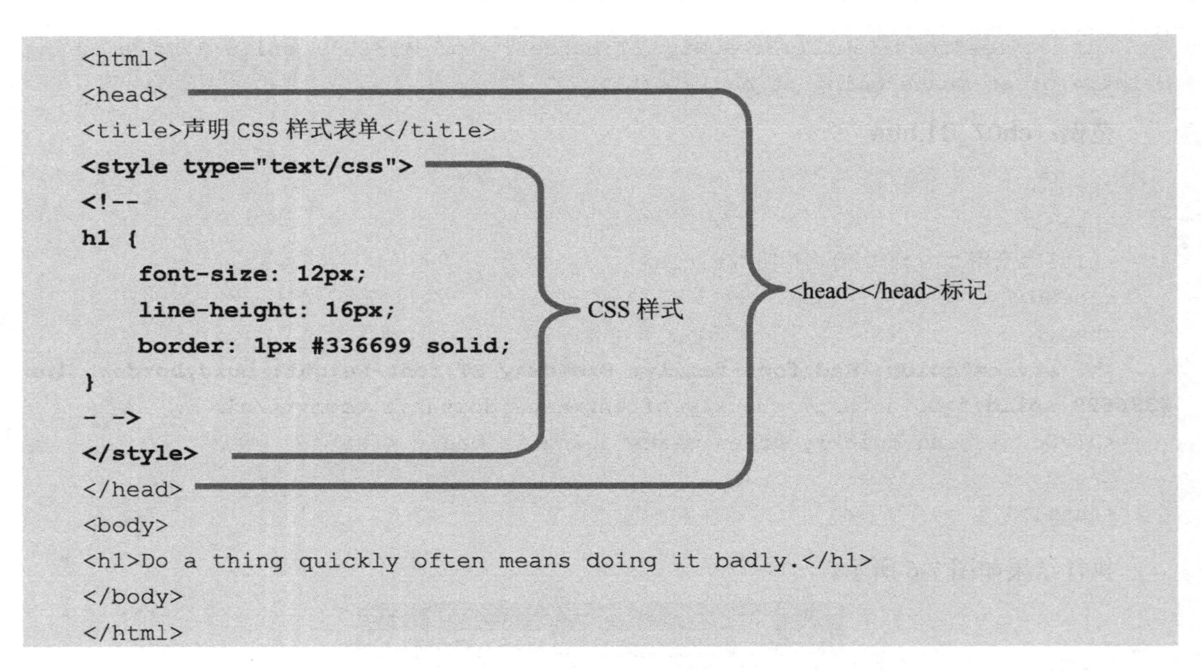

```
<html>
<head>
<title>声明 CSS 样式表单</title>
<style type="text/css">
<!--
h1 {
    font-size: 12px;
    line-height: 16px;
    border: 1px #336699 solid;
}
- ->
</style>
</head>
<body>
<h1>Do a thing quickly often means doing it badly.</h1>
</body>
</html>
```


<style type="text/css"></style>标记用来声明样式表，其中 type 属性告诉浏览器使用的是 CSS 样式，<style></style>标记中的 HTML 注释符号（<!--⋯⋯-->）是为了让不支持 CSS 的浏览器忽略 CSS 语法。

范例：ch07_02.htm

```
<html>
<head>
<title>应用 CSS 样式-内嵌声明</title>
<style type="text/css">
h1{
    color: Red;
    font-family: Broadway BT;
```

```
        font-weight: bold;
        border: 1px #336699 solid;
    }
    h2{
        color: #0000CC;
        font-family: ParkAvenue BT;
        font-weight: bold;
        border: 3px #669900 DOUBLE;
    }
    </style>
    </head>
    <body>
    <h1>Do a thing quickly often means doing it badly.</h1>
    <h2>Do a thing quickly often means doing it badly.</h1>
    </body>
    </html>
```

执行结果如图 7-7 所示。

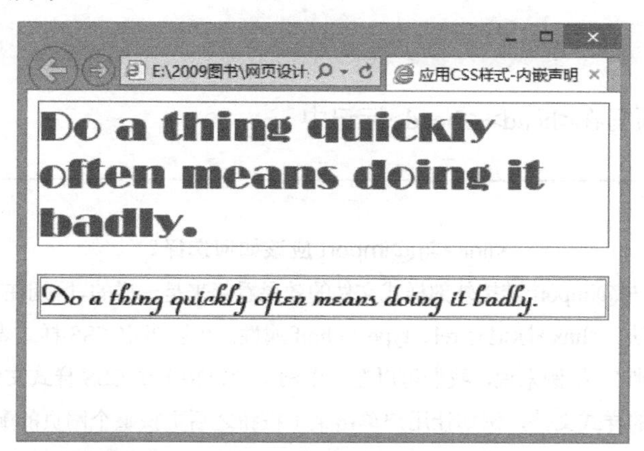

图 7-7　使用内嵌声明应用样式

内嵌声明的好处是可以将网页中的 CSS 样式统一管理，但是只能应用于本身的网页。如果网站中所有网页都要使用相同的样式，还要一页一页地设置，太麻烦了，这时就可以考虑第三种声明方式，也就是链接外部样式文件。

3. 链接外部样式文件

外部样式文件的格式与内嵌声明相同，只要省略<style></style>标记就可以了。可以利用记事本之类的文字编辑工具来编写 CSS 样式，如下所示：

```
    h1{color: Red;  font-family: Broadway BT;font-weight: bold;border: 1px #336699
solid;}
    h2{
```

```
    color: #0000CC;
    font-family: ParkAvenue BT;
    font-weight: bold;
    border: 3px #669900 DOUBLE;
}
```

样式规则可以写在同一行，也可以分行编写。完成之后，将文件存储为扩展名为.css 的文件就可以了。

样式文件创建完成之后，就可以加入 HTML 文件中，应用外部样式文件的语法有两种。

- 链接外部样式文件，语法如下：

```
<link rel=stylesheet type="text/css" href="样式文件的路径/文件名">
```

- 导入外部样式文件，语法如下：

```
<style type="text/css">
<!--
@import "样式文件的路径/文件名";  ← 导入外部样式文件语法
-->
</style>
```

上述代码同样必须写在<head></head>标记中。

学习小教室

<link>与@import 应该如何选择？

事实上，使用 link 与@import 链接外部样式文件的效果看起来是一样的，区别在于<link>是 HTML 标记，而@import 属于 CSS 语法。<link>标记有 rel、type 与 href 属性，可以指定 CSS 样式表的名称，这样就可以利用 JavaScript 语法来控制它。举例来说，我们可以在一个网页中链接多个 CSS 样式文件，再利用 JavaScript 语法控制不同情况下显示的样式文件，例如让用户单击某个按钮之后更换整个网页的配色，或者随着白天、晚上的时间来更换网页的配色等，正因为 link 方式弹性比较大，所以大部分的网页会使用 link 方式。

CSS 不管是行内声明、内嵌声明还是链接外部样式文件，这 3 种应用方式都可以串接在一起使用，参看下面的范例。

范例：ch07_03.htm

```
<html>
<head>
<title>层叠样式</title>
<style type="text/css">  ← 内嵌声明
h1{
    color: Red;
    font-family: Broadway BT;
```

```
        font-weight: bold;
        border: 1px #336699 solid;
    }
    h2{
        color: #0000CC;
        font-family: ParkAvenue BT;
        font-weight: bold;
        border: 3px #669900 DOUBLE;
    }
    </style>
    <link rel=stylesheet type="text/css" href="test.css"> ← 链接外部 CSS 文件
    </head>
    <body>          行内声明
                      ↓
    <h1 style="background-color: #FFFFCC;font-family: Broadway BT;">Do a thing
quickly often means doing it badly.</h1>
    <h2>Do a thing quickly often means doing it badly.</h2>
    </body>
    </html>
```

执行结果如图 7-8 所示。

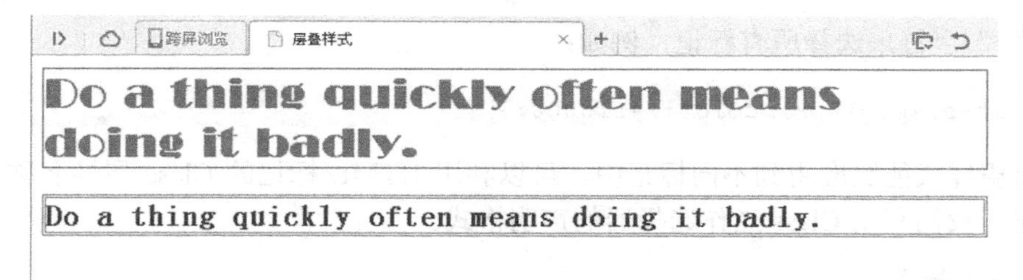

图 7-8　应用多种声明方式

上述范例所使用的 test.css 文件内容说明如下：

```
h1 {
    color: Red;
    font-family: "Broadway BT";
    font-weight: bold;
}
```

上面的例子中，将 3 种声明串接在一起使用，其中 h2 样式是没有重复的，因此不会发生冲突的问题，但是 h1 样式在 3 种声明方式里都重复定义了，这时就会产生优先级的问题。

当一个 HTML 文件同时应用了 3 种声明方式并且有重复的样式时，优先级为行内声明>内嵌声明>链接外部样式文件。因此，上述范例中 h1 标记应用了行内声明中的设置。

7.2.3 认识 CSS 选择器

CSS 选择器大致可以分为 5 种：

- 标记名称
- 全局选择器（*）
- Class（类）选择器
- ID 选择器
- 属性选择器

我们来看看它们的用法。

1. 标记名称

使用 HTML 标记名称当作选择器，可以将 HTML 文件中所有相同的标记都应用同一种样式，例如：

```
div { font-size: 16px; color: #FFFFFF;}
```

上述语句表示 HTML 文件中所有的 div 标记都应用{}内的样式。

2. 全局选择器（*）

使用“*”字符来选择所有标记，例如：

```
* { font-size: 16px; color: #ff0000;}
```

如果希望样式能够应用到不同标记中，可以利用 HTML 标记的 Class 属性名称与 ID 属性名称。首先，我们利用 Class 当作选择器的声明格式。

3. Class 选择器

首先要在 HTML 标记中加入 class 属性。举例来说，<font>标记要应用 CSS 样式，就要在<font>标记中加入 class 属性，如下所示：

```
<font class="class 名称">
```

class 名称是自己取的，尽量不要使用 HTML 标记名称当作 class 名称，以免混淆。接着，只要在 CSS 样式中加入 Class 选择器声明就可以了。声明格式如下：

```
.class 属性名 {样式规则;}
```

例如：

```
.txt{font-size: 16px; color: #FFFFFF; font-weight: bold;}
```

下面来看一个例子。

范例：ch07_04.htm

```
<html>
<head>
<title>层叠样式</title>
<style type="text/css">
.txt{
    font-size: 24px;
    color: Red;
    font-family: Broadway BT;
    font-weight: bold;
    border: 1px #336699 solid;
}
</style>
</head>
<body>
<font class="txt">From saving comes having. </font><p>
<TABLE width="400" height="50">
<TR>
    <TD align="center" class="txt">富有来自节俭</TD>
</TR>
</TABLE>
</body>
</html>
```

执行结果如图 7-9 所示。

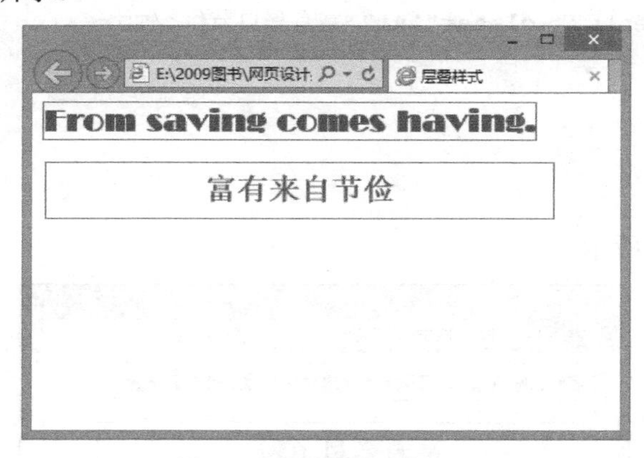

图 7-9　应用 Class 选择器

对于上面的例子，<font>标记和<td>标记中都加入了 class 属性，并命名为 txt，因此两者都会应用.txt 选择器的样式。

如果希望仅在某一种标记上应用 Class 选择器的样式，可以在 Class 选择器之前加上标记名称，格式如下：

```
标记名称.class 属性名 {样式规则;}
```

例如：

```
font.txt{font-size: 16px; color: #FFFFFF; font-weight: bold;}
```

下面的范例是将范例 ch07_04 中的 Class 选择器指明只能应用在<font>标记中。

范例：ch07_05.htm

```
<html>
<head>
<title>层叠样式</title>
<style type="text/css">
font.txt{
    font-size: 24px;
    color: Red;
    font-family: Broadway BT;
    font-weight: bold;
    border: 1px #336699 solid;
}
</style>
</head>
<body>
<font class="txt">From saving comes having. </font><p>
<TABLE width="400" height="50">
<TR>
    <TD align="center" class="txt">富有来自节俭</TD>
</TR>
</TABLE>
</body>
</html>
```

执行结果如图 7-10 所示。

图 7-10　应用 CSS 样式

上例中，虽然<font>标记与<td>标记都加入了 class 属性，并命名为 txt，因为 CSS 样式声明里已经指明 font.txt 选择器，因此只有<font>标记中的文字会受影响。

4. ID 选择器

要应用 ID 选择器样式前，必须先在 HTML 标记中加入 ID 属性。举例来说，<font>标记要应用 CSS 样式，就可以在<font>标记中加入 ID 属性，如下所示：

```
<font id="id 名称">
```

“id 名称”是自己命名的，不要使用 HTML 标记当作 id 名称，以免混淆。

接着，只要在 CSS 样式中加入 ID 选择器声明就可以了。声明格式如下：

```
#id 属性名 {样式规则;}
```

例如：

```
#font_bold{font-size: 16px; color: #FFFFFF; font-weight: bold;}
```

我们来看一个范例。

范例：ch07_06.htm

```
<html>
<head>
<title>层叠样式</title>
<style type="text/css">
#font_bold{
    font-size: 24px;
    color: Red;
    font-family: Broadway BT;
    font-weight: bold;
    border: 1px #336699 solid;
}
</style>
</head>
<body>
<font id="font_bold">From saving comes having. </font>
</body>
</html>
```

执行结果如图 7-11 所示。

图 7-11　使用 ID 选择器

id 名称通常用来识别组件，就像组件的身份证号一样，尤其是利用像 JavaScript 之类的动态网页语法来控制 HTML 组件时，经常利用 id 名称来获取 HTML 组件属性，因此 id 名称在同一份 HTML 文件中只能是唯一的。

5. 属性选择器

属性（attribute）选择器属于高级筛选，用来筛选标记中的属性。例如，想要指定超链接标记<a>的背景颜色为黄色，但是仅应用于有 target 属性的组件，这时属性选择器就派上用场了，其使用方法如下：

```
a[target] { background-color:yellow; }
```

属性选择器还可以让我们筛选属性，筛选方式有 6 种，如表 7-1 所示。

表 7-1　筛选属性的方式

筛选方式	含义
[attribute="value"]	属性等于 value
[attribute~="value"]	属性包含完整 value
[attribute|="value"]	属性等于 value 或以 value-开头
[attribute^="value"]	属性开头有 value
[attribute$="value"]	属性最后有 value
[attribute*="value"]	属性中出现 value

举例来说，下面语句中 4 个不同的组件都包含了 class 属性。

```
<div class="first_cond"> div 标记.</div>
<font class="secondtest">font 标记.</font>
<a class="test">a 标记.</a>
<p class="test word">p 标记.</p>
```

当我们使用"~="属性选择器进行筛选时，只会用到<a>标记和<p>标记。
语法如下：

```
[class~="test"]{background:red;}
```

使用"*="属性选择器进行筛选，则会用到<font>标记、<a>标记和<p>标记。语法如下：

```
[class~="test"]{background:red;}
```

学习小教室

反向选择

如果整个文件中除了<p>标记，其他标记都想应用同一种样式，就可以采用反向选择“:not”。例如：

```
:not(p){color:red;}
```

这样，整个网页的字体都会应用为红色，只有<p>标记不应用。

本章小结

1. CSS（Cascading Style Sheet，层叠样式表，简称CSS样式表）是1996年由W3C组织所制定的，主要用于弥补HTML在样式排版功能上的不足，也由于CSS可以丰富网站的视觉效果，因此又有网页“美容师”之称。

2. CSS具有的特色及优点：① 语法简单、编写容易；② 增加网页设计弹性，让网页更容易维护；③ 加快网页加载的速度；④ 统一网站风格。

3. CSS样式表由选择器（selector）与样式规则（rule）所组成。

4. CSS样式表的注释是在文字前后加上/*…*/。

5. 在HTML文件中使用CSS样式有3种方式：第一种是“行内声明（Inline）”，就是直接将CSS样式写在HTML标记中；第二种是“内嵌声明（Embedding）”，就是将CSS样式表放在HTML文件的标头区域；第三种是“链接外部样式文件（Linking）”。

6. 如果网页中只有少数几行HTML程序需要应用CSS样式，就可以采用行内声明的方式。

7. 当一个HTML文件同时应用了3种声明方式并且有重复样式时，优先级为行内声明>内嵌声明>链接外部样式文件。

8. HTML文件可以利用link与@import方法链接CSS外部样式文件。

9. CSS选择器大致可分为5种：标记名称、全局选择器（*）、Class选择器、ID选择器和属性选择器。

10. CSS可以用HTML标记名称当作选择器，也可以利用HTML标记的class属性名称与id属性名称，id名称在同一份HTML文件中只能是唯一的，class名称可以重复。

习　题

一、选择题

1. CSS样式表由选择器与样式规则组成，下列____是CSS的正确格式。

（A）h1{color: red;}　　（B）h1[color: red;]

（C）h1（color: red;）　　（D）h1/color: red;/

2. 如果要将多种选择器写在一起，应该用____符号分隔。

（A）惊叹号（！）　　（B）冒号（：）

（C）分号（；） （D）逗号（，）

3. 如果要将多种样式写在同一个选择器中，应该用____符号分隔。

（A）惊叹号（！） （B）冒号（：）

（C）分号（；） （D）逗号（，）

4. CSS 样式表的注释表示法是______。

（A）<!--注释文字--> （B）/*注释文字*/

（C）/!注释文字!/ （D）（*注释文字*）

5. 当一个 HTML 文件同时应用了 3 种声明方式并有重复样式时，优先级是_____。

（A）行内声明>内嵌声明>链接外部样式文件

（B）内嵌声明>行内声明>链接外部样式文件

（C）内嵌声明>链接外部样式文件>行内声明

（D）链接外部样式文件>内嵌声明>行内声明

二、问答题

1. 请简述什么是 CSS 样式表，以及它具有哪些特色。
2. 请简述 HTML 文件中应用 CSS 样式的 3 种方式及其优先级。

第 8 章 CSS 基本语法

上一章我们认识了什么是 CSS 样式表，也知道了使用 CSS 的优点，心动了吗？本章将开始进入 CSS 主题，为读者介绍实用的 CSS 语法。首先，我们就从最常见的文字样式开始介绍。

8.1 控制文字样式

文字样式不外乎文字颜色、字体、文字大小、文字特效等，虽然 HTML 本身含有控制文字外观的标记，不过样式的可选性比较少，下面看看 CSS 在文字外观上提供哪些属性。

8.1.1 字形属性

常用的字体属性如表 8-1 所示。

表 8-1 常用的字体属性

属性	属性名称	设置值
color	字体颜色	颜色名称 十六进制 RGB 码
font-family	字体样式	字型名称
font-size	字体大小	数值+百分比（%） 数值+单位（pt,px,em,ex）
font-style	文字斜体	normal（普通） italic（斜体） oblique（斜体）
font-weight	文字粗体	normal（普通） bold（粗体） bolder（超粗体） lighter（细体）

下面逐一进行说明。

1. color 字体颜色

color 使用格式如下：

```
color:颜色名称
```

例如：

```
<style type="text/css">
  h1{color:red;}
</style>
```

color 属性的设置值与 HTML 的颜色设置值差不多，可以用颜色名称、十六进制（HEX）码和 RGB 码表示。十六进制码通常为 6 位码，如果前两位、中间两位和最后两位都一样，那么也可以用 3 位码的形式呈现。例如，#FFF 和#FFFFFF 都是白色。

2. font-family 字体样式

font-family 使用格式如下：

```
font-family: 字形名称 1，字形名称 2，字形名称 3.....
```

例如：

```
<style type="text/css">
  h1{ font-family: " Arial Black", "楷体";}
</style>
```

font-family 用来指定字体，可以同时列出多种字体，中间以逗号（,）分隔，浏览器会按照顺序查找系统中符合的字体，找不到第一种字体再找第二种，依次查找，完全找不到字体时采用系统默认字体。字体名称最好使用双引号(")括起，例如"Arial Black"、"Broadway BT"。

3．font-size 字号

格式如下：

```
font-size: 字号+单位
```

例如：

```
<style type="text/css">
  h1{font-size: 20pt}
</style>
```

常见的单位是 cm、mm、pt、px、em 和%，默认值是 12pt，这几种单位的介绍如表 8-2 所示。

表 8-2 font-size 单位列表

单位	说明	范例
cm	以厘米为单位	font-size:1cm
mm	以毫米为单位	font-size:10mm
px	以屏幕的像素（pixel）为单位	font-size:10px
pt	以点数（point）为单位	font-size:12pt
em	以当前字号为单位 若当前字号为 10pt，则 1em=10pt	font-size:2em
%	当前字号的百分比	font-size:80%

学习小教室

单位 pt 与 px 的差别

pt 是印刷使用的字号单位，不管屏幕分辨率是多少，打印到纸上看起来都是相同的，1pt 的长度是 0.01384 英寸，相当于 1/72 英寸，我们常用的 Word 软件设置的字号就是以 pt 为单位；而 px 是屏幕使用的字号单位，px 能够精确地表示组件在屏幕中的位置与大小，不管屏幕分辨率怎么调整，网页版面都不会变化太大，但是打印到纸面上时，就可能有差异，然而网页的目的是为了屏幕浏览，因此 CSS 大多会选择以 px 为单位。

4. font-style 文字斜体

font-style 使用格式如下：

```
font-style: italic
```

例如：

```
<style type="text/css">
        h1 { font-style:italic; }
</style>
```

font-style 设置值有 3 种，分别是 normal（普通）、italic（斜体字）和 oblique（斜体字），italic 与 oblique 效果是相同的。

5. font-weight 文字粗体

font-weight 使用格式如下：

```
font-weight:bold
```

例如：

```
<style type="text/css">
        h1 { font-weight:bold;}
</style>
```

font-weight 设置值可以输入 100~900 之间的数值，数值越大，字体越粗，也可以输入 normal（普通）、bold（粗体）、bolder（超粗体）以及 lighter（细体）。normal 相当于数值 400，bold 相当于 700。

8.1.2 段落属性

常用的段落属性如表 8-3 所示。

表 8-3 常用的段落属性

属性	属性名称	设置值
text-align	文字水平对齐	left center right justify
text-indent	首行缩进	数值＋百分比（%） 数值＋单位
letter-spacing	字符间距	normal 数值“＋”单位（pt，px，em）
line-height	行高	数值＋单位
word-wrap	是否换行	break-word

下面说明常见的段落属性的用法。

1. text-align 设置文字水平对齐的方式

text-align 使用格式如下：

```
text-align: 对齐方式
```

例如：

```
<style type="text/css">
        h1 { text-align:center;}
</style>
```

text-align 对齐方式有 left（靠左）、center（居中）、right（靠右）和 justify（两端对齐）4 种。两端对齐的意思是让文字在左右边界范围内平均对齐。下面我们来看一个 text-align 属性的实例。

范例：ch08_01.htm

```
<html>
<head>
<title>text-align</title>
</head>
<body style="font-size=12px;">
<table width="400" border=1>
<tr>
    <td>
    <div style="text-align:left;">Better be the head of an ass than the tail of
a horse. better be the head of a dog than the tail of a lion.</div>
    </td>
</tr>
<tr>
    <td><div style="text-align:center;">Better be the head of an ass than the
tail of a horse. better be the head of a dog than the tail of a lion. </div>
</td>
</tr>
<tr>
    <td><div style="text-align:right;">Better be the head of an ass than the tail
of a horse. better be the head of a dog than the tail of a lion. </div>
</td>
</tr>
<tr>
    <td><div style="text-align:justify;">Better be the head of an ass than the
tail of a horse. better be the head of a dog than the tail of a lion. </div>
</td>
</tr>
</table>

</body>
</html>
```

执行结果如图 8-1 所示。

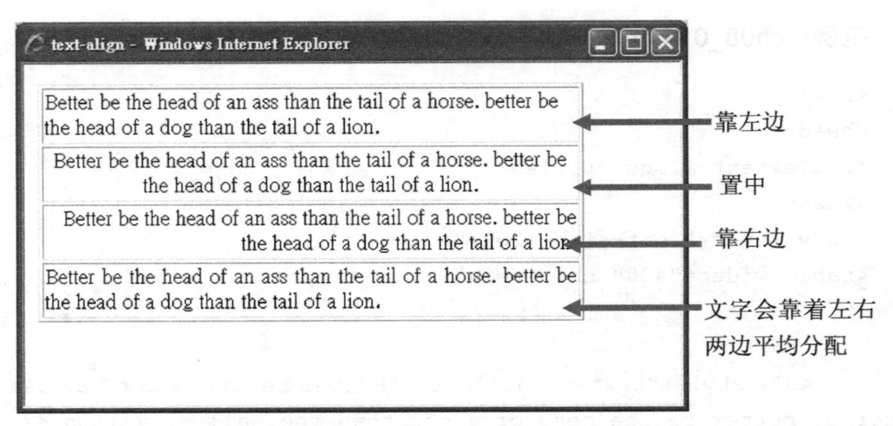

图 8-1 段落对齐

2. text-indent 设置首行缩进距离

text-indent 使用格式如下：

```
text-indent：首行缩进距离
```

例如：

```
<style type="text/css">
      h1 { text-indent:15px;}
</style>
```

text-indent 用来设置每一段的首行前方要留多少空间，设置值可以是百分比或者单位（px，pt）。

3. letter-spacing 设置字符间距

letter-spacing 使用格式如下：

```
letter-spacing：数值+单位
```

例如：

```
<style type="text/css">
      h1 { letter-spacing：5px;}
</style>
```

letter-spacing 用来设置字符与字符的间距，输入负值，字符间距就会变得紧密。另外，属性 word-spacing 用来设置英文单词的间距，两者的比较请参考下面的范例。

范例：ch08_02.htm

```
<html>
<head>
<title>letter-spacing 与 word-spacing</title>
<style type="text/css">
```

```
    .f1{letter-spacing:10px; }
    .f2{word-spacing:10px;}
</style>
</head>
<body>
<font class="f1">Even Homer sometimes nods 圣贤也有缺失</font><br>
<font class="f2">Even Homer sometimes nods 圣贤也有缺失</font>

</body>
</html>
```

执行结果如图 8-2 所示。

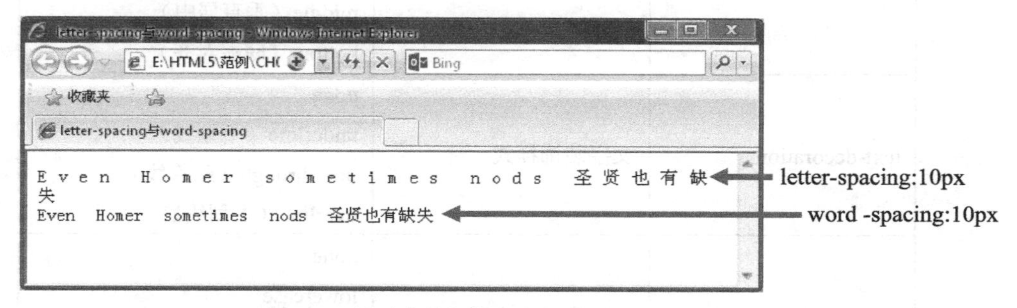

图 8-2　显示字符间距

由上例可知，letter-spacing 设置的是字母的间距，而 word-spacing 设置的是单词的间距。如果中文字要调整间距，必须使用 letter-spacing 属性。

4. line-height 设置行高

line-height 使用格式如下：

```
line-height: 数值(+单位)
```

例如：

```
<style type="text/css">
        h1 { line-height:140%;}
</style>
```

line-height 用来设置行高，单位可以是 px、pt、百分比（%）或 normal（自动调整），单位可以省略，这时会使用浏览器默认单位，行高是指与前一行基线的距离，如图 8-3 所示。

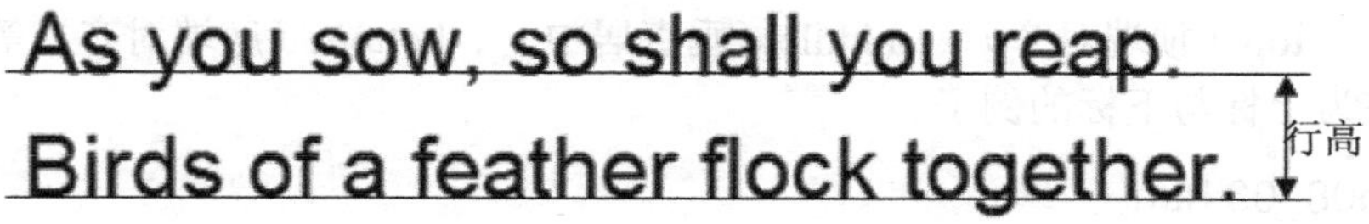

As you sow, so shall you reap.

Birds of a feather flock together.　行高

图 8-3　行高示意图

8.1.3 文字效果属性

编辑网页文件时，可能会遇到需要上标、下标或者为文字添加下划线之类的特殊效果，CSS 也提供了这样的属性，如表 8-4 所示。

表 8-4 文字效果属性

属性	属性名称	设置值
vertical-align	垂直对齐	baseline（一般位置） super（上标） sub（下标） top（顶端对齐） middle（垂直居中） bottom（底端对齐）
text-decoration	文字装饰样式	none underline（下划线） line-through（删除线） overline（上划线）
text-transform	转换字母大小写	none lowercase uppercase capitalize
text-shadow （IE 不支持）	增加阴影效果	

1. vertical-align 设置组件垂直对齐的方式

格式如下：

```
vertical-align：middle
```

例如：

```
<style type="text/css">
       h1 { vertical-align：middle;}
</style>
```

vertical-align 是指定元素的垂直对齐方式。设置值有 baseline（一般位置）、sub（下标）、super（上标）、top（顶端对齐）、middle（垂直居中）、bottom（底端对齐）等，接下来看一个将文字调整为上标与下标的例子。

范例：ch08_03.htm

```
<html>
```

```
<head>
<title>vertical-align</title>
<style type="text/css">
<!--
body{
    font-family:Arial;
    font-size:30px;
}
.txt_super{
    vertical-align:super;
    font-size:0.5em;
}
.txt_sub{
    vertical-align:sub;
    font-size:0.5em;
}
-->
</style>
</head>
<body>
 a<font class="txt_super">2</font> + b<font class="txt_super">2</font> = c<font
class="txt_super">2</font><p>
CO<font class="txt_sub">2</font>  H<font class="txt_sub">2</font>O
</body>
</html>
```

执行结果如图 8-4 所示。

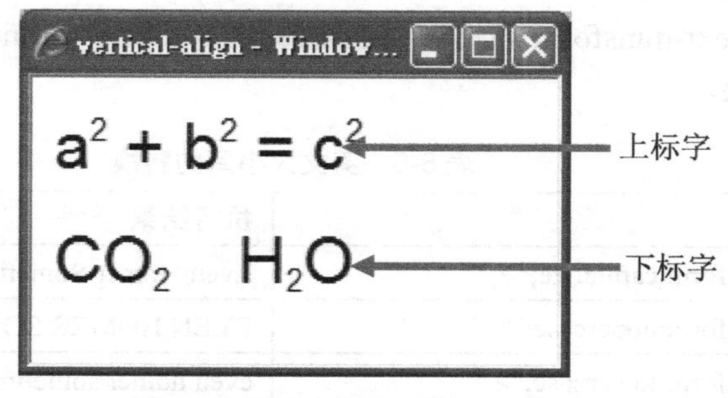

图 8-4　设置上标和下标

2. text-decoration 增加装饰样式

格式如下：

```
text-decoration：样式名称
```

例如：

```
<style type="text/css">
        h1 { text-decoration:underline;}
</style>
```

text-decoration 用来增加文字的装饰样式，设置值有 none、underline（下划线）、line-through（删除线）、overline（上划线），如图 8-5 所示。

Birds of a feather flock together. ← text-decoration:underline;

Birds of a feather flock together. ← text-decoration: line-through;

Birds of a feather flock together. ← text-decoration: overline;

图 8-5　文字修饰样式

3. text-transform 设置大小写转换的方式

格式如下：

```
text-transform: 转换方式
```

例如：

```
<style type="text/css">
        h1 { text-transform:capitalize;}
</style>
```

text-transform 用来设置英文的大小写，设置值有 capitalize（首字母大写，其余字母维持原状）、uppercase（全部大写）、lowercase（全部小写）、none（不做任何改变）

举例来说，将 text-transform 属性应用在 Even Homer Sometimes Nods 这行英文上，将得到如表 8-5 所示的结果。

表 8-5　英文大小写的转换

text-transform 属性	执行结果
<font style="text-transform:capitalize;">	Even Homer Sometimes Nods
<font style="text-transform:uppercase;">	EVEN HOMER SOMETIMES NODS
<font style="text-transform:lowercase;">	even homer sometimes nods

由于 Even Homer Sometimes Nods 首字母已经是大写，因此用 capitalize 设置时，看起来没有任何改变。

4. text-shadow 设置阴影样式

格式如下：

```
text-shadow: h-shadow v-shadow blur color;
```

- h-shadow：水平方向阴影大小（horizontal）。
- v-shadow：垂直方向阴影大小（vertical）。
- blur：模糊淡化程度（不写表示不使用模糊效果）。
- color：阴影颜色。

例如：

```
text-shadow: 10px 10px 10px #ff0000;
```

应用效果如图 8-6 所示。

HTML5+CSS3

图 8-6　设置阴影效果

8.2　控制背景

网页背景关系着网页是否整体美观，是重要的设置之一。网页可以用颜色当背景，也可以用图片当背景。下面我们来看看 CSS 样式表如何应用在背景上。

8.2.1　设置背景颜色

背景颜色的属性是 background-color，语法如下：

```
background-color:颜色值
```

例如：

```
<style type="text/css">
        td { background-color: #FFFF66;}
</style>
```

background-color 的颜色值可以用颜色名称、十六进制（HEX）码以及 RGB 码。background-color 并不只应用于网页背景，表格背景和单元格背景都可以利用 background-color 来设置背景色，下面查看一个范例。

范例：ch08_04.htm

```
<html>
<head>
<title>background-color</title>
<style type="text/css">
```

```
<!--
body{
    font-family:Arial;
    font-size:30px;
    background-color:#FFFFCC;          /*网页背景颜色*/
}
td{
    background-color:rgb(255,255,0);      /*单元格背景颜色*/
}
-->
</style>
</head>
<body>
<table align="center">
<tr>
    <td><b>浪淘沙</b><p>
        罗衾不耐五更寒。梦里不知身是客，一晌贪欢。<br>
        独自莫凭栏，无限江山，别时容易见时难。<br>
        流水落花春去也，天上人间。</td>
</tr>
</table>
</body>
</html>
```

执行结果如图 8-7 所示。

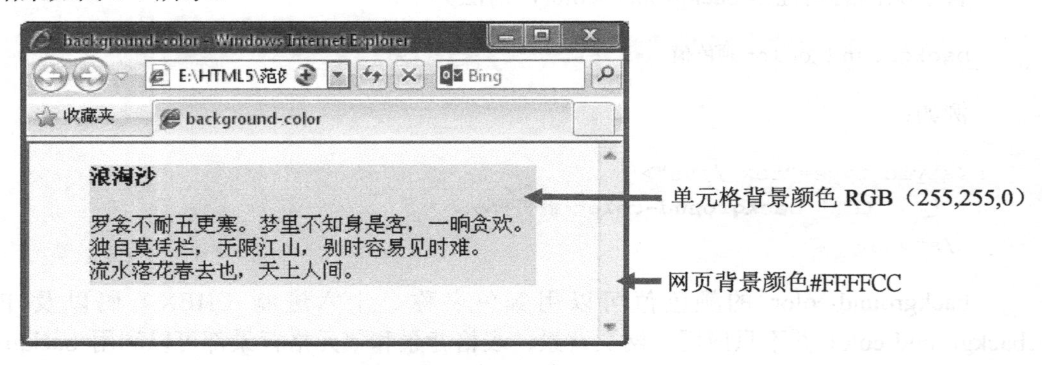

图 8-7　设置背景颜色

8.2.2　设置背景图片

CSS3 支持多重背景，也就是说，我们可以通过语法将两张图片组合成一张背景图。与背景图片相关的属性相当多，下面先来看看有哪些属性可以使用，然后逐一详细说明，如表 8-6 所示。

表 8-6 设置背景图片的属性

属性	属性名称	设置值
background-image	背景图片	url（图片文件相对路径）
background-repeat	是否重复显示背景图片	repeat repeat-x repeat-y no-repeat
background-attachment	背景图片是否随网页滚动条滚动	fixed（固定） scroll（随滚动条滚动）
background-position	背景图片位置	x% y% x y [top,center,bottom] [left,center,right]
background	综合应用	
background-size	设置背景尺寸	length（长宽） percentage（百分比） cover（缩放到最小边符合组件） contain（缩放到元素完全符合组件）
background-origin	设置背景原点	padding-box border-box content-box

1. background-image 设置背景图片

格式如下：

```
background-image：url（图片文件相对路径）
```

例如：

```
<style type="text/css">
        body { background-image：url(images/a.jpg)}
</style>
```

background-image 属性可以使用的图片格式有 JPG、GIF 和 PNG 三种。background-image 属性的用法请看下面的范例。

范例：ch08_05.htm

```
<html>
<head>
<title>background-image</title>
<style type="text/css">
<!--
```

```
td{
    background-image:url(images/bg1.jpg);
}
-->
</style>
</head>
<body>
<table align="center">
<tr>
    <td><b>浪淘沙</b><p>
        罗衾不耐五更寒。梦里不知身是客，一晌贪欢。<br>
        独自莫凭栏，无限江山，别时容易见时难。<br>
        流水落花春去也，天上人间。</td>
</tr>
</table>
</body>
</html>
```

执行结果如图 8-8 所示。

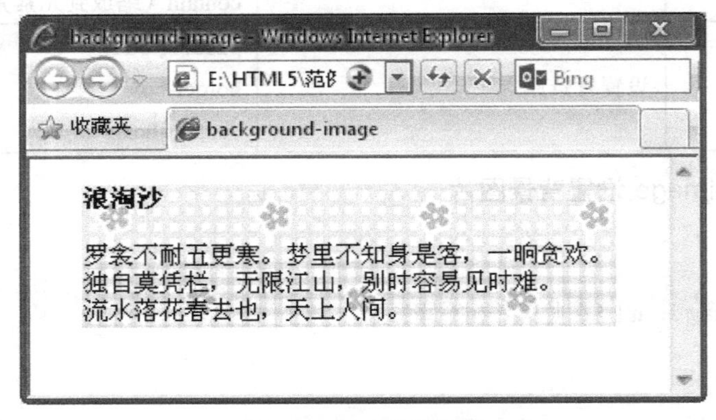

图 8-8　显示背景图片

CSS3 支持多重背景图，语法相当简单，只要加上一个 url 指定图片路径，并用逗号（,）将两组 url 分隔就可以了，如图 8-9 所示。

```
background-image:url(a.jpg),url(b.jpg);
```

a.jpg　　b.jpg

图 8-9　两张图片

上面两张图片文件分别是 a.jpg 和 b.jpg，只要使用上述语法就可以让两张图片组合成一张背景图，如图 8-10 所示。

图 8-10　将两张背景图组合成一张背景图

2. background-repeat 设置背景图片是否重复显示

格式如下：

```
background-repeat：设置值
```

例如：

```
<style type="text/css">
      body { background-repeat：no-repeat }
</style>
```

background-repeat 的设置值共有以下 4 种。

- **repeat**：重复并排显示，这是默认值。
- **repeat-x**：水平方向重复显示。
- **repeat-y**：垂直方向重复显示。
- **no-repeat**：不重复显示。

请参考如图 8-11 所示的示意图。

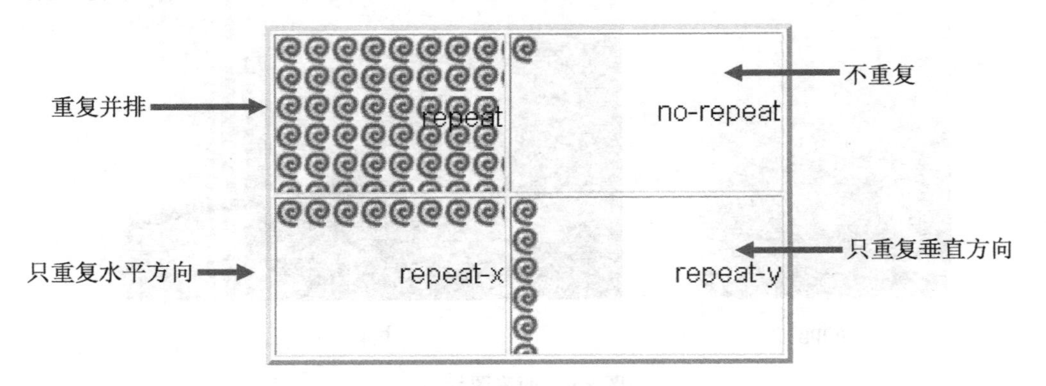

图 8-11　背景图重复的示意图

3. background-attachment 设置背景图片是否与滚动条一起滚动

格式如下：

```
background-attachment：设置值
```

例如：

```
<style type="text/css">
       body { background-attachment: fixed }
</style>
```

background-attachment 的设置值有两种。

- **fixed**：当网页滚动时，背景图片固定不动。
- **scroll**：当网页滚动时，背景图片会随滚动条滚动，这是默认值。

请看下面的范例。

范例：ch08_06.htm

```
<html>
<head>
<title>background-attachment</title>
<style type="text/css">
body {
    background-image:url(images/dot.gif);    /*网页背景图*/
    background-repeat:repeat-x;             /*背景图只在水平方向重复*/
    background-attachment:fixed;            /*固定网页背景*/
}
</style>
```

```
</head>
<body>
<H1>古典诗词</H1>
<table width="100%" border="0" align="center">
    <tr>
        <td><FONT SIZE="5" COLOR="#FF0000"><b>浪 淘 沙</b></FONT><p>
        罗衾不耐五更寒。梦里不知身是客，一晌贪欢。<br>
        独自莫凭栏，无限江山，别时容易见时难。<br>
        流水落花春去也，天上人间。<p></td>
    </tr>
    <tr>
        <td><FONT SIZE="5" COLOR="#FF0000"><b>锦 瑟</b></FONT><p>
        锦瑟无端五十弦，<br>
        一弦一柱思华年。<br>
        庄生晓梦迷蝴蝶，<br>
        望帝春心托杜鹃。<br>
        沧海月明珠有泪，<br>
        蓝田日暖玉生烟。<br>
        此情可待成追忆，<br>
        只是当时已惘然。
        </td>
    </tr>
</table>
</body>
</html>
```

执行结果如图 8-12 所示。

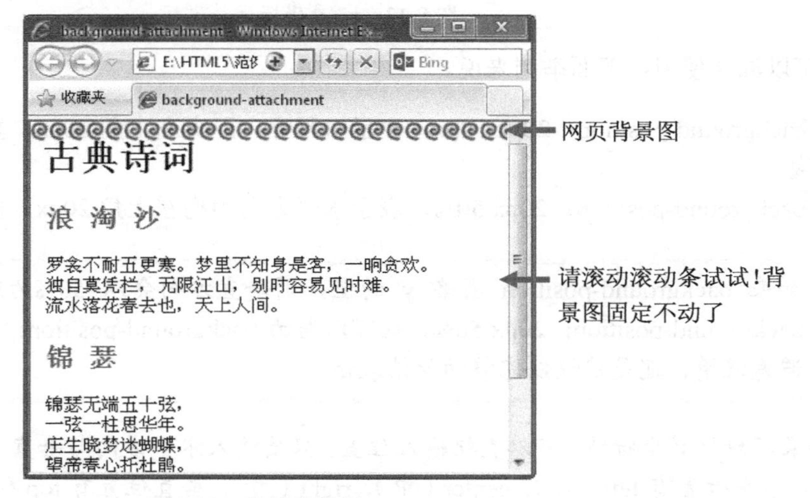

图 8-12　设置背景图

4. background-position 设置背景图片位置

格式如下：

```
background-position: x位置 y位置
```

例如：

```
<style type="text/css">
      body { background-position: 20px 50px}
</style>
```

background-position 的设置值必须有两个，分别是 x 值与 y 值，x 与 y 值可以是坐标数值，或者直接输入位置，如下所示。

- x 坐标 y 坐标：直接输入 x 、y 坐标值，单位可以是 pt、px 或百分比，请参考如图 8-13 所示的示意图。

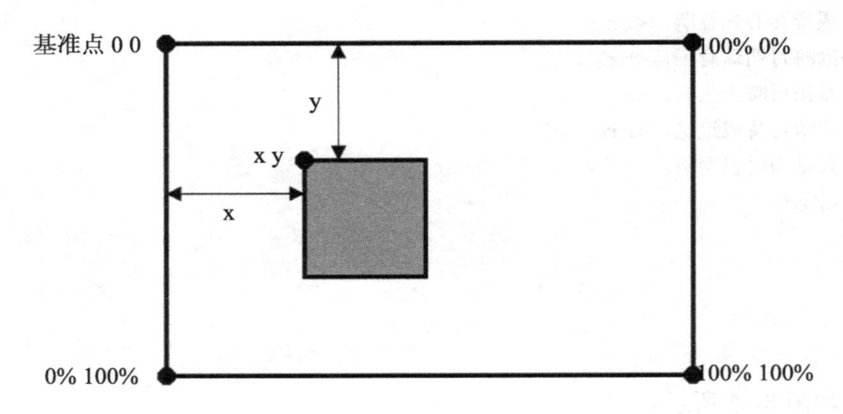

图 8-13　x、y 坐标

单位可以混合使用，下面举例来说。

（1）background-position：20px 50px，表示水平方向距离左上角 20px，垂直方向离左上角 50px 的距离。

（2）background-position：20px 50%，表示水平方向距离左上角 20px，垂直方向为 50%。

如果 background-position 省略 y 的值，则垂直方向会以 50%为默认值，上面的 background-position: 20px 50%，也可以写为 background-position: 20px，只是为了避免混淆，还是建议以完整的数值表示。

- 如果不想计算坐标值，可以直接输入位置，只要输入水平方向与垂直方向的位置就可以了，水平位置有 left（左）、center（中）、right（右），垂直位置有 top（上）、center（中）、bottom（下），例如：

```
background-position: center center
```

这表示背景图会放在组件水平方向与垂直方向的中间位置。有关水平位置与垂直位置的关系，请看下面的范例。

范例：ch08_07.htm

```
<html>
<head>
<title>background-position</title>
<style type="text/css">
td {
    background-image:url(images/dot.gif);    /*网页背景图*/
    background-repeat:no-repeat;             /*背景图不重复*/
    vertical-align:bottom;                   /*让文字靠下对齐*/
    text-align:center;                       /*让文字水平居中*/
}
</style>
</head>
<body>
<table border="2" align="center">
<tr>
        <td   width="100"   height="100"   style="background-position:left
top;">left top</td>
        <td   width="100"   height="100"   style="background-position:center
top;">center top</td>
        <td   width="100"   height="100"   style="background-position:right
top;">right top</td>
    </tr>
    <tr>
        <td   width="100"   height="100"   style="background-position:center
left;">center left</td>
        <td   width="100"   height="100"   style="background-position:center
center;">center center</td>
        <td   width="100"   height="100"   style="background-position:center
right;">center right</td>
    </tr>
    <tr>
        <td   width="100"   height="100"   style="background-position:left
bottom;">left bottom</td>
        <td   width="100"   height="100"   style="background-position:center
bottom;">center bottom<p></td>
        <td   width="100"   height="100"   style="background-position:right
```

```
bottom;">right bottom</td>
        </tr>
    </table>
    </body>
    </html>
```

执行结果如图 8-14 所示。

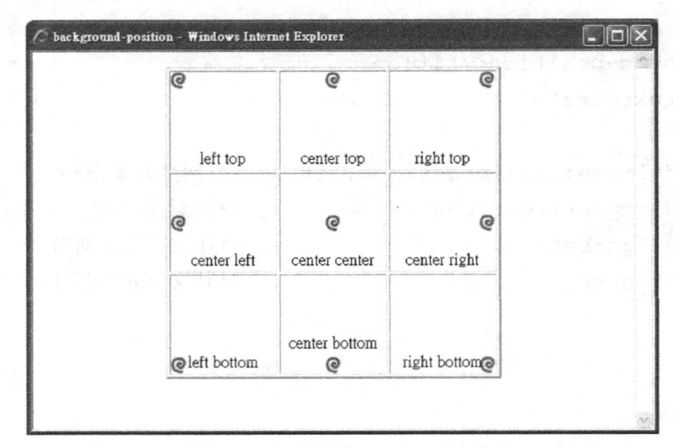

图 8-14　背景图在单元格中的位置

由于网页默认 background-repeat 属性是 repeat，因此设置 background-position 属性时必须先修改 background-repeat 属性。

5. background 综合设置背景图片

background 是比较特别的属性，通过它可以一次设置好所有的背景属性，格式如下：

```
background: 背景属性值
```

各个属性值没有前后顺序，只要以空格分开即可，例如：

```
<style type="text/css">
      body {background :url(images/dot.gif) repeat-x fixed 100% 100%;}
</style>
```

6. background-size 设置背景尺寸

background-size 是 CSS3 新增的属性，以前的背景图无法重设大小，这个新属性能够让我们设置背景图的尺寸，格式如下：

```
background-size: "60px 80px"
```

background-size 的值可以是长和宽、百分比（%）、cover 或 contain。

cover 会让背景图符合组件大小并充满组件，contain 让背景图符合组件大小但不超出组件，而两者都不会改变图形长宽比。下面分别以未设置 background-size 属性、设置百分比（%）、cover 或 contain 这 4 种方式来比较一下它们的效果，如图 8-15 所示。

- 未设置 background-size

- background-size:100% 100%

- background-size:cover

- background-size: contain

图 8-15　background-size 设置方式的效果

8.2.3　设置背景渐变

CSS3 可以让背景产生渐变效果，渐变属性有两种，即 linear-gradient（线性渐变）和 radial-gradient（圆形渐变），语法如下：

```
linear-gradient(渐变方向, 色彩 1, 位置 1,色彩 2,位置 2....)
```

对于线性渐变的方向，只要设置起点即可，例如 top 表示由上至下，left 表示由左到右，top left 代表由左上到右下，也可以用角度来表示，例如 45º 表示左下到右上，-45º 表示左上到右下。

由于 IE 10 以下的浏览器不支持此语法，因此建议使用 chrome 浏览器或其他浏览器来浏览下面的范例。

范例：ch08_08.htm

```
div {
width:300px;
height:300px;
/* Old browsers */
background: #c42300;
```

```
    /* FF3.6+ */
    background: -moz-linear-gradient(-45deg,  #c42300 0%, #22cc00 33%, #00c9c6 69%,
#0300bf 100%);
    /* Chrome,Safari4+ */
    background:   -webkit-gradient(linear,   left   top,   right   bottom,
color-stop(0%,#c42300),    color-stop(33%,#22cc00),    color-stop(69%,#00c9c6),
color-stop(100%,#0300bf));
    /* Chrome10+,Safari5.1+ */
    background: -webkit-linear-gradient(-45deg,  #c42300  0%,#22cc00  33%,#00c9c6
69%,#0300bf 100%);
    /* Opera 11.10+ */
    background:  -o-linear-gradient(-45deg,    #c42300   0%,#22cc00   33%,#00c9c6
69%,#0300bf 100%);
    /* IE10+ */
    background:  -ms-linear-gradient(-45deg,    #c42300   0%,#22cc00   33%,#00c9c6
69%,#0300bf 100%);
    background:   linear-gradient(135deg,      #c42300   0%,#22cc00   33%,#00c9c6
69%,#0300bf 100%);
    }
```

显示效果如图 8-16 所示。

图 8-16　渐变效果

gradient 样式尚未成为 CSS 标准，为了让各个浏览器都能够正确显示，使用时必须在前端加上浏览器识别（Prefix），也因为尚未成为标准，所以各个浏览器 linear-gradient 属性的参数还会稍有不同，下面列出各种浏览器的识别方式。

- **Firefox**：以 -moz- 识别。
- **Google Chrome** / Safari：以 -webkit- 识别。
- **Opera**：以 -o- 识别。
- **IE 9+**：以 -ms- 识别。

这样，语法就变得相当复杂，这时可以借助一些工具来生成 gradient 语法，下面将会介绍 Ultimate CSS Gradient Generator 网页，只需要在网页上按几个按钮，就可以产生 gradient 语法，相当方便。

Ultimate CSS Gradient Generator

网页网址为 http://www.colorzilla.com/gradient-editor/。

一进入网页就会看到如图 8-17 所示的页面，只要在颜色选择器上快速双击，就可以在弹出的窗口中选择颜色。

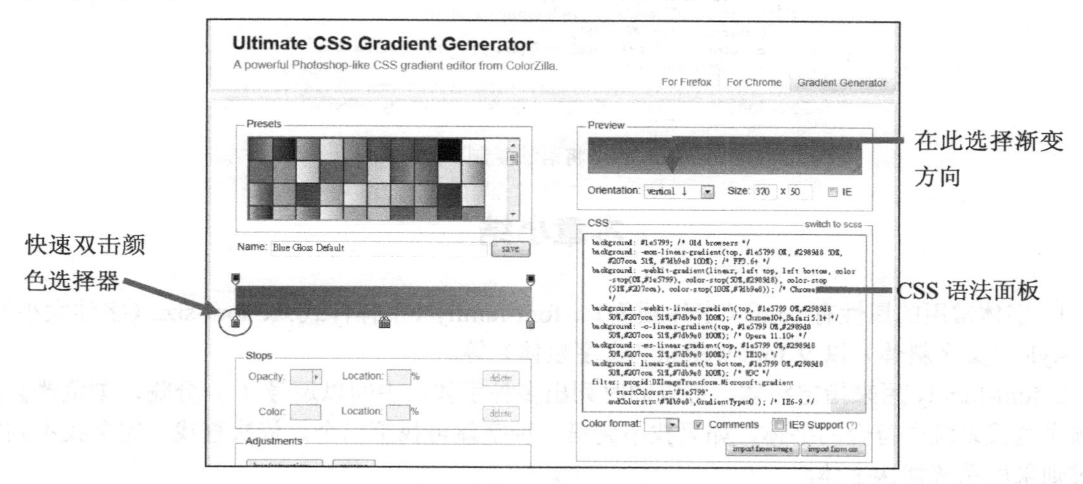

图 8-17　颜色选择器

双击颜色选择器之后会弹出如图 8-18 所示的颜色选择对话框，从颜色面板中选择喜欢的颜色，再单击 OK 按钮就可以了。

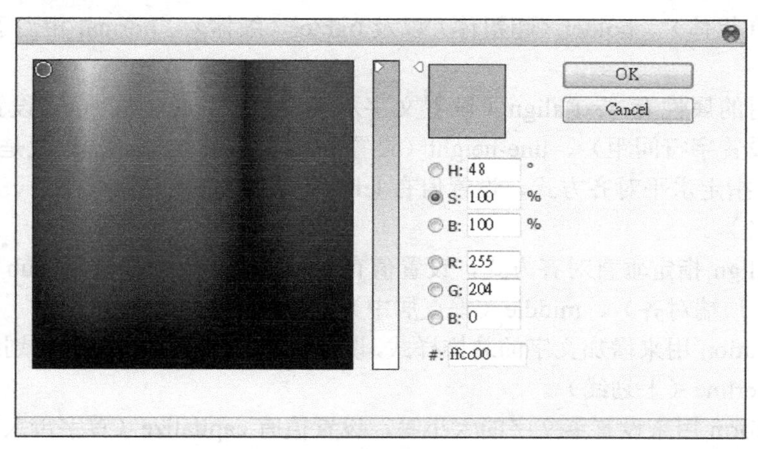

图 8-18　颜色选择对话框

颜色及渐变方向都设置完成之后，在 CSS 语法面板单击 copy 按钮，就可以将语法复制到剪贴板，可以直接贴在 HTML 文档中使用，如图 8-19 所示。

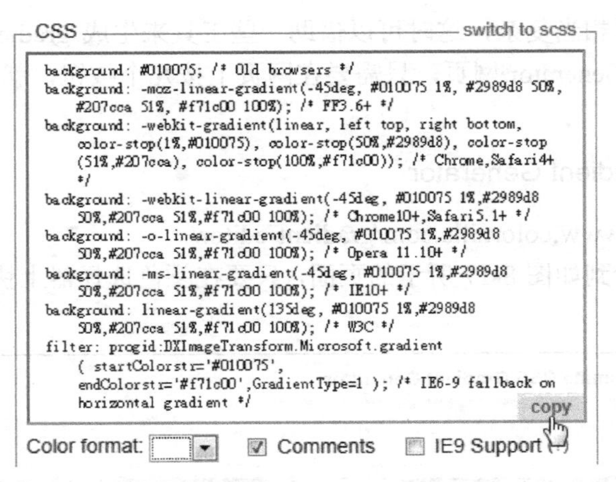

图 8-19　将语法复制下来

本章小结

1. 字体常用的属性有 color（字体颜色）、font-family（字体样式）、font-size（字体大小）、font-style（文字斜体）以及 font-weight（文字粗体）等。

2. font-family 用来指定字体，可以同时列出多种字体，中间以逗号（,）分隔，浏览器会按照顺序查找系统中符合的字体，如果找不到第一种字体再找第二个，依次查找，完全找不到字体时则采用系统默认字体。

3. font-style 设置值有 3 种，分别是 normal（正常字）、italic（斜体字）和 oblique（斜体字），italic 与 oblique 效果是相同的。

4. font-weight 设置值可以输入 100~900 之间的数值，数值越大，字体越粗，也可以输入 normal（普通）、bold（粗体）、bolder（超粗体）以及 lighter（细体）。normal 相当于数值 400，bold 相当于 700。

5. 段落常用的属性有 text-align（设置文字水平对齐）、text-indent（设置首行缩进）、letter-spacing（设置字符间距）、line-height（设置行高）、word-wrap（设置是否换行）。

6. text-align 指定水平对齐方式，设置值有 left（靠左）、center（居中）、right（靠右）与 justify（两端对齐）。

7. vertical-align 指定垂直对齐方式，设置值有 baseline（一般位置）、sub（下标）、super（上标）、top（顶端对齐）、middle（垂直居中）、bottom（底端对齐）。

8. text-decoration 用来增加文字的装饰样式，设置值有 none、underline（下划线）、line-through（删除线）、overline（上划线）。

9. text-transform 用来设置英文字的大小写，设置值有 capitalize（首字母大写，其余字母维持原状）、uppercase（全部大写）、lowercase（全部小写）、none（不做任何改变）。

10. background-color 的颜色值可以用颜色名称、十六进制（HEX）码以及 RGB 码表示。background-color 并不是只应用在网页背景中，表格背景、单元格背景也都可以利用 background-color 来设置背景色。

11. background-image 属性可以使用的图片格式有 JPG、GIF 和 PNG 三种。

12. background-repeat 用于设置背景图片是否重复显示。background-repeat 的设置值共有以下 4 种。

- repeat：重复并排显示，这是默认值。
- repeat-x：水平方向重复显示。
- repeat-y：垂直方向重复显示。
- no-repeat：不重复显示。

13. background-attachment 的设置值有两种。

- fixed：当网页滚动时，背景图片固定不动。
- scroll：当网页滚动时，背景图片会随滚动条滚动，这是默认值。

14. background-position 的设置值必须有两个值，分别是 x 值与 y 值，x 值与 y 值可以是坐标数值，或者直接输入位置。

15. text-shadow 用来设置阴影样式。

16. CSS3 可以让背景产生渐变效果，渐变属性是 linear-gradient（线性渐变）和 radial-gradient（圆形渐变）。

习　题

一、选择题

1. 下列____是 CSS 设置字体颜色的属性。

（A）color　（B）font-style

（C）font-color　（D）background-color

2. 下列____是设置文字水平对齐的属性。

（A）text-valign　（B）text-indent

（C）word-wrap　（D）text-align

3. 下列____是设置行高的属性。

（A）letter-spacing　（B）line-height

（C）word-spacing　（D）line-high

4. 下列____是设置垂直对齐的属性。

（A）text-indent　（B）text-valign

（C）vertical-align　（D）text-decoration

5. text-decoration 用来增加文字的装饰样式，想要添加下划线应该加上____设置值。

（A）line-through　（B）overline

（C）underline　（D）bottomline

二、问答题

1. 请简化以下的 CSS 程序代码。

```
h1 {font-color:#FF0000;}
p {font-color:#FFFF00;}
h1 {font-family:楷体;}
p {font-size:14pt;}
```

2. 请列举 3 个与背景图片相关的属性。

第 9 章　CSS 排版技巧

网页组件的排版位置会影响网页整体的美观，以前用 HTML 标记来控制网页组件的位置，最简便的方式是利用表格进行处理，但是也会被表格限制，反而无法任意摆放组件。本章将介绍如何利用 CSS 语法进行排版，让网页更具多样化。

9.1　控制边界与边框

想要利用 CSS 来控制网页组件，最重要的就是控制边界、边界间距以及边框等属性，三者的关系如图 9-1 所示。

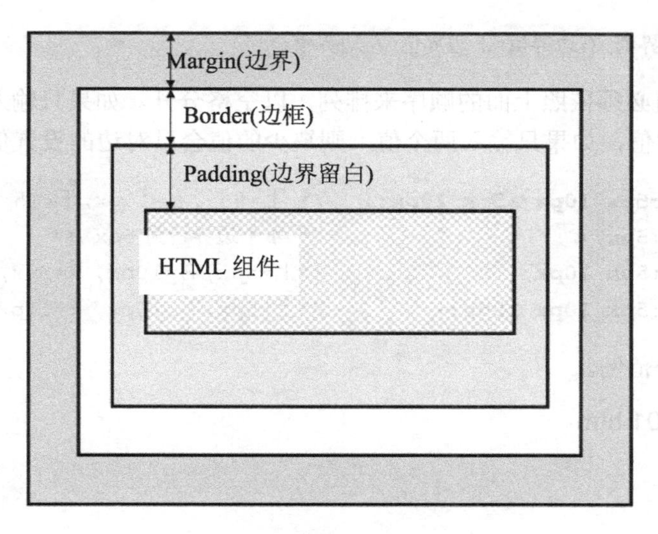

图 9-1　边界与边框的关系

下面看看这些语法应该如何使用。

9.1.1　边界

边界（margin）在边框（border）外围，用来设置组件的边缘距离，共有上、下、左、右 4 边属性可以设置，我们可以对这 4 边逐一设置，也可以一次指定好边界的属性值，说明如下。

- **margin-top**：上边界。
- **margin-right**：右边界。
- **margin-bottom**：下边界。

- **margin-left**：左边界。

这 4 个边界设置语法都相同，下面以 margin-top 属性进行说明。

margin-top 设置值可以是长度单位（px、pt）、百分比（%）或 auto（auto 为默认值），语法如下：

```
margin-top:设置值;
```

例如：

```
div{
margin-top:20px;
margin-right:40pt;
margin-bottom:120%;
margin-left:auto;
}
```

另外，我们可以一次设置好边界的属性值，语法如下：

```
margin: 上边界值 右边界值 下边界值 左边界值
```

margin 属性值必须依照上面的顺序来排列，以空格分开。如果只输入一个值，则 4 个边界值会同时设置为此值，如果只输入两个值，则缺少的值会以对边的设置值来替代，例如：

```
div{ margin:5px 10px 15px 20px;}    /* 上=5px,右=10px,下=15px,左=20px */
div{ margin:5px;}                   /* 4 个边界皆为 5px */
div{ margin:5px 10px;}              /*上=5px,右=10px,下=5px,左=10px  */
div{ margin:5px 10px 15px;}         /*上=5px,右=10px,下=15px,左=10px  */
```

下面来看一个范例。

范例：ch09_01.htm

```
<html>
<head>
<title>margin</title>
<style type="text/css">
<!--
img.one{
    margin-top:20px;
    margin-right:20px;
    margin-bottom:10px;
    margin-left:5px;
}
img.all{margin:5px 15px 10px 20px;}
-->
```

```
</style>
</head>
<body>
<table border=1 bordercolor="#000000" align="center">
<tr>
    <td><img src="images/pic3.jpg" width="231" height="200" border="0"></td>
</tr>
</table><br>
<table border=1 bordercolor="#000000">
<tr>
    <td><img  src="images/pic3.jpg"  width="231"  height="200"  border="0"
class="one"></td>
    <td><img src="images/butterfly5.jpg" width="191" height="111" border="0"
class="all"></td>
    </tr>
</table>
</body>
</html>
```

执行结果如图 9-2 所示。

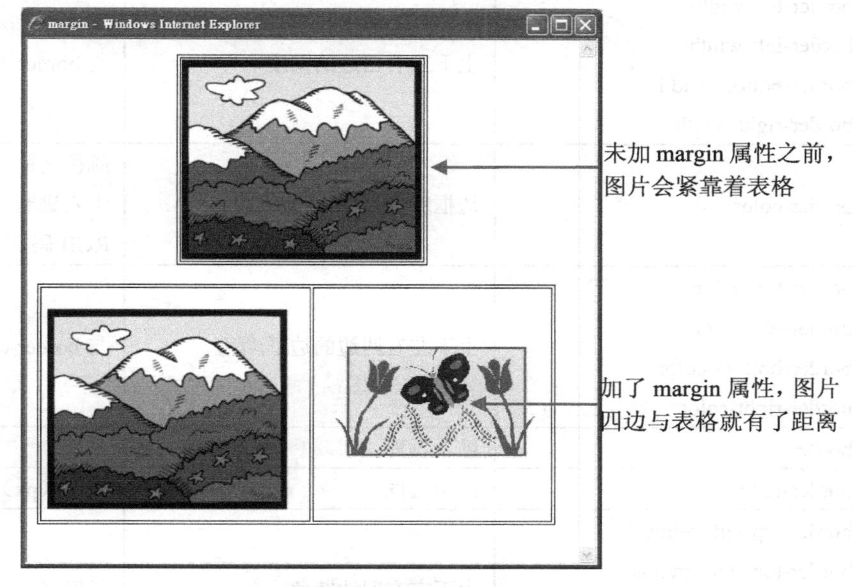

图 9-2　图片与表格边框之间不同的距离

9.1.2　边框

边框（border）属性包括边框宽度、样式、颜色以及圆角等，其中圆角属性是 CSS3 新增的功能，相关属性如表 9-1 所示。

表 9-1　边框的属性

属性	属性名称	设置值
border-style	边框样式	none（默认值） solid double groove ridge inset outset
border-top-style border-left-style border-bottom-style border-right-style	上下左右四边的边框样式	同 border-style
border-width	边框宽度	宽度数值+单位 thin（薄） thick（厚） medium（中等，默认值）
border-top-width border-left-width border-bottom-width border-right-width	上下左右四边的宽度	与 border-width 相同
border-color	边框颜色	颜色名称 十六进制（HEX）码 RGB 码
border-top-color border-left-color border-bottom-color border-right-color	上下左右四边的边框颜色	与 border-color 相同
border	综合设置	
border-radius	圆角边框	长度（px）或百分比（%）
border-top-left-radius border-top-right-radius border-bottom-left-radius border-bottom-right-radius	上下左右四边圆角	长度（px）或百分比（%）
border-image	花边框线	

边框主要属性为 border-style、border-width、border-color、border-radius，通过这 4 个属性可以一次设置四边的样式、粗细及颜色，可以发现这 4 种属性也可以分别针对上、下、左、右

四边进行设置。下面详细介绍这几种属性。

1. border-style 边框样式

border-style 属性用来设置边框的样式，语法如下：

```
border-style:设置值;
```

设置值共有 8 种，即 solid（实线）、dashed（虚线）、double（双实线）、dotted（点线）、groove（3D 凹线）、ridge（3D 凸线）、inset（3D 嵌入线）以及 outset（3D 浮出线），例如：

```
div{border-style:solid;}
```

图 9-3 列出了这 8 种设置值的效果。

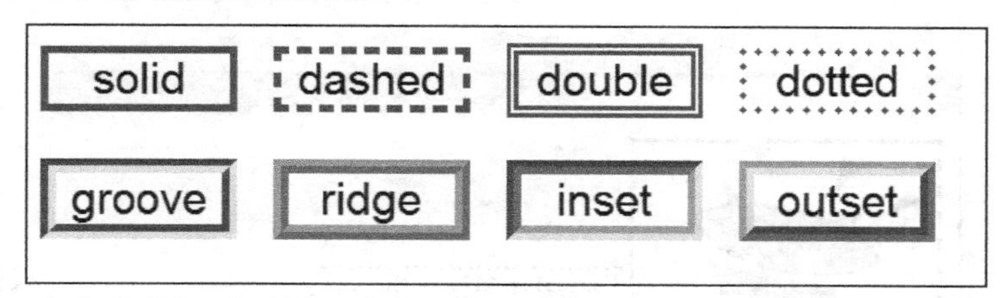

图 9-3 不同边框设置值的效果

border-style 属性仅输入一种样式的话，表示组件四边都应用相同的样式，也可以输入 4 个值，让四边各应用不同的样式，输入的值必须按照上边框、右边框、下边框、左边框的顺序排列，中间以空格分隔，如下所示：

```
div{border-style:solid double groove ridge;}
```

如果要逐一设置四边的样式，可以使用 border-top-style、border-left-style、border-bottom- style 与 border-right-style 进行设置，语法与 border-style 属性相同，此处不再赘述，接下来看一个范例。

范例：ch09_02.htm

```
<html>
<head>
<title>border-style</title>
<style type="text/css">
<!--
img {border-style:solid groove inset dashed}
div {border-top-style:dotted;border-bottom-style:dashed;}
-->
</style>
</head>
<body>
<table>
```

```
<tr>
    <td width="200" height="210" align="center"><img src="images/cat.jpg"
width="200" height="210"></td>
    <td width="200" height="210" align="center"><div>Curiosity killed the
cat<br>好奇心会杀死一只猫</div></td>
</tr>
</table>
</body>
</html>
```

执行结果如图 9-4 所示。

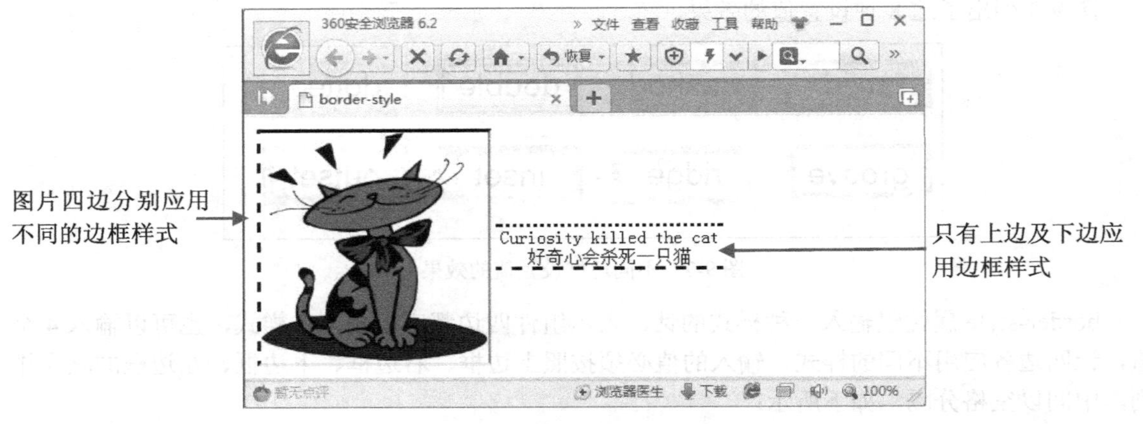

图 9-4　设置不同的边框样式

2. border-width 边框宽度

border-width 属性用来设置边框的宽度，语法如下：

```
border-width:设置值;
```

border-width 属性的设置值可以是长度单位（px、pt）、百分比（%），例如：

```
div{ border-width:10px;}
```

border-width 属性四边会应用相同的宽度，也可以输入 4 个值，让四边各应用不同的宽度，输入的值必须按照上边框、右边框、下边框、左边框顺序排列，中间以空格分隔，如下所示：

```
div{border- width:5px 10px 20px 25px;}
```

如果要逐一设置四边的样式，可以用 border-top-width、border-left-width、border-bottom- width 与 border-right-width 设置，语法与上述 border-width 属性相同，接下来看一个范例。

范例：ch09_03.htm

```
<html>
<head>
```

```
    <title>border-style</title>
    <style type="text/css">
    <!--
    img {
        border-style:solid;
        border-left-width:30px;
        border-right-width:30px;
    }
    -->
    </style>
    </head>
    <body>
    <table>
    <tr>
        <td  width="200"  height="210"  align="center"><img  src="images/cat.jpg"
width="200" height="210"></td>
    </tr>
    </table>
    </body>
    </html>
```

执行结果如图 9-5 所示。

图 9-5　设置边框的宽度

3. border-color 边框颜色

border-color 属性用来设置边框的颜色，语法如下：

```
border-color：颜色值;
```

border-color 属性的设置值可以是颜色名称、十六进制码或 RGB 码，例如：

```
div{ border-color:green;}
```

border-color 属性四边可应用相同的颜色，也可以输入 4 个值，让四边各自应用不同的颜色，输入的值必须按照上边框、右边框、下边框、左边框的顺序排列，中间以空格分隔，如下所示：

```
div{border- color: green red rgb(255,255,0) #FF00FF;}
```

如果要逐一设置四边的样式，可以用 border-top-color、border-left-color、border-bottom-color 与 border-right-color 进行设置，语法与 border-color 属性相同。

4. border 边框综合设置

如果四边的边框属性都一样，就可以一次性声明边框样式、边框宽度以及边框颜色，这 3 种属性并没有先后顺序，只要以空格分隔即可，如下所示：

```
div{ border:#0000FF 5px solid;}
```

5. border-radius 圆角边框

border-radius 是 CSS3 的新增属性，用来设置边框的圆角，语法如下：

```
border-radius:设置值;
```

border-radius 属性的设置值可以是长度单位（px、pt）、百分比（%），例如：

```
border-radius:25px;
```

border-radius 属性四边会应用相同的宽度，也可以输入 4 个值，让四边各应用不同的宽度，如下所示：

```
border-radius:25px 10px 15px 30px;
```

如果要逐一设置四边的圆角，可以用 border-top-left-radius、border-top-right-radius、border-bottom-left-radius 及 border-bottom-right-radius 进行设置。

CSS 的样式应用很有弹性，我们也可以只输入两个值，会产生对称圆角边框。

```
border-radius:50px 10px;
```

应用结果如图 9-6 所示。

HTML5+CSS3

图 9-6　应用圆角边框

6. border-image 花样边框

border-image 是 CSS3 的新增功能，目前 IE 不支持。
border-image 可以做出页面花边的效果，语法如下：

```
border-image: source slice width repeat;
```

border-image 的设置值说明如下。

- **source**：指定图片路径（必填）。
- **slice**：切出图片使用的边框线（必填），如图 9-7 所示。

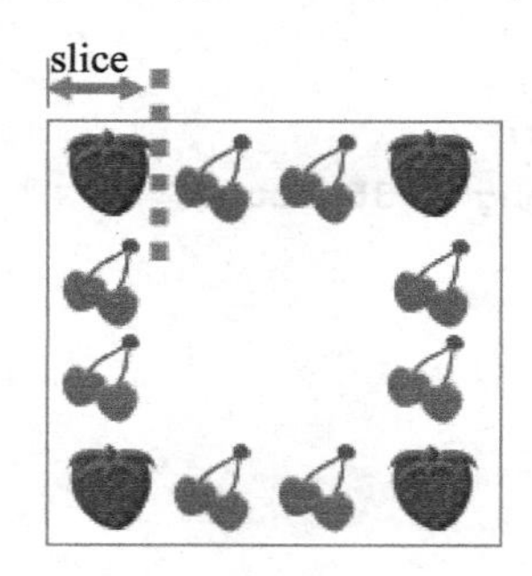

图 9-7　设置花样边框的宽度

若上下左右的边框线距离相同，则只要写一个数值；若四周边框线距离不同，则可以如下表示：

```
border-image : url (border.png) 35 25 25 15;
```

- **width**：图片宽度（可省略）。
- **repeat**：图片填充方式（可省略），设置值有 stretch、repeat 和 round。
    - **stretch**：把图片拉伸到整个边框区域。
    - **repeat**：重复填充。
    - **round**：重复填充并自动调整图片大小。

下面我们以图 9-8 所示的花样边框素材制作一个花样边框。

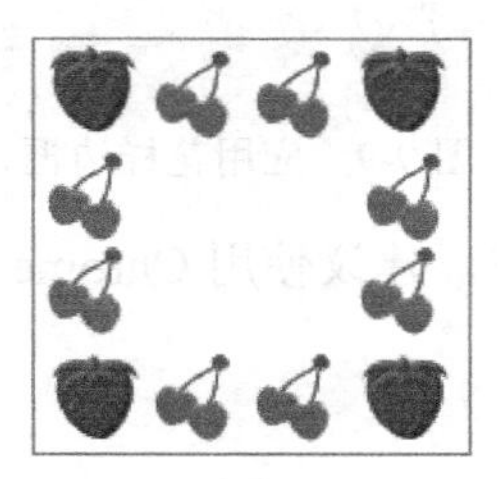

图 9-8　花样边框素材

范例：ch09_04.htm

```
<!DOCTYPE html>
```

```
<html>
<head>
<style type="text/css">
div
{
border-width:34px;
width:300px;
height:100px;
padding:10px 20px;
font-family: Forte;
font-size:45px;
padding:40px 20px 0px 20px;
border-image:url("border.png") 36 round;
}

</style>
</head>
<body>

<div>HTML5+CSS3</div>

</body>
</html>
```

执行结果如图 9-9 所示。

图 9-9　应用花样边框

目前 IE 不支持 border-image 语法，建议使用 Chrome 浏览器来浏览范例效果。

9.1.3　边界间距

边界间距（padding）是指边框（border）内侧与 HTML 组件边缘的距离，共有上下左右四边属性可供设置，我们可以对这 4 个边逐一设置，也可以一次指定好边界间距的属性值，说明如下。

- **padding –top**：上边界间距。
- **padding –right**：右边界间距。
- **padding –bottom**：下边界间距。
- **padding –left**：左边界间距。

这 4 个边界设置语法都相同，下面以 padding -top 属性进行说明。

padding-top 设置值可以是长度单位（px、pt）、百分比（%）或 auto（auto 为默认值），语法如下：

```
padding-top:设置值;
```

例如：

```
div{
padding-top:10px;
padding-right:20pt;
padding-bottom:120%;
padding-left:auto;
}
```

另外，我们可以一次设置好边界留白的属性值，语法如下：

```
padding:上边界间距 右边界间距 下边界间距 左边界间距
```

padding 属性值必须按照上面的顺序来排列，以空格分开。如果只输入一个值，那么 4 个边界值会同时设置为此值，如果输入两个值，那么缺少的值会以对边的设置值来替代，例如：

```
div{ padding:5px 10px 15px 20px;}    /* 上=5px,右=10px,下=15px,左=20px */
div{ padding:5px;}                  /* 4 个边界都为 5px */
div{ padding:5px 10px;}              /*上=5px,右=10px,下=5px,左=10px  */
div{ padding:5px 10px 15px;}          /*上=5px,右=10px,下=15px,左=10px  */
```

边界、边框与边界间距等属性通常都是搭配使用的，下面看一个综合应用的范例。

范例：ch09_05.htm

```
<html>
<head>
<style>
<!--
#p{
    background-color:#FFFF99;   /*背景颜色设为淡黄色*/
    margin:30px;     /*四周边界距离设为 30px*/
    padding:60px;    /*四周边界间距设为 60px*/
    border:10px double red; /*边框宽度 10px，样式为双线，颜色为红色*/
}
```

```
-->
</style>
</head>
<body>
<table border=1>
    <tr>
        <td>
            <div id="p">
                <img border="1" src="images/cat.jpg" width="200" height="210">
            </div>
        </td>
    </tr>
</table>
</body>
</html>
```

执行结果如图 9-10 所示。

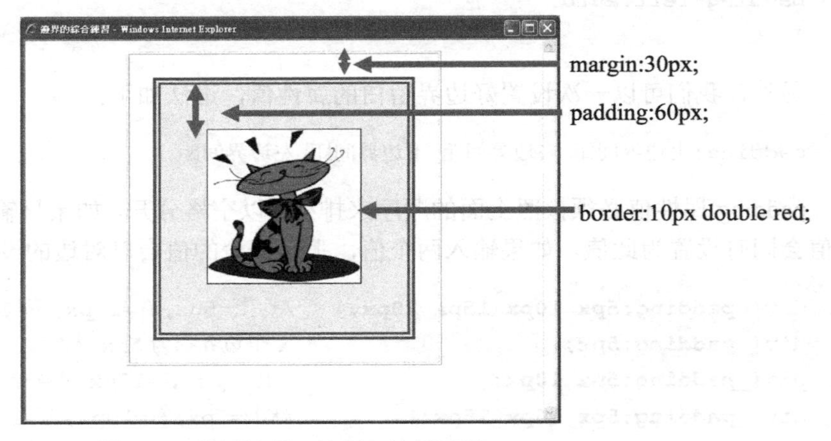

图 9-10　设置边界、边框、边界间距

9.2　网页组件的定位

CSS 语法中有几个与位置（Position）相关的属性，可以定义组件在网页中排列的位置，如果再加上 JavaScript 语句就能够动态地改变这些属性值，图片就可以在网页上随意移动了。接下来说明组件定位的相关属性与用法。

9.2.1　一般定位

安排组件位置之前，我们必须了解几个位置的属性，如表 9-2 所示。

表 9-2　位置的属性

属性	属性名称	设置值
position	设置组件位置的排列方式	absolute relative static
width	指定组件宽度	宽度数值
height	指定组件高度	高度数值
left	指定组件与左边界的距离（x 坐标）	距离数值
top	指定组件与上边界的距离（y 坐标）	距离数值
overflow	超出边界的显示方式	距离数值
visibility	设置是否显示	visible hidden inherit

下面详细说明这些属性的用法。

1. position 设置组件位置的排列方式

position 属性通常与<div>标记搭配使用，用来将组件精确定位。定位方式有两种，即 absolute（绝对寻址）和 relative（相对定位）。

- **absolute（绝对寻址）**：以使用 position 定位的上一层组件（父组件）的左上角点为原点进行定位。如果找不到有 position 定位的上一层组件，就以<body>左上角点为原点来定位。
- **relative（相对定位）**：以组件本身的左上角点为原点来定位。

下面的例子使用了两层<div>标记来定位图片，我们分别以 absolute 和 relative 方式来定位内层的<div>标记，可以很清楚地看到两者的差别，程序如下所示：

```
<div id="flower" style="position:absolute;left:20px; top:20px">
<img src="sunflower.gif" width="150" height="150" border="3">
    <div id="leaf" style="position:absolute; left:0px; top:0px;">
外层  内层
    <img src="leaf.gif" width="100" height="100" border="3">
    </div>
</div>
```

两种方式显示的结果如图 9-11 所示。

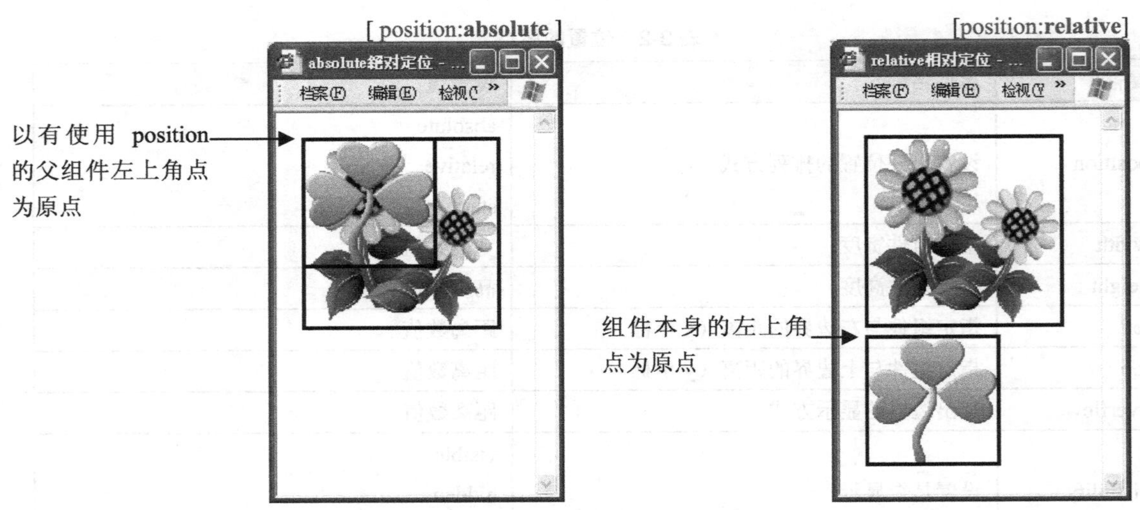

图 9-11　绝对定位和相对定位

以两者的特性来说，应用 absolute 的组件在不设置 left、right、top、bottom 属性时会重叠，而应用 relative 的组件默认不会重叠，两者都可以通过 z-index 属性来调整图层顺序（有关 z-index 属性，请参考第 9.2.2 小节），也都可以使用 left、right、top、bottom 属性调整位置。

2. width、height：指定组件宽度与高度

width 用来指定组件的宽度，height 则用来指定组件的高度。格式如下：

```
width:宽度值
height:高度值
```

单位可以是 px 或 pt，例如：

```
div{ width:200px;height:300pt;}
```

3. left、top：指定组件与边界的距离

left 用来指定组件与左边界的距离，也就是 x 坐标，top 用来指定组件与上边界的距离，也就是 y 坐标，格式如下：

```
left:x 坐标值
top:y 坐标值
```

坐标值的单位可以是长度（px、pt）、百分比（%），长度从左上角向右下角计算，x 方向越往右值越大，y 方向越往下值越大，如图 9-12 所示。

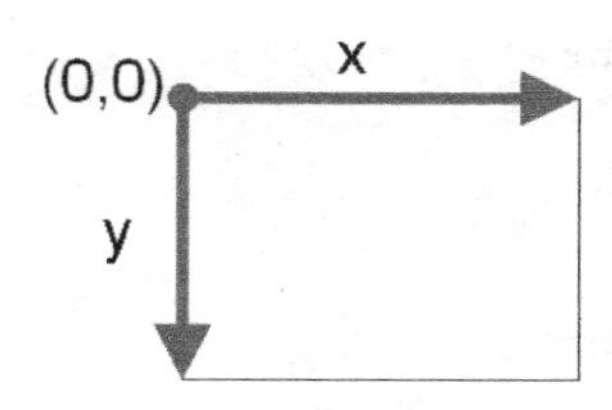

图 9-12 坐标值的距离

4. overflow：设置超出边界的显示方式

当组件内容超过组件的长度与宽度时，可以设置内容的显示方式，设置值有下面 4 种。

- **visible**：不管组件长宽，内容完全显示。
- **hidden**：超出长宽的内容不显示。
- **scroll**：无论内容会不会超出长宽，都加入滚动条。
- **auto**：根据情况决定是否显示滚动条。

请参考下面的范例。

范例：ch09_06.htm

```
<html>
<head>
<title>组件的定位</title>
<style>
<!--
span{
     position:absolute;
     width:200px;
     height:150pt;
     border:1px solid #330000;
}
-->
</style>
</head>
<body>
<table border=1 align="center">
    <tr>
        <td>
            <span style="left:10px;top:10px;overflow:visible;">
        落日熔金，暮云合璧，<br>
        人在何处？<br>
        染柳烟浓，吹梅笛怨，<br>
        春意知几许？<br>
```

```
元宵佳节，融和天气，<br>
次第岂无风雨？<br>
来相召，香车宝马，<br>
谢他酒朋诗侣。<br>
中州盛日，闺门多暇，<br>
记得偏重三五。<br>
铺翠冠儿，捻金雪柳，<br>
簇带争济楚。<br>
如今憔悴，风鬟雾鬓，<br>
怕见夜间出去。<br>
不如向帘儿底下，<br>
听人笑语。
    </span>
</td>
<td>
    <span style="left:220px;top:10px;overflow:hidden;">
落日熔金，暮云合璧，<br>
人在何处？<br>
染柳烟浓，吹梅笛怨，<br>
春意知几许？<br>
元宵佳节，融和天气，<br>
次第岂无风雨？<br>
来相召，香车宝马，<br>
谢他酒朋诗侣。<br>
中州盛日，闺门多暇，<br>
记得偏重三五。<br>
铺翠冠儿，捻金雪柳，<br>
簇带争济楚。<br>
如今憔悴，风鬟雾鬓，<br>
怕见夜间出去。<br>
不如向帘儿底下，<br>
听人笑语。
    </span>
</td>
<td>
    <span style="left:440px;top:10px;overflow:scroll;">
落日熔金，暮云合璧，<br>
人在何处？<br>
染柳烟浓，吹梅笛怨，<br>
春意知几许？<br>
元宵佳节，融和天气，<br>
次第岂无风雨？<br>
```

```
        来相召，香车宝马，<br>
        谢他酒朋诗侣。<br>
        中州盛日，闺门多暇，<br>
        记得偏重三五。<br>
        铺翠冠儿，捻金雪柳，<br>
        簇带争济楚。<br>
        如今憔悴，风鬟雾鬓，<br>
        怕见夜间出去。<br>
        不如向帘儿底下，<br>
        听人笑语。
            </span>
        </td>
        <td>
            <span style="left:660px;top:10px;overflow:auto;">
        落日熔金，暮云合璧，<br>
        人在何处？<br>
        染柳烟浓，吹梅笛怨，<br>
        春意知几许？<br>
        元宵佳节，融和天气，<br>
        次第岂无风雨？<br>
        来相召，香车宝马，<br>
        谢他酒朋诗侣。<br>
        中州盛日，闺门多暇，<br>
        记得偏重三五。<br>
        铺翠冠儿，捻金雪柳，<br>
        簇带争济楚。<br>
        如今憔悴，风鬟雾鬓，<br>
        怕见夜间出去。<br>
        不如向帘儿底下，<br>
        听人笑语。
            </span>
        </td>
    </tr>
</table>
</body>
</html>
```

执行结果如图 9-13 所示。

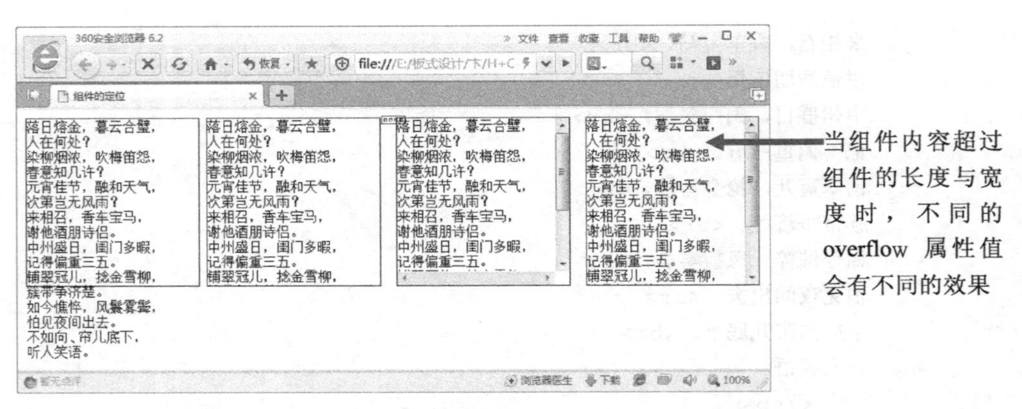

图 9-13　不同的 overflow 属性效果

上例中，使用了 top、left 属性指定<span>标记组件的位置，width 及 height 属性设置<span>标记组件的宽度与高度，并从左到右分别将 overflow 属性设置为 visible、hidden、scroll 和 auto，因为<span>标记组件内容的高度超出了 height 属性设置的高度，因此随着 overflow 属性不同的设置值，<span>标记组件会有 4 种不同的显示方式。

学习小教室

CSS 样式表的注释写法

如果想做到图文混排的效果，可以利用 float（浮动）属性完成。float 属性有 3 个属性值：left、right 和 none。例如，想让图片在左边，而文字绕着图片显示，那么程序可以这样表示：

```
<style>
div{width:200px;}
img{float:left;}
</style>
<div>
<img src="pic.jpg" width="100">这个例子是用来显示 float:left 如何做到图文混排效果，您看！图会在左边而文字会绕着图。这样是不是很清楚呢！
</div>
```

执行效果如图 9-14 所示。

图 9-14　图文混排

9.2.2 图层定位

除了可以用来设置网页样式之外，CSS 还可以利用图层原理让组件重叠在一起。通常我们使用 JavaScript 来控制图层定位的组件，让组件可以任意移动位置，例如随着鼠标移动的图片、叠字效果等。

图层定位必须利用 z-index 属性来设置组件的层次，现在先来看看 z-index 属性的用途，稍后再来介绍其语法。

我们可以将网页想象成一个由水平 x 轴与垂直 y 轴构成的平面，而 z-index 就是指 z 轴上的层次数值，如图 9-15 所示。

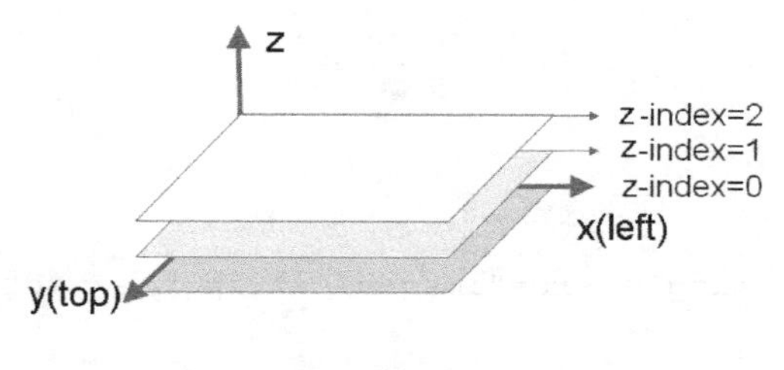

图 9-15 图层定位

z-index 的作用是当组件相互重叠时，可以指定组件之间的上下层次顺序。z-index 数值越大，层次就越高，也就是说，z-index 数值大的组件会排在数值小的组件上面。z-index 的语法如下：

```
z-index:层次数值
```

例如：

```
<img src="sample.gif" style="position:absolute; top:30; left:30; z-index:1;">
```

上面的程序语句表示图片放在距离上边界及左边界各 30 点的位置，层次顺序为 1。

接下来看一个实例。

范例：ch09_07.htm

```
<html>
<head>
<title>图层定位</title>
<style>
<!--
#layer1{
position:absolute;
z-index:1;
top:20px;
left:30px;
```

```
    font-size:24pt;
    font-family:楷体;
    color:#FFFFFF;
    }
    #layer2{
    position:absolute;
    z-index:2;
    width:200px;
    top:110px;
    left:100px;
    font-size:12pt;
    font-family:楷体;
    }
    -->
    </style>
    </head>
    <body>
    <div   id="layer1"><img   src="images/cat.jpg"   width="200"   height="210"
border="0"></div>
    <div id="layer2"><font size="5" face="Broadway BT" color="#FF9900">Don't put
off till tomorrow what you can do today.</font></div>
    </body>
    </html>
```

执行结果如图 9-16 所示。

图 9-16　文字叠在图片上层

可以将范例中的 layer1 与 layer2 的 z-index 数值对调试试，看看图片是不是变成叠在文字上方了。

z-index 是定位语法，必须与 position 属性一起使用。如果两个组件的 z-index 值相同，那么浏览器会以程序编写的顺序一层层叠上去，因此程序后写者会位于上方（back-to-front）。

9.3　超链接与鼠标光标特效

超链接是网页不可缺少的功能，而鼠标是用户目光聚集的焦点，虽然 HTML 有默认的鼠标样式，但是样式太简单，显示不出网页的特色，前面介绍了这么多控制网页外观的 CSS 语法，当然不能错过超链接与鼠标的特效。现在我们可以通过 CSS 来控制超链接与鼠标的样式，赶快看看下面的介绍。

9.3.1　超链接特效

超链接有 4 种状态，分别是尚未链接（link）、已链接（visited）、鼠标悬停链接时（hover）以及激活时（active）4 种状态，如果我们想要改变超链接的样式，可以通过以下几个选择器进行设置，语法如下：

```
a {样式属性:属性值;}                /*声明超链接样式*/
a:link {样式属性:属性值;}           /*尚未链接的超链接样式*/
a:visited {样式属性:属性值;}        /*已链接的超链接样式*/
a:active {样式属性:属性值;}         /*激活时超链接样式*/
a:hover {样式属性:属性值;}          /*当鼠标悬停链接时的超链接样式*/
```

例如：

```
<style type="text/css">
<!--
a {border: 1px red solid;}
a:link {color:black;}
a:visited {color:blue; border:0px;}
a:active {color:yellow;}
a:hover { border: 1px green solid; text-decoration: none;}
-->
</style>
```

上例的样式说明如下。

- **a {border: 1px red solid;}**：声明超链接的样式是红色实线、宽 1px 的边框。
- **a:link {color:black;}**：未链接前超链接文字颜色是黑色。
- **a:visited {color:blue; border:0px;}**：已链接过的超链接文字颜色为蓝色，没有边框。
- **a:active {color:yellow;}**：激活时超链接文字颜色为黄色。
- **a:hover { border: 1px green solid; text-decoration: none;}**：当鼠标移到链接时的超链接

样式是绿色实线、宽 1px 的边框，文字不添加下划线。

超链接的整体样式可以写在 a 选择器中，而 a:link、a:visited、a:active 与 a:hover 选择器中只要设置该状态所要看到的样式就可以了，这 4 种超链接状态并不一定都要使用，通常使用 a 选择器与 a:hover 选择器就可以做出超链接的效果。

在 a 选择器中设置的样式会继承给 a:link、a:visited、a:active 与 a:hover 选择器，因此，虽然上例语句中 a:link、a:active 都没有设置边框，但是浏览网页时也会产生边框，如果不希望有边框，只要加上“border:0px;”就可以了。

接下来看一个超链接的范例。

范例：ch09_08.htm

```
<html>
<head>
<title>超链接</title>
<style type="text/css">
<!--
a {
    border: 1px #A498BD solid;
    color: #4D2078;
    background-color: #EEEBFF;
    height: 20px;
    padding: 5px;
    width: 120px;
    text-align:center;
    }
a:hover {
    border: 2px #605080 solid;
    color: #9900CC;
    background-color: #BDAAE2;
    }
-->
</style>

</head>
<body>
<img src="images/butterfly1.gif" width="190" height="139" border="0"><p>

<a href="#">回首页</a>
<a href="#">与我联络</a>
```

这是空链接的意思，表示单击超链接后维持原状

```
</body>
</html>
```

执行结果如图 9-17 所示。

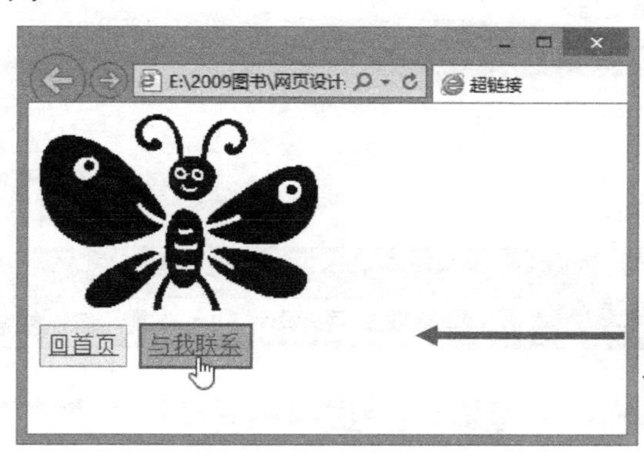

图 9-17　创建超链接

除了文字超链接之外，图片还可以当作超链接的样式，当鼠标移到超链接上时还能更换另一张图片，程序应该怎么写呢？请查看下面的范例。

范例：ch09_09.htm

```
<html>
<head>
<title>图片超链接</title>
<style type="text/css">
<!--
a {
    color: #990000;
    height: 56px;
    width: 200px;
    text-align: center;
    line-height: 55px;
    background-image: url(images/btn2.jpg);
    text-decoration: none;
}
a:hover {
    color:#006600;
    background-image: url(images/btn2a.jpg);
    }
-->
</style>

</head>
```

```
<body>
<a href="#">公司简介</a>
<a href="#">产品简介</a>
<a href="#">与我联系</a>
<a href="#">回首页</a>
</body>
</html>
```

执行结果如图 9-18 所示。

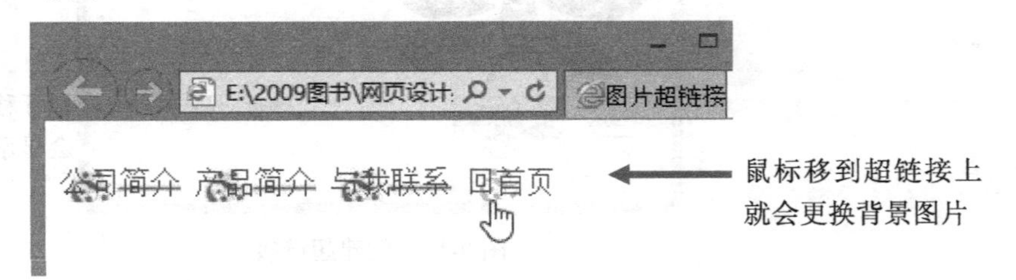

图 9-18 图片超链接效果

9.3.2 鼠标光标特效

当我们访问某些网站时，会发现进入网站之后，鼠标光标就变得不一样了，不再是白色的箭头，而是闪亮的仙女棒或卡通图片等可爱图标，为网页增添了更多趣味。鼠标光标图标可以由 CSS 的 cursor 属性来控制。下面看一看 cursor 属性语法。

```
cursor:鼠标光标样式
```

例如：

```
<style type="text/css">
<!--
a{ cursor: crosshair; }
-->
</style>
```

上面的语句表示鼠标光标在超链接区域会呈现 crosshair 的光标图案。

如果我们希望一进入网站，鼠标光标就能显示 crosshair 光标图标，想想看，“cursor: crosshair;”语句应该写在哪里呢？写在 body 选择器中就可以了。

表 9-3 列出了一些计算机中常见的鼠标光标图案以及设置的语法。

表 9-3 计算机中常见的鼠标光标

cursor 样式	光标外观	cursor 样式	光标外观
cursor: auto;（默认值）		cursor: no-drop;	
cursor: crosshair;		cursor: all-scroll;	
cursor: pointer;		cursor: col-resize;	

（续表）

cursor 样式	光标外观	cursor 样式	光标外观
cursor: text;		cursor: row-resize;	
cursor: move;		cursor: e-resize;	
cursor: wait;		cursor: ne-resize;	
cursor: help;		cursor: n-resize;	
cursor: progress;		cursor: nw-resize;	
cursor: not-allowed;			

除此之外，我们还可以使用自己拥有的光标图案，语法如下：

```
cursor: url(光标文件相对路径);
```

接下来看一个范例。

范例：ch09_10.htm

```
<html>
<head>
<title>自定义鼠标光标</title>
<style type="text/css">
<!--
body{cursor: url(images/my.cur);}
-->
</style>

</head>
<body>
<img src="images/pic3.jpg" width="231" height="200" border="0"  />
</body>
</html>
```

执行结果如图 9-19 所示。

图 9-19　改变鼠标光标

光标文件必须是 cur 文件，可以从网上下载网友共享的光标文件，或者利用 imagine 这类图像编辑软件将图片转换成个人专用的光标文件。有些浏览器并不支持 cur 文件，仅支持 JPG、GIF 或 PNG 等图片格式，为了让各个浏览器都能够正常显示，我们可以加入 PNG 图片格式的光标，并用逗号（,）分隔，语法如下：

```
cursor: url(images/my.cur),url(images/my.png),auto;
```

当浏览器不支持 cur 光标文件时，就会使用 PNG 图形文件，如果 PNG 图形文件也不支持，就以 auto 样式显示。

本章小结

1. 想要利用 CSS 控制网页组件，最重要的就是控制边界、边界间距以及边框等属性。

2. 边界（margin）在边框（border）外围，用来设置组件的边缘距离，共有 margin-top、margin-right、margin-bottom、margin-left 四个属性可以设置，也可以一次指定边界的属性值（margin）。

3. 边框主要属性为 border-style、border-width 与 border-color，通过这 3 个属性可以设置边框的样式、粗细及颜色。

4. border-style 属性用来设置边框的样式，设置值共有 8 种，即 solid（实线）、dashed（虚线）、double（双实线）、dotted（点线）、groove（3D 凹线）、ridge（3D 凸线）、inset（3D 嵌入线）和 outset（3D 浮出线）。

5. border-width 属性用来设置边框的宽度。

6. border-color 属性用来设置边框的颜色。

7. 边界间距（padding）是指边框（border）内侧与 HTML 组件边缘的距离。

8. position 属性通常与<div>标记搭配使用，用来将组件精确定位。定位方式有两种，即 absolute（绝对定位）与 relative（相对定位）。

9. absolute（绝对定位）以使用 position 定位的上一层组件（父组件）的左上角点为原点来定位，若找不到有 position 定位的上一层组件，则以<body>左上角点为原点来定位。

10. relative（相对定位）以组件本身的左上角点为原点来定位。

11. 除了可以用来设置网页样式之外，CSS 还可以利用图层原理让组件重叠在一起，图层定位必须利用 z-index 属性来设置组件的层次。

12. z-index 的作用是当组件相互重叠时，可以指定组件之间的上下层次顺序。z-index 数值越大，层次越高。

13. 超链接有 4 种状态，分别是尚未链接（link）、已链接（visited）、鼠标悬停链接时（hover）和激活时（active）。

14. 超链接的整体样式可以写在 a 选择器中，而 a:link、a:visited、a:active 与 a:hover 选择器中只要设置该状态所要看到的样式就可以了，这 4 种超链接状态并不一定都要使用，通常使用 a 选择器与 a:hover 选择器就可以做出超链接的效果。

15. 鼠标光标图标可以由 CSS 的 cursor 属性进行控制。

习　题

一、选择题

1. 想要改变边框（border）外围，组件的边缘距离应该采用下列____CSS 语法。

（A）margin　（B）border　（C）padding　（D）width

2. 下列_____不是 border-style 属性的边框样式。

（A）solid　（B）ridge　（C）line　（D）inset

3. 下列____可以在组件相互重叠时，指定组件之间的上下层次顺序。

（A）x-index　（B）y-index　（C）z-index　（D）index

4. 下列超链接状态中，_____是错误的。

（A）a 是声明超链接样式

（B）a:link 设置已链接的样式

（C）a:active 设置激活时超链接样式

（D）a:hover 设置当鼠标悬停链接时的超链接样式

5. 如果我们希望一进入网站鼠标光标就能显示 crosshair 光标图标，那么“cursor: crosshair;”语句应该写在 HTML 文件的_____位置。

（A）<title>　（B）<table>　（C）<head>　（D）<body>

二、问答题

1. 请简述边界（margin）、边框（border）与边界间距（padding）三者的关系。

2. position 属性通常与<div>标记搭配使用，用来将组件精确定位，请问定位方式有哪两种？

3. CSS 语法可以利用图层原理让组件重叠在一起，请试着说明 CSS 中图层定位的概念。

4. 请问超链接的状态有哪几种？如果想要改变这几种状态的样式，应该怎么设置选择器？

第 10 章　HTML5+CSS3 综合应用

现在到了验收成果的时候了。这个综合应用将针对前面学过的 HTML5 与 CSS3 语法进行练习，希望你能够将前面所学内容融会贯通。请跟着下面的范例一起练习。

10.1　操作网页内容

本章将练习 HTML5 新增的语义标记加上 CSS3 进行排版，并且利用前面所学的各种语法来完成一个网站。整个网站的架构如图 10-1 所示。

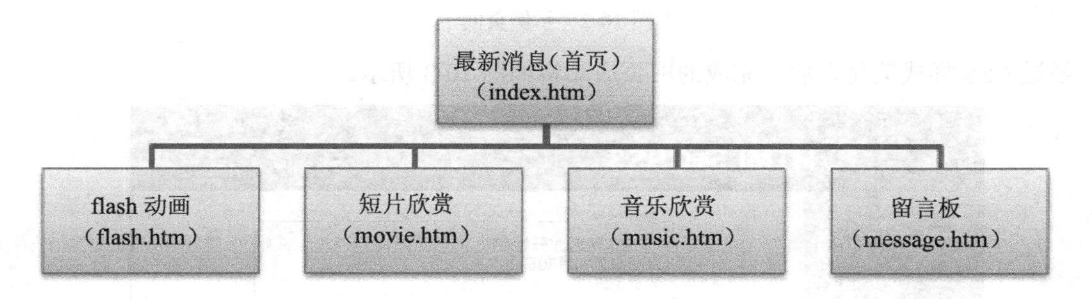

图 10-1　网站的架构示意图

本实例网页中包括下列几个重点部分：

- 标题
- 图片
- 文字
- 超链接
- 表单组件
- 嵌入影音

笔者已经事先创建好这 5 个网页基本的 HTML 文件，这 5 个网页将应用同一个 CSS 文件，接下来以 index.htm 文件为例进行说明，读者可以跟着下面的操作一步步练习。打开范例文件中的“未完成文件/index.htm”，就会看到如图 10-2 所示的页面。

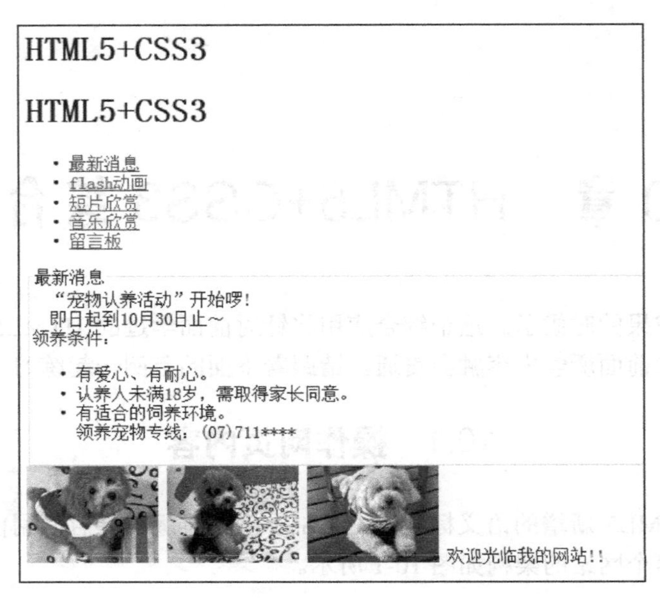

图 10-2　示例页面

经过 CSS 样式美化之后，完成的网页成品将如图 10-3 所示。

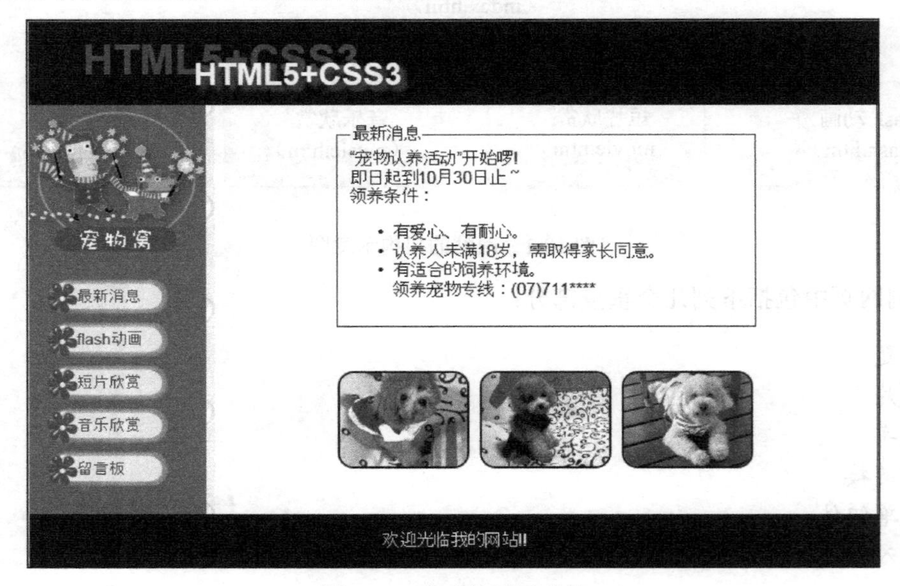

图 10-3　完成的网页成品

本范例使用的图片文件可以在“未完成文件/images”文件夹中找到。

10.2　使用语义标记排版

制作网页时，应该先规划好网页架构及版面安排，通常网页版面可以划分为几个区块，包含“标题区”“菜单区”“主内容区”“页脚区”，如图 10-4 所示。

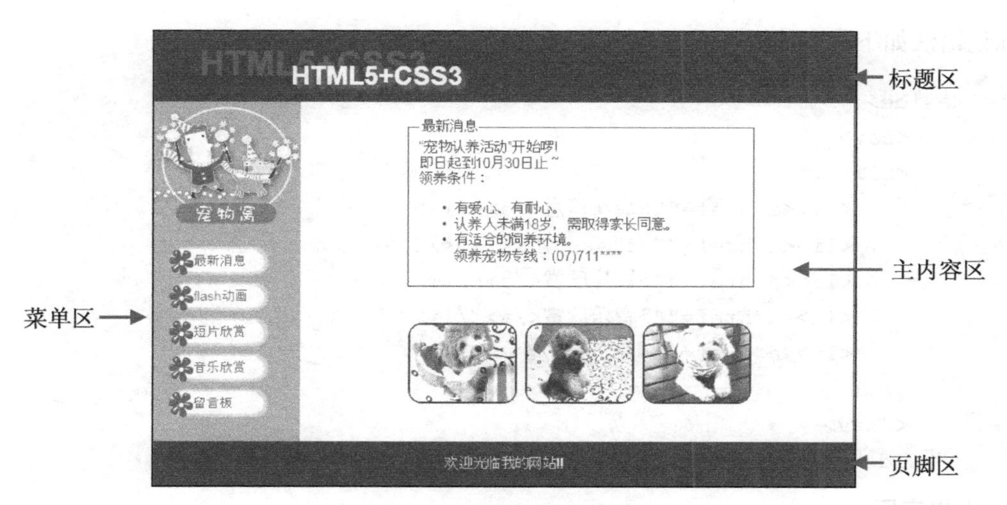

图 10-4　常用网页的区块

在 HTML4 中可能会用<table>标记进行版面编排，HTML5 新增了语义标记，在版面安排上更具弹性，你可以用记事本打开“未完成文件/index.htm”，并将语义标记加入 index.htm 文件的适当位置。

1. 标题区

标题区使用的语义标记是<header>，标记语法如下：

```
<header>
    <h1 id="text1">HTML5+CSS3</h1>
    <h1 id="text2">HTML5+CSS3</h1>
</header>
```

2. 左侧菜单区

左侧菜单区使用两个语义标记，<aside>标记定义出侧边栏，再用<nav>标记定义网页的链接菜单。请参考如图 10-5 所示的示意图。

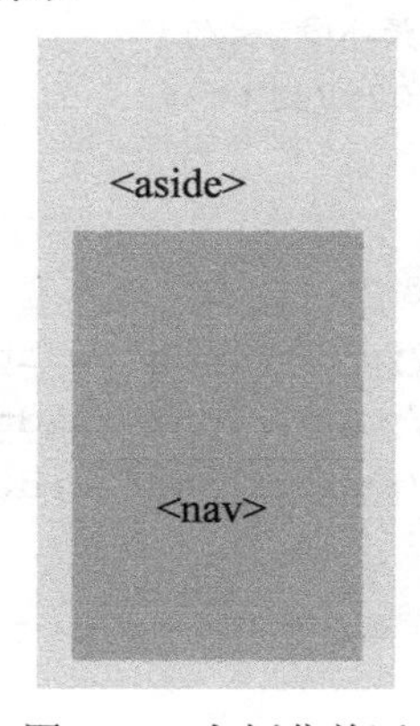

图 10-5　左侧菜单区

标记语法如下：

```
<aside>
    <nav>
    <ul>
        <li><a href="">最新消息</a></li>
        <li><a href="">flash 动画</a></li>
        <li><a href="">短片欣赏</a></li>
        <li><a href="">音乐欣赏</a></li>
        <li><a href="">留言板</a></li>
    </ul>
    </nav>
</aside>
```

3. 主内容区

主内容区用<article>标记来定义，主内容区共有两个区块，一个是“最新消息”区，另一个是放置了 3 张图片的图片区，最新消息区用<section>标记，图片区用<div>标记来定义，请参考如图 10-6 所示的示意图。

标记语法如下：

```
<article>
        <section class="consection">
            <fieldset>
             <legend>最新消息</legend>
            “宠物认养活动”开始啰!<br>
                即日起到 10 月 30 日止~<br>
                领养条件：<br>
                <ul>
                <li>有爱心、有耐心。</li>
                <li>认养人未满 18 岁，需取得家长同意。</li>
                <li>有适合的饲养环境。</li>
                领养宠物专线：(07)711****
           </fieldset>
        </section>
        <div class="consection">
            <img src="images/puppy1.png" width="120">
            <img src="images/puppy2.png" width="120">
            <img src="images/puppy3.png" width="120">
        </div>
    </article>
```

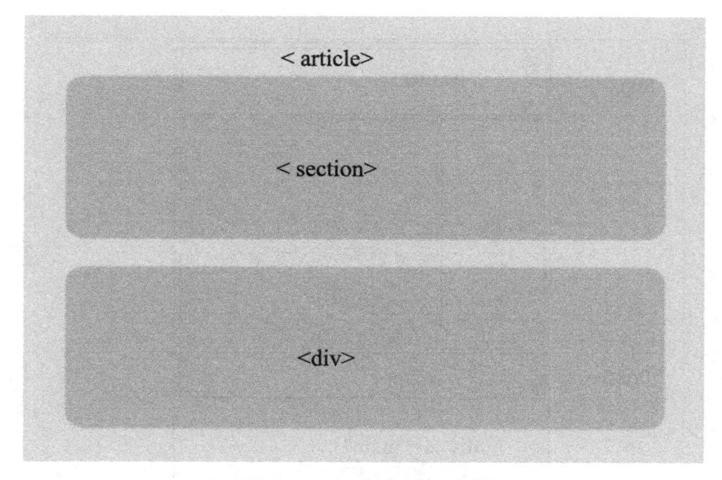

图 10-6 主内容区示意图

由于<section>标记与<div>标记会应用同样的样式，因此可以使用 class 属性并指定 class 名称。这样，在新增 CSS 样式时不需要输入两组样式。

语义标记用来清楚地定义网页的架构，让搜索引擎能够很快根据语义标记找出网页重点所在。如果是无意义的内容，应该避免使用语义标记，例如范例中主内容区的重点在于最新消息，因此适合使用<section>标记，而第二个区块只是放了 3 张图片，对网页内容来说并没有意义，可以使用<div>标记。

4. 页脚区

页脚区使用<footer>标记，通常用来放置联系方式或版权声明。语法如下：

```
<footer>欢迎光临我的网站!!</footer>
```

在 index.htm 文件中逐一加入语义标记之后，就可以开始加上 CSS 样式了。

5. 应用 CSS 语法

网页版面布局规划及尺寸如图 10-7 所示，接着应用 CSS 语法。

一般来说，一个网页需要应用 CSS 的组件有很多，如果与 HTML 文件写在一起会让程序代码看起来杂乱，建议将 CSS 语法保存为 CSS 文件，再用外部链接样式文件的方式将 CSS 文件链接起来。

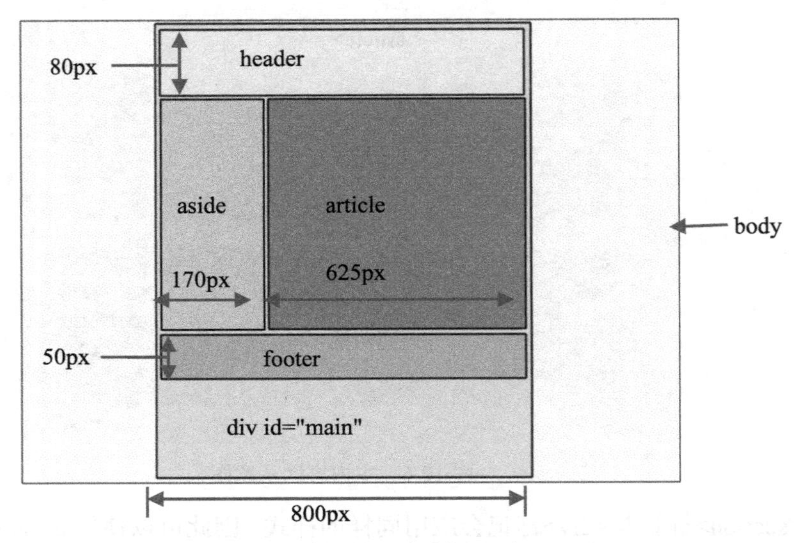

图 10-7　网页版面布局规划及尺寸

首先，我们用记事本打开一个空白文件，开始编写 CSS 码，其语法如下：

```
body{
    margin:0px;padding:0;
    font-family:Helvetica, Arial, sans-serif,微软正黑体;
}
#main{
    margin: 0px auto;    /*水平居中*/
    width:800px;
}
header{
    border:1px #330000 solid;
    width:800px;
    height:80px;
    background:#330000;
}
aside{
    width:170px;
    float: left;         /*导航栏靠左显示*/
    height:400px;
    background: url(images/bg_lt.png) no-repeat;    /*加入背景图*/
}
nav{
    border:0px #000000 solid;
    margin: 0px auto;padding:0px;
    margin-top:170px;
```

```
}
article{
    border-right:1px #330000 solid;    /*显示左边框线*/
    width:625px;
    margin-left:175px;     /*距离左边界 175px*/
    height:400px;
background:#FFFFFF;
}
footer{
    border:1px #330000 solid;
    background:#330000;
    color:#ffffff;
    width:800px;height:50px;
    text-align:center;        /*文字居中*/
    line-height:50px;       /*行高 50px*/
}
```

输入完成后，将文件保存为 color.css。

接着，返回到 index.htm 文件，在<head></head>之间加入外部链接样式文件语法，如下所示：

```
<link rel=stylesheet type="text/css" href="color.css">
```

在浏览器中浏览 index.htm 文件，这时版面就排列整齐了。

我们来看一下这些 CSS 语法做了哪些事。设置边框线（border）、背景（background）、字体颜色（color）、高度（height）及宽度（width）的语法，相信你已经十分熟悉，笔者这里仅对特别需要注意的语法加以说明。

为了方便控制网页中组件的位置，在<body>中新增一个<div>标记，利用<div>标记来设置网页内容的宽度（800px），并且水平居中。要想将组件水平居中，最简单的方法就是将 margin 属性上下设为 0，左右根据浏览器大小自行调整，语法如下：

```
margin: 0 auto;
```

接下来，我们来看看如何将“菜单区”显示在左边。菜单区应用的 CSS 语法如下：

```
aside{
    width:170px;
    float: left;          /*导航菜单靠左显示*/
    height:400px;
    background: url(images/bg_lt.png) no-repeat;    /*加入背景图*/
}
```

在 aside 标记中只要设置 float（浮动）属性值为 left，主内容区（article）就会显示在它的右边。

10.3 叠字标题

标题字利用两个“HTML5+CSS3”文字重叠交错而成，后方的文字是红色、字高 40px，与网页左上角垂直距离为 15px，与组件水平距离为 50px；而前方的文字是白色、字高为 30px，与网页左上角垂直距离为 30px，与组件水平距离为 150px，外围加上火焰晕开的特效，如图 10-8 所示。

图 10-8　叠字标题效果

由于我们要在这两行文字中添加 CSS 效果，因此先分别用<h1>标记定义出文字样式，并将其命名为 text1 和 text2。先来看这部分的 HTML 代码，如下所示：

```
<h1 id="text1">HTML5+CSS3</h1>
<h1 id="text2">HTML5+CSS3</h1>
```

接着，就可以加入 CSS 语法了，先来看后方的文字，语法如下所示：

```
h1#text1{
    margin:0px;padding:0px;
    top:15px;
    position:absolute;      /*设置 div 为绝对定位*/
    font-size:40px;       /*字高*/
    color:#FF0000;      /*字体颜色*/
    margin-left:50px;          /*与组件水平距离*/
}
```

我们要移动文字的位置，而且要改变文字的层级，因此必须设置 position 属性为绝对定位（absolute）。

文字（text2）除了移动位置之外，还加入了光晕（glow）和阴影（shadow）效果，请看下面的 CSS 语法。

```
h1#text2{
    margin:0px;padding:5px;
    position:absolute;
    font-size:30px;
    color:#FFFFFF;
    top:30px;
    margin-left:150px;
    z-index:1;          /*将层次设在第 1 层*/
    filter:glow(color=#ff0000, strength=5);    /*设置光晕滤镜*/
```

```
    text-shadow: 5px 5px 5px #FF0000;      /*设置阴影*/
}
```

由于各个浏览器对特效语法的支持程度不同，因此在应用这些特效时要特别注意如何让各个浏览器都有很好的浏览效果。例如，Google Chrome 不支持 filter 属性，那么我们可以使用 text-shadow 属性为文字加上阴影，而 IE 不支持 text-shadow 属性，因此使用 IE 浏览时 text-shadow 属性也不会影响 filter 滤镜带来的光晕效果，如图 10-9 所示。

图 10-9　光晕效果

z-index 用于设置组件的层次，z-index 设置值是 1，表示此组件会放在第一层，text1 选择器没有设置 z-index 属性，表示其位置是第 0 层。

z-index 在此范例中是可以省略的，因为当组件位于同一层时，会以组件出现先后顺序往上推迭，因此省略 z-index 属性并不会有任何影响。

10.4　网页背景和鼠标光标

网页背景使用的是 images/bg.jpg 图形文件，我们希望当用户滚动滚动条时，背景能够固定不动。另外，鼠标光标也用现有的光标文件 images/my.cur，如图 10-10 所示。

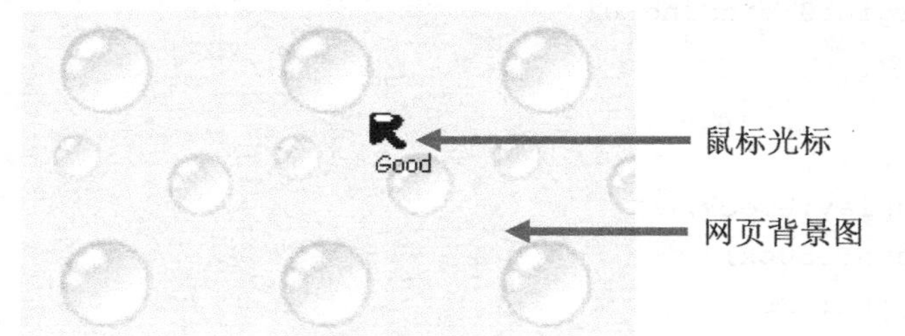

图 10-10　网页背景和鼠标光标

由于网页背景与鼠标光标这两项的效果都是应用于整个网页，因此我们可以在 body 选择器中加入 CSS 语法，语法如下：

```
body{
 margin:0px;padding:0;
 font-family:Helvetica, Arial, sans-serif,微软正黑体;
 cursor: url(images/my.cur);                     /*改变鼠标光标*/
 background-image: url('images/bg.jpg');         /*加入网页背景图*/
 background-attachment:fixed;                    /*设置背景图为固定式*/
}
```

10.5 菜单超链接特效

超链接的状态有 4 种，分别是尚未链接（link）、已链接（visited）、鼠标悬停链接时（hover）以及激活时（active）。你不一定要全部设置 4 种状态，只要设置 hover 状态，就可以在鼠标移到超链接时产生不一样的效果。

在范例中，我们希望在超链接文字上加上背景图，并且当鼠标移到超链接上时，更换成另一张图形，如图 10-11 所示。

[原始状态 图形文件名：btn.png]

[鼠标移到链接时 图形文件名：btn_hover.png]

图 10-11 超链接的两个不同状态的效果图

除了背景图之外，我们也改变了字体的颜色并取消了超链接下划线，CSS 语法如下：

```
nav{            /*nav 区块格式*/
    border:0px #000000 solid;
    margin: 0px auto;padding:0px;
    margin-top:170px;
}
nav ul {
    list-style:none;        /*不显示列表项目符号*/
    margin:0;padding:0;
}

nav li a {
    display:block;
    width:150px;
    height:42px;
    background-image:url(images/btn.png);  /*超链接原始状态背景图*/
    line-height:35px;
    text-indent:45px;
    text-decoration:none;     /*不显示下划线*/
    color:#333333;
    font-size:15px;
}
nav li a:hover {
    background-image:url(images/btn_hover.png); /*鼠标移到链接时的背景图*/
    color:#ffffff;
}
```

由于 a:hover 选择器的高度（height）、宽度（width）、文字对齐（text-align）、行高（line-height）及超链接下划线（text-decoration）等设置值都与 a 选择器相同，因此可以省略不写。a:hover 选择器会继承 a 选择器的设置值，我们只要在 a:hover 选择器中写下两个设置值不同的部分即可。

在 a 选择器中设置了高度（height）及宽度（width），这两个值必须与图片的高度与宽度相同，否则图片会重复显示，或者你还可以加入下面语法任意改变宽度及高度值。

```
background-repeat: no-repeat;
```

10.6　主内容区样式

主内容区又分为两个区域，一个是最新消息区，一个是图片展示区，如图 10-12 所示。

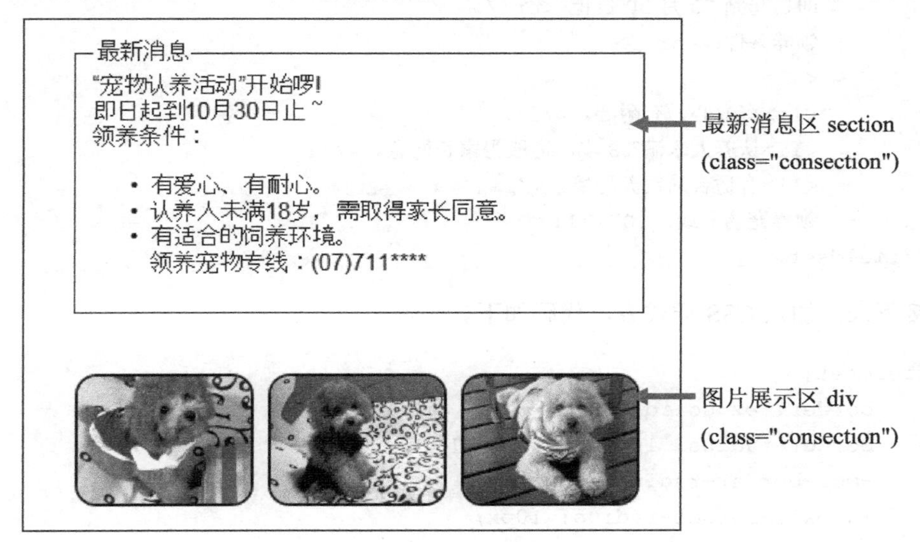

图 10-12　主内容区

这两个区域的宽度一样，因此我们可以将两个区块的 class 属性设为相同，只要设置一次 CSS 样式即可。

```
.consection{
    display: block;
    border:0px #330000 solid;
    width:400px;
    left:10px;top:10px;
    margin:0px auto;padding:20px;
}
```

其中，“display: block;”用来设置区块的模式，display 属性常用的设置值有下面两种，如表 10-1 所示。

表 10-1　display 属性常用的设置值

设置值	说明
block	区块固定大小，当文字超过区块时，文字会换行
inline	区块随着内容变动，当文字超过区块时，区块会扩大

1. 最新消息框

最新消息框利用<fieldset>标记及<legend>标记组合而成，我们先看看 HTML 语法中这两个标记的用法。

```
<fieldset>
    <legend>最新消息</legend>
        “宠物认养活动”开始啰!<br />
        即日起到 10 月 30 日止~<br />
        领养条件：<br />
        <ul>
        <li>有爱心、有耐心。</li>
        <li>认养人未满 18 岁，需取得家长同意。</li>
        <li>有适合的饲养环境。</li>
        领养宠物专线：(07)711****
</fieldset>
```

接下来，加入 CSS 样式表，代码如下。

```
fieldset{
    border:1px solid;
    border-radius: 10px;    /*圆角边框*/
    -moz-border-radius: 10px;
    -webkit-border-radius: 10px;
}
fieldset legend{
    text-align:center;    /*文字居中*/
}
```

2. 图片展示区

图片展示区的语法相当简单，只要为图片设置圆角，再将边框设为 2px 即可，代码如下：

```
img{
    margin:3px;
    border-radius: 15px;
    -moz-border-radius: 15px;
```

```
    -webkit-border-radius: 15px;
    border:2px solid;
}
```

至此，index.htm 网页范例就已经完成了，完整的程序代码如下：

```
<!DOCTYPE html>
<html>
<head>
<title>宠物窝</title>
<link rel=stylesheet type="text/css" href="color.css">
</head>
<body>
<div id="main">
<!--标题-->
    <header>
        <h1 id="text1">HTML5+CSS3</h1>
        <h1 id="text2">HTML5+CSS3</h1>
    </header>
    <!--左侧区块-->
    <aside>
        <nav>
        <ul>
            <li><a href="index.htm">最新消息</a></li>
            <li><a href="flash.htm">flash 动画</a></li>
            <li><a href="movie.htm">短片欣赏</a></li>
            <li><a href="music.htm">音乐欣赏</a></li>
            <li><a href="message.htm">留言板</a></li>
        </ul>
        </nav>
    </aside>
    <!--主内容-->
    <article>
        <section class="consection">
            <fieldset>
             <legend>最新消息</legend>
             "宠物认养活动"开始啰!<br />
                即日起到 10 月 30 日止~<br />
                领养条件：<br />
                <ul>
                <li>有爱心、有耐心。</li>
                <li>认养人未满 18 岁，需取得家长同意。</li>
                <li>有适合的饲养环境。</li>
```

```
                    领养宠物专线：(07)711****
                </fieldset>
            </section>
            <div class="consection">
                <img src="images/puppy1.png" width="120">
                <img src="images/puppy2.png" width="120">
                <img src="images/puppy3.png" width="120">
            </div>
        </article>
        <!--页脚-->
        <footer>欢迎光临我的网站!!</footer>
</div>

</body>
</html>
```

第 3 篇

HTML5 进阶

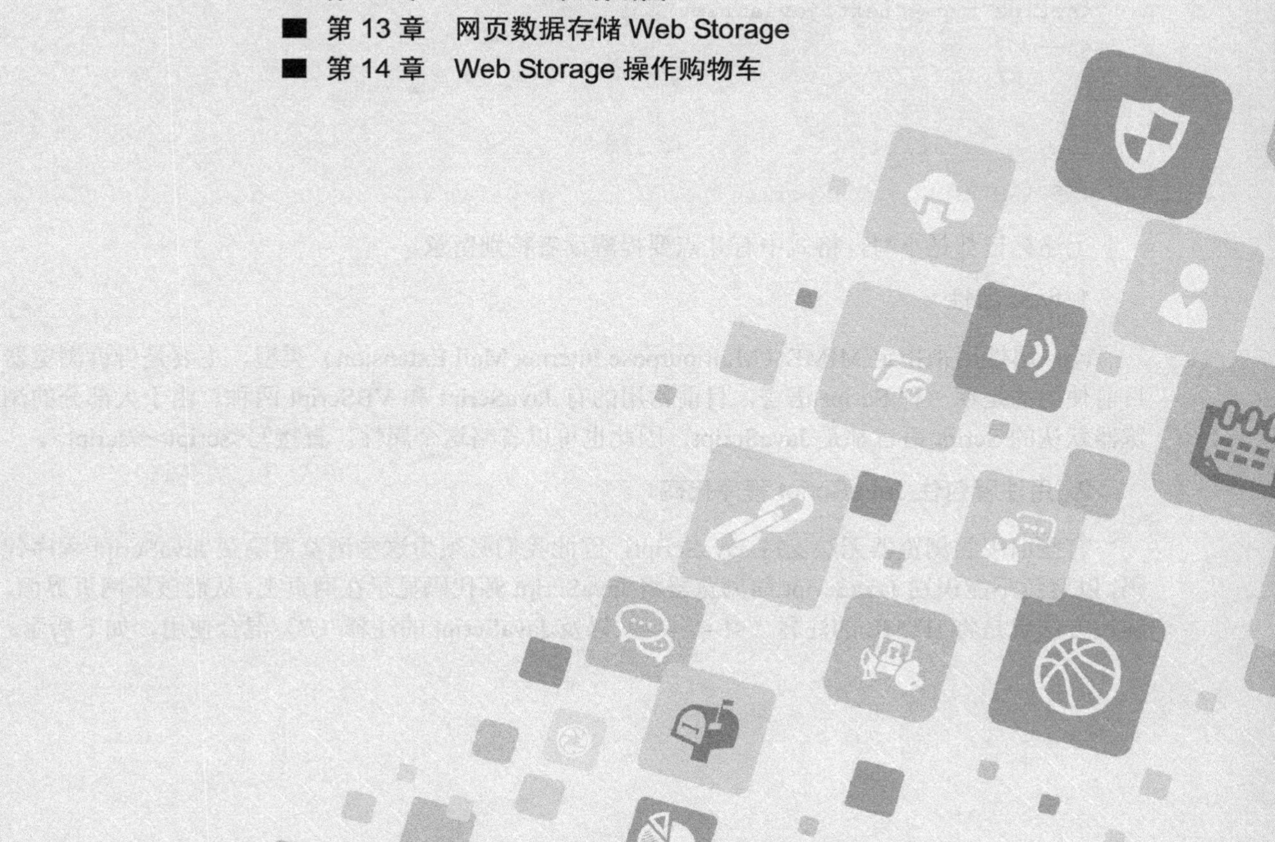

第 11 章　认识 JavaScript

JavaScript 是一种客户端的直译式脚本（Script）程序语言，用于 HTML 网页中，主要是使 HTML 网页增加动态与互动效果，如果你具备 JavaScript 的基础，相信本章对你是相当容易的，如果没有基础也没关系，就跟着笔者一起来学习吧！

11.1　什么是 JavaScript

当我们希望隐藏网页上的某个按钮或者是让网页图片能动态变换时，只用 HTML 标记是无法达成的，这时可以利用 JavaScript 语法来实现。下面我们就来看看 JavaScript 的架构。

11.1.1　JavaScript 架构

在 HTML 中使用 JavaScript 的语法很简单，只要用<script>标记嵌入 JavaScript 的程序代码就可以了，基本结构如下：

```
<script type="text/javascript">
<!--
:
:
-->
</script>
```

上述标记都是小写，格式中有几点要提醒读者特别留意。

1. type 属性

type 属性用来指定 MIME（Multipurpose Internet Mail Extension）类型，主要是告诉浏览器目前使用的是哪一种 Script 语言，目前常用的有 JavaScript 和 VBScript 两种。由于大部分的浏览器默认的 Script 语言都是 JavaScript，因此也可以省略这个属性，直接写<script></script>。

2. 用注释包住 JavaScript 程序代码

有些旧版的浏览器无法支持 JavaScript，因此我们必须为这些浏览器隐藏 JavaScript 程序代码，以避免不能识别 JavaScript 的浏览器将 JavaScript 源代码显示在网页上，从而破坏网页界面。解决方法就是将 HTML 的注释（<!--、-->）以及 JavaScript 的注释（//）混合使用，如下所示：

```
<script type="text/javascript">
<!--
JavaScript 程序语句写在这里
// -->
</script>
```

JavaScript 程序代码的位置可以放在 HTML 的<head></head>标记中，也可以放在<body></body>标记中。

3. JavaScript 程序代码放在<head></head>标记中

如果要在开始显示网页时就运行 JavaScript 程序，那么程序的内容必须写在<head>和</head>标记中。例如，打开网页时，会出现“欢迎光临”字样的对话框，请参考下面的范例。

范例：ch11_01.htm

```
<!DOCTYPE html>
<html>
<head>
<meta charset="gb2312">
<title>ch11_01</title>

<script type="text/javascript">
<!--
    alert("欢迎光临!");
//-->
</script>

</head>
<body>

<h3>JavaScript 好简单</h3>

</body>
</html>
```

执行结果如图 11-1 所示。

图 11-1　弹出提示对话框

当用户进入网页时就会弹出“欢迎光临”字样的对话框。

4. JavaScript 程序代码放在<body></body>标记中

当你希望按照网页加载顺序显示时，就可以将程序写在<body>和</body>标记中。例如，下面的范例就是将 JavaScript 代码添加在<body>和</body>标记中。

范例：ch11_02.htm

```
<!DOCTYPE html>
<html>
<head>
<meta charset="gb2312">
<title>ch11_02</title>
</head>
<body>

<h3>JavaScript 好简单</h3>

<script type="text/javascript">
<!--
    alert("欢迎光临!");
//-->
</script>

</body>
</html>
```

执行结果如图 11-2 所示。

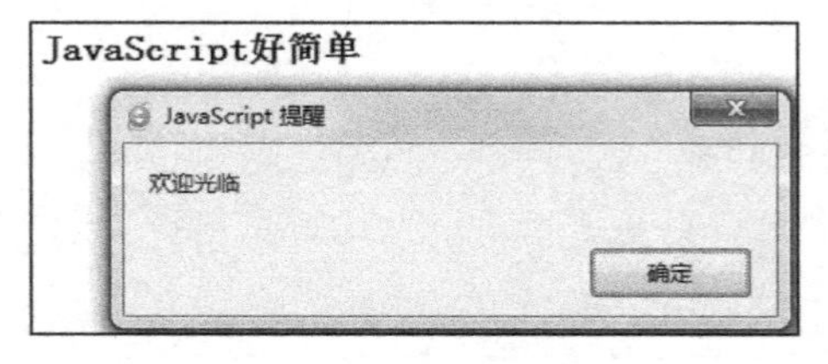

图 11-2　显示 JavaScript 结果

可以发现浏览器先执行“<h3>JavaScript 好简单</h3>”这行语法，接着运行 script，所以网页上先显示了“JavaScript 好简单”，然后才弹出“欢迎光临”字样的对话框。

11.1.2　JavaScript 对象与函数

JavaScript 和 HTML 的整合是通过“事件处理（Event Handler）”完成的，也就是先对对象设置事件的函数，当事件发生时，指定的函数就会被驱动运行。每个对象都拥有属于自己的事件（Event）、方法（Method）以及属性（Property）。下面先介绍对象、属性与函数的使用方式。

1. JavaScript 对象

JavaScript 是基于对象（Object-based）的语言，我们怎么知道网页中有哪些对象是可以操作又有哪些属性呢？

W3C 发布了一套 HTML 与 XML 文件使用的 API，称之为标准对象模型（Document Object Model，DOM），试图让所有浏览器都能遵守此模型来开发，它定义了网页文件结构（representation），这个阶梯以 window 为顶层，window 内还包含许多其他的对象，如框架（frame）、文档（document）等，文档中可能还有图片（image）、表单（form）、按钮（button）等对象，如图 11-3 所示。

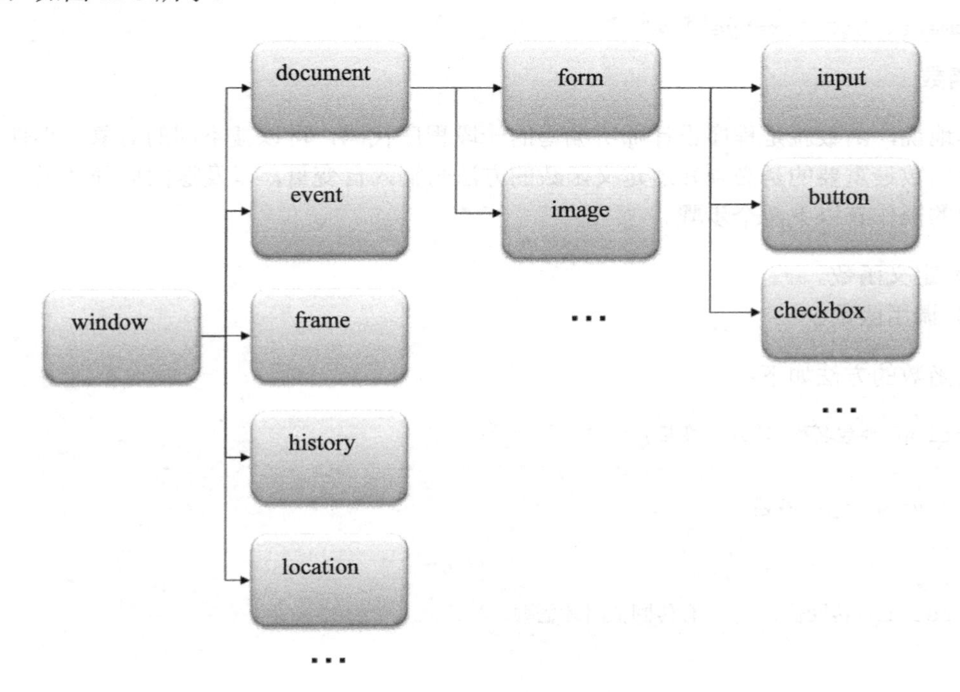

图 11-3　网页文件结构

只要通过 id、name 属性或 forms[]、images[]等对象集合就能取得对象，并且使用各自的属性。

例如，我们想要利用 JavaScript 在网页文件中显示“欢迎光临”字样，网页文件本身的对象是 document，它是 window 的下层，所以就可以表示如下：

```
window.document.write("欢迎光临")
```

因为 JavaScript 程序代码与对象在同一页，所以 window 可以省略不写，因此我们经常看到的表示法如下：

```
document.write("欢迎光临")
```

2. 属性

属性（Property）的表示方法如下所示：

```
对象名称.属性
```

目的是用来设置或获得对象的属性内容，例如：

```
document. bgColor
```

bgColor 是 document 的属性，所以程序的语句是指 document 的背景颜色。如果要设置背景颜色就可以用等号（=）来指定，如下所示：

```
document. bgColor="yellow"
```

3. 函数

简单地说，函数就是程序设计师所编写的一段程序代码，可以被不同的对象、事件重复调用。使用函数最重要的是必须知道定义函数的方法与输入自变量，以及返回何种结果。

函数的操作有以下两个步骤。

（1）定义函数。

（2）调用函数。

定义函数的方法如下：

```
function 函数名称(输入自变量)
{
    JavaScript 叙述
    ...
    ...
    return(传回值)    //有传回值时才需要
}
```

函数编写完成之后，我们就可以调用函数并根据情况来输入自变量了，其方法如下：

```
<input type="button" value="调用函数" onclick="函数名称();">
```

上面是以事件（Event）来调用函数，当事件发生时，函数就会被调用并运行了，onclick 是“单击”事件，所以上面代码的意思是当用户单击按钮时就调用函数，下面参看一个范例。

范例：ch11_03.htm

```
<!DOCTYPE html>
<html>
<head>
<meta charset="gb2312">
<title>ch11_03</title>
```

```
</head>

<script type="text/javascript">
<!--
function sum(a,b)    //声明 sum 函数，并有 a,b 两个自变量
{
    c=a+b;
    alert("a="+a+",b="+5+",a+b=" + c);
                    // alert 对象的功能是弹出信息框以显示括号 () 内的内容
}
//-->
</script>

</head>
<body>

请单击下面链接：<p>
<h1>                              调用 sum 函数
<A href="#" onclick="sum(3,5)">a+b</A>
</h1>

</body>
</html>
```

执行结果如图 11-4 所示。

上例中，当用鼠标单击文字“a+b”的超链接后，就会调用 sum 函数。

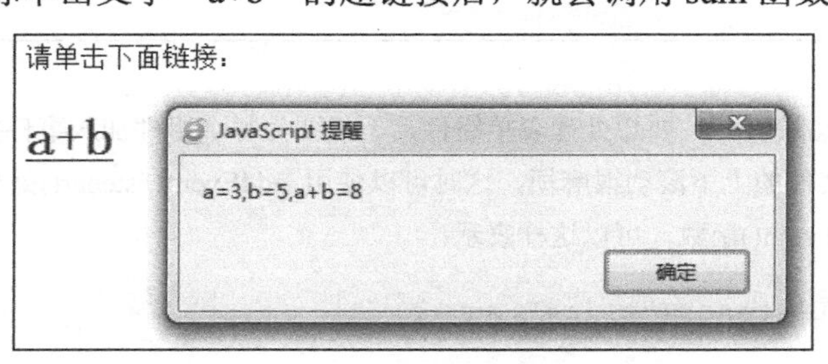

图 11-4　单击链接弹出信息框

至此，你应该已经了解 JavaScript 函数的运行了。本范例中使用了 onclick 事件，下面继续看看 JavaScript 中还有哪些事件可供使用。

11.1.3　JavaScript 事件

你在网页上的一举一动 JavaScript 都可以检测到，你的这种举动在 JavaScript 的定义中称为“事件”，那么什么是“事件”呢？

“事件”（Event）是用户的操作或系统所发出的信号。举例来说，当用户单击鼠标键、提

交表单，或者当浏览器加载网页时，这些操作就会产生特定的事件，因此就可以用特定的程序来处理此事件。这种工作模式就叫做事件处理（Event Handling），而负责处理事件的过程就称为事件处理过程（Event Handler）。

事件处理过程通常与对象相关，不同的对象会支持不同的事件处理过程。表 11-1 是 JavaScript 常用的事件处理过程。

表 11-1　JavaScript 常用的事件处理过程

事件处理过程	说明
onClick	鼠标单击对象时
onMouseOver	鼠标经过对象时
onMouseOut	鼠标离开对象时
onLoad	网页载入时
onUnload	离开网页时
onError	加载发生错误时
onAbort	停止加载图像时
onFocus	窗口或表单组件取得焦点时
onBlur	窗口或表单组件失去焦点时
onSelect	选择表单组件内容时
onChange	改变字段的数据时
onReset	重置表单时
onSubmit	提交表单时

了解了 JavaScript 的基本用法后，下面看看 canvas 如何与 JavaScript 搭配使用。

学习小教室

当网页程序代码比较多时，要想处理表单组件，不仅要为每个组件加入事件控制，还要回到 Script 编写事件函数，只是文件的上下滚动很麻烦，这时可以使用 addEventListener()处理函数，例如要在单击名为 btn 的按钮时调用 sum()函数，可以这样表示：

```
btn.addEventListener("click",sum);
```

如果要在多个按钮上调用函数，只需多加几行 addEventListener()函数即可，不需要在返回按钮上添加触发事件，更加省事。

addEventListener 可以在网页加载时就执行，只要将函数指定在 window 的 onload 事件中触发就可以了，语法如下：

```
<script type="text/javascript">
  window.onload =  function()
   {
   //当单击按钮时就会调用 sum 函数
```

```
        btn.addEventListener("click",sum);
        }

        function sum(){
            //sum 函数执行的语句
        }
    </script>
    <button id="btn">计算</button>    <!--按钮就不需要加 onclick 事件-->
```

11.2 JavaScript 流程控制

程序执行的时候会默认以编写的顺序逐一执行，我们可以通过一些逻辑来改变程序执行的流程。流程控制需要做一些逻辑运算，这时就需要使用到运算符号，下面我们就来看看运算符号及用法。

11.2.1 运算符号

1. 比较运算符

比较运算符用来判断条件式两边的操作数是否相等、大于或小于等。表 11-2 为常用的比较运算符。

表 11-2 常用的比较运算符

比较运算符	说明	范例
>	左边值大于右边值则成立	a > b
<	左边值小于右边值则成立	a < b
==	左右两边相等则成立	a = = b
!=	左右两边不相等则成立	a != b
>=	左边值大于或等于右边值则成立	a >= b
<=	左边值小于或等于右边值则成立	a <= b

2. 算术运算符

表 11-3 所示的算术运算符是最简单、最常用的运算符，所以有时也称它们为简单运算符，可以使用它们进行通用的数学计算。

表 11-3 算术运算符

算术运算符	说明	范例
+	加	a+b
-	减	a-b
*	乘	a*b

（续表）

算术运算符	说明	范例
/	除	a/b
%	取余数	a%b
--	递减	a--(先传回 a，然后 a 减 1) --a(a 先减 1，然后传回 a)
++	递增	a++(先传回 a，然后 a 加 1) ++a(a 先加 1，然后传回 a)

3．逻辑运算符

逻辑运算符通常用于执行布尔运算，它们常和比较运算符一起来表示复杂比较运算，这些运算涉及的变量通常不止一个，而且常用于 if、while 和 for 语句中。表 11-4 中列出了 JavaScript 支持的逻辑运算符。

表 11-4　逻辑运算符

<table>
<tr><th>运算符</th><th>说明</th><th>示例</th></tr>
<tr><td>&&</td><td>逻辑与，若两边表达式的值都为 true，则返回 true；任意一个值为 false，则返回 false</td><td>100>60 &&100<200 返回 true
100>50&&10>100 返回 false</td></tr>
<tr><td>||</td><td>逻辑或，只有表达式的值都为 false 时，才返回 false</td><td>100>60||10>100 返回 true
100>600||50>60 返回 false</td></tr>
<tr><td>!</td><td>逻辑非，若表达式的值为 true，则返回 false，否则返 true</td><td>!(100>60)返回 false
!(100>600)返回 true</td></tr>
</table>

4．指派运算符

指派运算符的作用是将数据值指派给变量，例如：

```
a = 5;
```

除了单一的指派运算符外，指派运算符可与其他的运算符结合成为复合的指派运算符，例如：

```
a += 5;       //相当于 a = a + 5
a -= 5;       //相当于 a = a - 5
```

5．字符串

“+”号可以用来连接两个字符串。

```
a = "abc" + "def";    //a 等于 abcdef
```

如果表达式中既有数字也有字符串，那么只要其中有值是字符串，该字符串后的值就会转换成字符串，然后连接起来，例如：

```
var a = 3 + 10 + "abc";    //a 等于 13abc
```

```
var b = "abc" + 3 + 10;    //b 等于 abc310
```

11.2.2 if…else 语句

if…else 语句的作用是判断条件式语句是否成立，当条件成立（true）时执行 if 里的其他语句，条件不成立（false，或用 0 表示）时执行 else 的语句。

if…else 条件式的语法如下：

```
if(条件判断式){
    //如果条件成立，就执行这里面的语句
}else{
    //如果条件不成立，就执行这里面的语句
}
```

例如，要判断 a 变量的内容是否大于或等于 b 变量，条件式就可以这样写：

```
if(a>=b){
    //如果 a 大于等于 b，就执行这里面的语句
}else{
    //如果 a“不”大于或等于 b，就执行这里面的语句
}
```

如果条件不成立时不执行任何语句，就可以省略 else 语句，如下所示。

```
if(条件判断式){
    //如果条件成立，就执行这里面的语句
}
```

此外，如果条件判断式不止一个，就可以在 else 语句后面再加上 if 条件式，如下所示。

```
if(a==b){
   //如果 a 等于 b，就执行这里面的语句
}else if(a>b){
//如果 a 大于 b，就执行这里面的语句
}else if(a<b){
//如果 a 小于 b，就执行这里面的语句
}
```

11.2.3 for 循环

当程序需要重复执行某些命令时，利用 for 循环就可以达成，语句架构如下：

```
for (起始值 ; 条件判断式 ; 增减值) {
//如果条件成立，就执行这里面的语句
}
```

例如，想要显示 1 到 10 的数字，可以写成如下语句：

```
for (i=1; i<=10; i++) {
    document.write( i + "<br>");
}
```

i 的起始值是 1，当 i 小于或等于 10 的时候就会执行循环里的语句，每一次执行完 for 循环里的语句之后 i 就加 1，当 i 大于 10 时不符合条件判断式，这时候就会跳离 for 循环。

for 循环里面还可以再加入 for 循环，称为嵌套循环。下面的范例将利用两个 for 循环制作九九表。

范例：ch11_04.htm

```
<script type="text/javascript">
<!--
document.write('<table border=0>');
for(j = 1; j < 10; j++) {
    document.write('<tr>');
    for(i = 2; i < 10; i++) {
        var tmp = i * j;
        document.write("<td style='width:80px;'>" + i + "*" + j + " = " + tmp
+ "</td>");
    }
    document.write( "</tr>" );
}
document.write('</table>');

//-->
</script>
```

执行结果如图 11-5 所示。

2*1 = 2	3*1 = 3	4*1 = 4	5*1 = 5	6*1 = 6	7*1 = 7	8*1 = 8	9*1 = 9
2*2 = 4	3*2 = 6	4*2 = 8	5*2 = 10	6*2 = 12	7*2 = 14	8*2 = 16	9*2 = 18
2*3 = 6	3*3 = 9	4*3 = 12	5*3 = 15	6*3 = 18	7*3 = 21	8*3 = 24	9*3 = 27
2*4 = 8	3*4 = 12	4*4 = 16	5*4 = 20	6*4 = 24	7*4 = 28	8*4 = 32	9*4 = 36
2*5 = 10	3*5 = 15	4*5 = 20	5*5 = 25	6*5 = 30	7*5 = 35	8*5 = 40	9*5 = 45
2*6 = 12	3*6 = 18	4*6 = 24	5*6 = 30	6*6 = 36	7*6 = 42	8*6 = 48	9*6 = 54
2*7 = 14	3*7 = 21	4*7 = 28	5*7 = 35	6*7 = 42	7*7 = 49	8*7 = 56	9*7 = 63
2*8 = 16	3*8 = 24	4*8 = 32	5*8 = 40	6*8 = 48	7*8 = 56	8*8 = 64	9*8 = 72
2*9 = 18	3*9 = 27	4*9 = 36	5*9 = 45	6*9 = 54	7*9 = 63	8*9 = 72	9*9 = 81

图 11-5　九九表

本章小结

1. JavaScript 是一种客户端的直译式脚本（Script）程序语言，使用于 HTML 网页，主要是让 HTML 网页增加动态与互动效果。

2. JavaScript 的声明方式为<script type="text/javascript"></script>。

3. JavaScript 程序代码的位置可以放在 HTML 的<head></head>标记中，也可以放在<body></body>标记中。

4. 如果想要在一开始显示网页时就执行 JavaScript 程序，那么程序的内容就必须写在<head>和</head>标记里面。

5. 如果希望 JavaScript 依照网页加载顺序依序执行显示，就可以将程序写在<body>和</body>标记之中。

6. JavaScript 和 HTML 整合的方式是通过“事件处理过程（Event Handler）”完成的，也就是先对对象设置事件的函数，当事件发生时，指定的函数就会被驱动执行。

7. JavaScript 是基于对象（Object-based）的语言。其对于对象的处理，属于阶梯式的架构，这个阶梯以 window 为顶层，window 内还包含了许多其他的对象，例如框架（frame）、文档（document）等，文件中可能还会有图片（image）、表单（form）、按钮（button）等对象。

8. 函数就是程序设计师所撰写的一份程序代码，可以被不同的对象、事件重复调用。

9. 函数的操作有两个步骤：定义函数、调用函数。

10. “事件”（Event）是由使用者的操作或系统所引发的信号。举例来说，使用者单击鼠标键、提交表单或者浏览器加载网页等，这些操作就会产生特定的事件。这种工作模式就叫做事件处理（Event Handling），而负责处理事件的过程就称为事件处理过程（Event Handler）。

11. addEventListener()函数是用来注册事件的处理函数。

12. JavaScript 用“+”号来连接字符串。

13. if...else 条件式的作用是判断条件式是否成立，当条件成立（true）时执行 if 里的语句，当条件不成立（false，或用 0 表示）时执行 else 的语句。

14. 当程序需要重复执行某些命令时，利用 for 循环就可以达成。

15. for 循环里面还可以再加入 for 循环，称为嵌套循环。

习　题

一、选择题

1. JavaScript 的声明使用________标记。

（A）slide　（B）scroll　（C）small　（D）script

2. 使用 JavaScript 在网页中输出“hello”，以下程序代码________可行。

（A）window.write("hello")　（B）document.write("hello")

（C）window.document.print("hello")　（D）document.print("hello")

3. 执行以下 JavaScript 程序代码，对话窗口显示的 z 值是________。

```
<script type="text/javascript">
var x=6;
var y=4;
```

```
var z=(x+2)/y;
alert(z);
</script>
```

（A）2.5　　（B）2　　（C）3　　（D）62/4

4. 执行以下 JavaScript 程序代码，当 num 传入 65 时将传回__________。

```
<script type="text/javascript">
function showNum( num ) {
    if ( num < 30 ) {
        return 'small';
    } else if ( num >= 30 && num < 100 ) {
        return 'medium';
    } else if ( num >= 100 ) {
        return 'large';
    }
}
</script>
```

（A）small　　（B）medium　　（C）large　　（D）error

5. 执行以下 JavaScript 程序代码，对话窗口依序会显示________。

```
<script type="text/javascript">
var a = 10;
var b = 20;
var c = 10;
alert(a = b);
alert(a == b);
alert(a == c);
</script>
```

（A）10,false,true　　（B）10,true,false　　（C）20,true,false　　（D）20,false,true

二、操作题

请用 JavaScript 的 for 循环将 1+3+5+...+15 表达式及计算结果，利用 alert 方法显示出来，结果如图 11-6 所示。(练习文件：ex11_01.htm。)

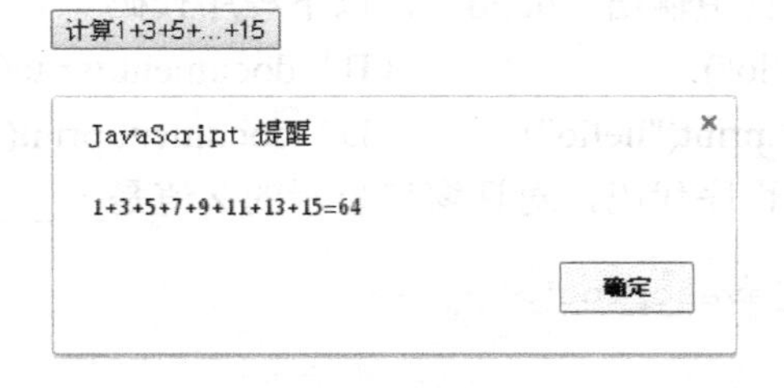

图 11-6　习题文件

第 12 章 canvas 在线绘图

HTML5 新增了 canvas 标记，不需要任何插件，就可以在网页上绘图，简单来说，canvas 就像一块绘图板一样，而画笔就是 JavaScript 语句，两者搭配就可以达到在网页上绘图、组合影像或者制作简单的动画效果。

12.1 认识 canvas

通过<canvas>可以绘制点、直线、矩形、圆形和文字，下面看看 canvas 标记的用法。

12.1.1 基本 canvas 语法

<canvas>标记语法与<img>语法类似，不过<img>是单一标记，<canvas>必须有结束标记</canvas>，语法如下：

```
<canvas id="myCanvas" width="200" height="100"></canvas>
```

<canvas>标记并不是每种浏览器都支持，因此我们可以在<canvas></canvas>标记中添加提示文字，在不支持<canvas>标记的浏览器中才会显示出来。

<canvas>标记只有两个属性，即 width 和 height，分别用来设置宽度和高度，单位是像素（pixel）。如果不指定宽和高，则默认宽为 300 像素，高为 150 像素。

创建了 canvas 标记就等于创建了一个固定大小的绘图区，接着就可以使用 JavaScript 开始绘制图形了。

下面通过范例逐步说明 canvas 绘图方法。

范例：ch12_01.htm

```
<!DOCTYPE html>
<html>
<head>
<meta charset="utf-8">
<title>ch12_01</title>

<script type="text/javascript">
function draw(){
  var canvas = document.getElementById('myCanvas');
  if (canvas.getContext){
```

```
    var ctx = canvas.getContext('2d');

     ctx.fillStyle = "#FF0000";
     ctx.fillRect (0,0,150,75);

     ctx.fillStyle = "rgba(0,0,200,0.5)";
     ctx.fillRect (50,30,150,75);

  }
}
</script>
 <!--style 标记内是 CSS 语法-->
<style type="text/css">
    canvas { border: 1px solid black; }  //将边框线设为 1px
</style>
</head>
<body onload="draw();">
   <canvas id="myCanvas"></canvas>
</body>
</html>
```

执行结果如图 12-1 所示。

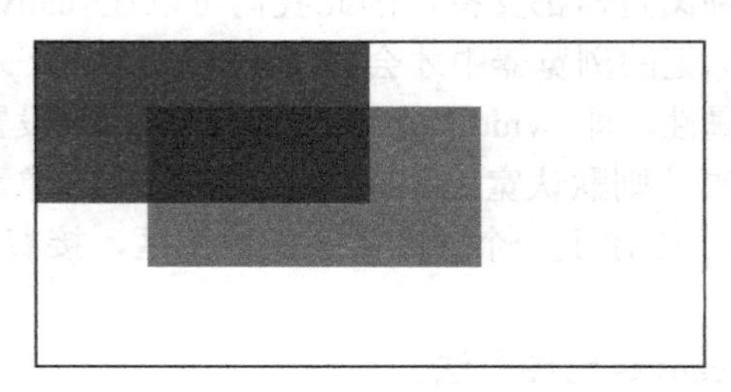

图 12-1　绘制图形

为了让读者看出 canvas 绘图区，使用了 CSS 语法为 canvas 绘图区添加边框。我们没有指定宽和高，所以绘图区会默认宽为 300 像素、高为 150 像素。

<canvas>创建的绘图区一开始是空白的，首先需要使用 JavaScript 的 getElementById 获取 DOM 的 canvas 元素（element）。

```
var canvas = document.getElementById('myCanvas');
```

为了避免不支持 canvas 的浏览器运行 script 时出现错误，可以先用 if 条件测试是否能获取 canvas 的 getContext 方法。

```
if (canvas.getContext){
```

```
    //当 getContext 存在时，会执行这里的语句
}else{
    //当 getContext 不存在时，会执行这里的语句
}
```

接着，创建 2D context 对象。

```
var ctx = canvas.getContext('2d');
```

上面的代码声明一个 2D context 对象并指定给变量 ctx。

JavaScript 用 var 语句来声明变量，可以自定义变量名称，只要遵守下列规则即可。

- 第一个字符必须是字母（大小写都可以）或者下划线（_）。
- 区分大小写，例如 Abc 与 abc 会视为不同的变量。
- 变量名不能用 JavaScript 保留字。所谓保留字，是指已经被 JavaScript 函数或命令语句使用的字，例如 break、else、this 等。

canvas 绘图方式是预先定义好图形的样式之后再绘制到绘图区，范例中使用 fillStyle 属性指定图形的颜色为红色。

```
ctx.fillStyle = "#FF0000";
```

第二个矩形颜色为半透明的蓝色。

```
ctx.fillStyle = "rgba(0,0,200,0.5)";
```

颜色的设置方法请参考第 12.2 节“设置图形样式”。

fillRect 属性用于绘制矩形且指定绘制方向和大小。

```
ctx.fillRect (0,0,150,75);
```

（0,0,150,75）这 4 个数值分别代表矩形的起始点坐标（x,y）、宽（width）和高（height），上述代码会在 canvas 绘图区以（0,0）为起点绘制一个 150×75 的矩形。

（x,y）坐标可以定义起始点，如图 12-2 所示。

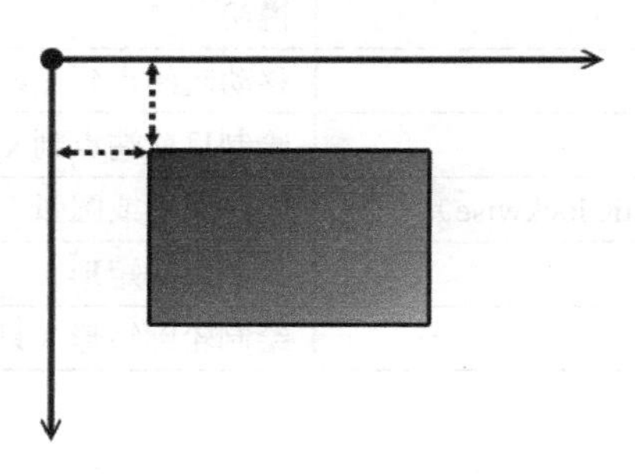

图 12-2　起始坐标

范例 ch12-01 中绘制了两个矩形，一个起始点在（0,0），另一个起始点在（50,30），当打开网页时触发了 onload 事件，运行 JavaScript 的 draw()函数完成绘制操作。

学习小教室

认识 HTML DOM

DOM 的全名为 Document Object Model（文档对象模型），是 W3C 组织推广的 JavaScript 接口标准，各种浏览器都根据此标准构建对象，让 JavaScript 程序可以直接使用。简单来说，HTML 文件中的每个标记（tag）都可以视为一个对象，DOM 就像 HTML 文件的对象架构图，利用 JavaScript 可以取得 DOM 中的元素（element）或节点（node），例如，<body>就是 HTML 文件中的一个元素。

想使用 JavaScript 取得 HTML 文件中的元素，可以采用 getElementById 方法，首先必须指定组件的 id 值：

```
<canvas id="myCanvas"></canvas>
```

JavaScript 就可以用 getElementById 方法取得 myCanvas 元素了：

```
document.getElementById('myCanvas');
```

一个 HTML 文件中不能使用重复的 id。

12.1.2 绘制各种图形

前面已经介绍过 canvas 的基本用法，本节再来看看如何绘制线条、矩形、三角形与圆形。绘制图形有 4 个步骤，对每个步骤调用的方法整理如下。

01 开始新路径

方法	说明
beginPath()	开始新路径

02 设置路径

方法	说明
moveTo（x,y）	移动起始点到 x,y
lineTo（x,y）	绘制目前端点到 x,y 的直线
arc（x,y, r, startAngle, endAngle, antiClockwise）	绘制圆形或圆弧
fillRect（x,y,width,height）	绘制填满矩形
strokeRect（x,y,width,height）	绘制轮廓矩形（只有边框，不填充颜色）

03 将路径头尾相连

方法	说明
closePath()	关闭路径

04 将路径绘制到 canvas 绘图区

方法	说明
Stroke()	绘制边框
Fill()	填充图形

下面我们就通过范例来绘制直线、圆形和矩形。

1. 绘制直线

范例：ch12_02.htm

```
<!DOCTYPE html>
<html>
<head>
<meta charset="utf-8">
<title>ch12_02</title>

<script type="text/javascript">

function drawline(){

    var canvas = document.getElementById('myCanvas');
    var ctx = canvas.getContext('2d');

    //开始绘图
    ctx.strokeStyle="#ff0066";    //设置边框颜色
    ctx.beginPath();              //路径开始
    ctx.moveTo(50, 50);           //将起始点移到(50,50)
    ctx.lineTo(150, 50);          //线条端点(150,50)
    ctx.lineTo(200, 100);         //线条端点(200,100)
    ctx.lineTo(350, 100);         //线条端点(350,100)
    ctx.stroke();                 //绘出边框
  }

</script>
 <!--style 标记内是 CSS 语法-->
<style type="text/css">
     canvas { border: 1px solid black; }  //将边框线设为 1px
```

```
</style>
</head>
<body>

<input type="button" value=" 画 线 " onclick="drawline();"><br />
<canvas id="myCanvas" width="400" height="200"></canvas>

</body>
</html>
```

执行结果如图 12-3 所示。

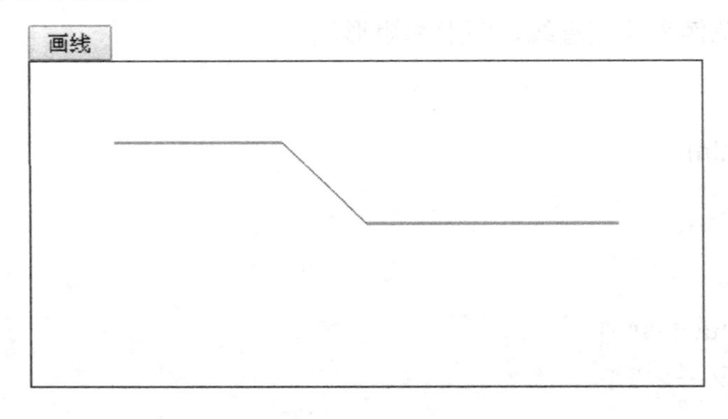

图 12-3　绘制直线

lineTo()是绘制直线的方法，从当前端点到（x,y）坐标点呈直线，直线的（x,y）坐标点也是下一条直线的起点，如图 12-4 所示。

图 12-4　标识线条的端点

如果下一条直线的起始点要从别的地方画起，只要用 moveto()方法移动起始点位置就可以了。

2. 绘制圆形

绘制圆形和圆弧都使用 arc()方法，其语法如下：

```
arc(x,y, r, startAngle, endAngle, antiClockwise)
```

Arc()方法是从（x,y）位置画出半径为 r 的圆形，startAngle 及 endAngle 决定圆弧的起点角度与终点角度，antiClockwise 参数设置是否以逆时针方向绘图，逆时针为 true；顺时针为 false。

JavaScript 中以数学常量 Math.PI 表示圆周率（π），arc()方法的角度（degrees）必须以弧度（radians）表示，因此必须先将角度转换为弧度，计算方式可以参考下面的公式：

```
radians = degrees * Math.PI/180
```

arc()方法描绘的弧线就是起始角度与结束角度之间形成的弧，如果要画 360° 的圆，终点角度就是 Math.PI*2，如图 12-5 所示。

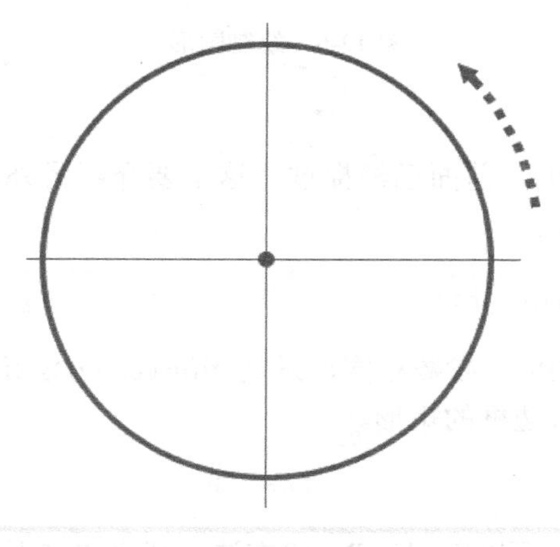

图 12-5 绘制弧线

范例：ch12_03.htm

```
function drawCircle(){
    var canvas = document.getElementById('myCanvas');
    var ctx = canvas.getContext('2d');
    //开始绘图*******圆
    ctx.strokeStyle="#336600";    //设置边框颜色
    ctx.lineWidth=10;              //设置线条宽度
   ctx.fillStyle="#FF0000";      //设置填充颜色
    ctx.beginPath();              //路径开始
    ctx.arc(100,100,50,0,Math.PI*2,true);  //起始点为(100,100)、半径为 50 的圆
    ctx.closePath();              //关闭路径
    ctx.fill();                  //绘制填充图形
    ctx.stroke();                 //绘制边框
 }
```

执行结果如图 12-6 所示。

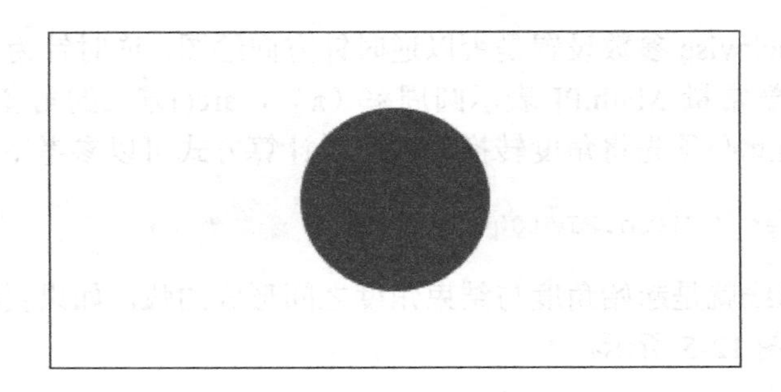

图 12-6　绘制圆形

3. 绘制矩形

矩形的绘制方法 fillRect()在前面已经提过，这里要介绍另外一种绘制只有边框的矩形的 strokeRect()方法，其语法如下：

```
strokeRect(x,y,width,height)
```

strokeRect()的参数与 fillRect 参数相同，只是 fillRect()方法绘制的是填充颜色的矩形；而 strokeRect()方法绘制的是只有边框的矩形。

4. 清除指定的矩形区域

要清除绘图区内的图形，可以用 clearRect()方法，其语法如下：

```
clearRect(x, y, width, height)
```

下面的范例创建了 5 个按钮，分别在各个按钮上指定了直线、圆形、填充矩形以及边框矩形等图形的绘制，“清除图形”按钮用来清除绘图区，请读者尝试练习。

范例：ch12_04.htm

```
<!DOCTYPE html>
<html>
<head>
<meta charset="utf-8">
<title>ch12_04</title>

<script type="text/javascript">

function drawline(){
    var canvas = document.getElementById('myCanvas');
    var ctx = canvas.getContext('2d');
    //开始绘图*******直线
    ctx.strokeStyle="#ff0066";    //设置边框颜色
   ctx.beginPath();             //路径开始
   ctx.moveTo(50, 50);          //将起始点移到(50,50)
```

```
    ctx.lineTo(150, 50);          //线条终点(150,50)
    ctx.lineTo(200, 100);         //线条终点(200,100)
    ctx.lineTo(350, 100);         //线条终点(350,100)
    ctx.stroke();                 //绘制边框
  }
  function drawCircle(){
    var canvas = document.getElementById('myCanvas');
    var ctx = canvas.getContext('2d');
    //开始绘图*******圆
    ctx.strokeStyle="#336600";    //设置边框颜色
    ctx.lineWidth=10;             //设置线条宽度
    ctx.fillStyle="#FF0000";      //设置填充颜色
    ctx.beginPath();              //路径开始
    ctx.arc(100,100,50,0,Math.PI*2,true);  //起始点为(100,100)、半径为50的圆
    ctx.closePath();              //关闭路径
    ctx.fill();                   //绘制填充图形
    ctx.stroke();                 //绘制边框
  }
  function drawRect(){
    var canvas = document.getElementById('myCanvas');
    var ctx = canvas.getContext('2d');
    //开始绘图*******填充矩形
    ctx.fillStyle="#FF0000";      //设置填充颜色
    ctx.fillRect(50,50,100,80);  //起始点为(50,50)、长为100、宽为80的填充矩形
  }
  function drawStrRect(){
    var canvas = document.getElementById('myCanvas');
    var ctx = canvas.getContext('2d');
    //开始绘图*******边框矩形
    ctx.strokeStyle="#006633";    //设置边框颜色
    ctx.strokeRect(200,50,100,80);//起始点为(200,50)、长为100、宽为80的边框矩形
  }
  function clearDraw (){
    var canvas = document.getElementById('myCanvas');
    var ctx = canvas.getContext('2d');
    //清除图形
    ctx.clearRect(0,0,400,200);
  }
</script>
<!--style标记内是CSS语法-->
<style type="text/css">
    canvas { border: 1px solid black; }  //将边框线设为1px
```

```
</style>
</head>
<body>

<input type="button" value=" 画 线 " onclick="drawline();">
<input type="button" value=" 画 圆 " onclick="drawCircle();">
<input type="button" value="填充矩形" onclick="drawRect();">
<input type="button" value="边框矩形" onclick="drawStrRect();">
<input type="button" value="清除图形" onclick="clearDraw();">
<p>
<canvas id="myCanvas" width="400" height="200"></canvas>

</body>
</html>
```

执行结果如图 12-7 所示。

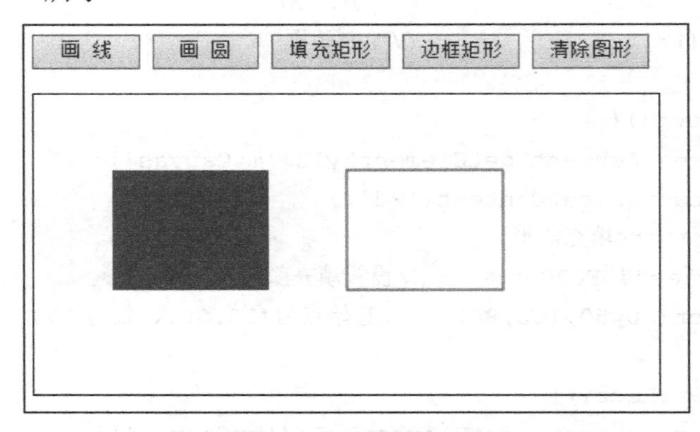

图 12-7　绘制不同的图形

单击不同的按钮时，就会在绘图区绘制出对应的图形，单击“清除图形”按钮，就会将绘图区的图形清除。

12.2　设置图形样式

通过 canvas 绘制图形必须先指定图形的线条粗细与颜色，如果不指定，就默认以黑色进行绘制，现在看看如何指定图形样式。

12.2.1　指定图形颜色

如果要绘制填充图形，那么必须使用 fillStyle()属性指定填充颜色。如果要绘制线条或外框，就必须使用 strokeStyle()属性来指定边框颜色。

在这里颜色有 3 种表示方式：一种是用颜色名称表示，例如 black 代表黑色、red 代表红色、blue 代表蓝色；另一种是用“＃”号加上 RGB 的十六进制（HEX）组成网页颜色代码（简称

HEX 码），例如标准的红色可以用 red 表示，也可以用“#FF0000”表示；还有一种方式是使用原来的 RGB 加上透明度（alpha）的 RGBA 格式。

1. 以颜色名称来表示

第一种方法就是在颜色属性值中输入颜色的英文名称，如下所示：

```
fillStyle="red ";
```

下面列出常用颜色的颜色名称和颜色代码，如表 12-1 所示。

表 12-1　常用颜色的颜色名称和颜色代码

颜色	颜色名称	颜色代码	颜色	颜色名称	颜色代码
黑色	black	#000000	栗色	maroon	#800000
深蓝色	navy	#000080	紫色	purple	#800080
绿色	green	#008000	橄榄色	olive	#808000
墨绿色	teal	#008080	灰色	gray	#808080
银灰色	silver	#c0c0c0	红色	red	#ff0000
蓝色	blue	#0000ff	紫红色	fuchsia	#ff00ff
浅绿色	lime	#00ff00	黄色	yellow	#ffff00
青色	aqua	#00ffff	白色	white	#ffffff

2. 以颜色代码（HEX 码）来表示

网页颜色代码是由“#”号加上 RGB 的十六进制（HEX）表示的，如下所示：

```
fillStyle="#FF0000";
```

RGB 是 Red（红色）、Green（绿色）、Blue（蓝色）的缩写。RGB 每个原色的最小值是 0，最大值是 255，如果转换算成十六进制（HEX）就是“00”与“FF”。

例如，白色是 RGB（255,255,255），转换成网页颜色代码就是“#FFFFFF”。

R（红色）的 HEX 值

#FF FF FF ← B（蓝色）的 HEX 值

G（绿色）的 HEX 值

3. 以 RGBA 来表示

RGBA 是原本的 RGB 颜色再加上透明度（alpha），格式如下：

```
rgba(red, green, blue, alpha)
```

red、green、blue 可以是 0~255 的整数值，与一般 8 位颜色的十进制值相同，alpha 可以是 0.0~1.0 的数值，0 代表完全透明，1 代表完全不透明，0.3 则表示透明度 30%。若想要蓝色透明度 50%，则可以如下表示：

```
rgba(0, 0, 255, 0.5)
```

不管是使用颜色名称还是颜色代码，想要随心所欲地找出颜色，还是有点难度的，建议读者借助选择网页颜色的辅助工具帮忙。

下面笔者推荐几个好用的选色工具。

4. ColorPicker 网页

网址为 http://www.pagetutor.com/colorpicker/index.html。

ColorPicker 网页提供了好用的颜色选择器，通过它可以快速找到想要的颜色代码，还可以在右侧窗口中预览应用该颜色的效果，如图 12-8 所示。

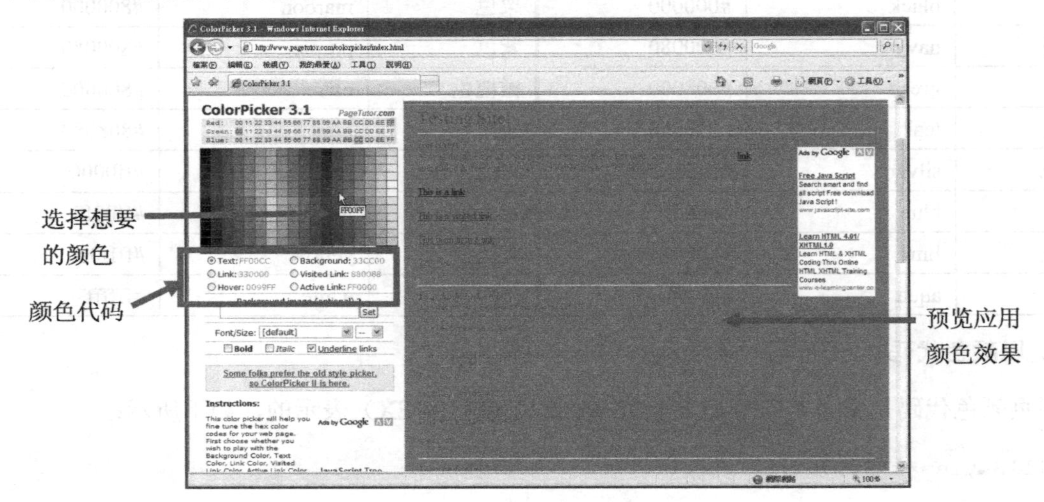

图 12-8　网页预览颜色

5. ColorPic 软件工具

ColorPic 是免费的软件，网址为 http://iconico.com/colorpic/。

ColorPic 是挑选颜色的好帮手，不仅可以挑选色板上的颜色，还可以获取计算机屏幕上任意位置的颜色。使用方法很简单，只要打开软件之后，单击一个空白的小方框，再移动鼠标光标，就可以看到颜色的 HEX 码。

这时如果要将颜色获取到小方框中，只要按下键盘的 Ctrl+G 组合键就可以了，最多可以获取 16 种颜色，如图 12-9 所示。

图 12-9　获取网页颜色

12.2.2　指定线条粗细

lineWidth()属性用来指定线条宽度，单位是像素（pixel），下面表示 10 像素宽的线条：

```
context.lineWidth="10"
```

lineCap 属性用来指定线条的端点样式，属性值有 butt、round 和 square，默认是 butt。

```
context.lineCap =" butt"
```

图 12-10 所示为分别使用 butt、round 及 square 模式绘制的线段，在线段起点和终点加了两条垂直参考线，让你可以清楚看出这 3 种样式的不同，round 模式的端点呈现半圆；square 模式会突出线条宽度的一半。

图 12-10　绘制不同的线条样式

下面我们就来实际应用线条样式。

范例：ch12_05.htm

```
<!DOCTYPE html>
<html>
<head>
<meta charset="utf-8">
<title>ch12_05</title>

<script type="text/javascript">

function drawline(){
    var canvas = document.getElementById('myCanvas');
    var ctx = canvas.getContext('2d');
    ctx.strokeStyle="#3300cc";    //设置边框颜色
    //用循环画出 10 条直线
    for (i = 0; i < 10; i++){
        ctx.lineWidth = 1+i;        //设置线条宽度
        ctx.beginPath();
        ctx.moveTo(20+i*15,20);
        ctx.lineTo(20+i*15,170);
        ctx.stroke();
    }

    ctx.lineWidth="20"   //设置线条宽度
    ctx.strokeStyle="#ff0066"; //设置边框颜色

    ctx.beginPath();
   ctx.moveTo(200, 50);
    ctx.lineCap="butt";
   ctx.lineTo(350, 50);
    ctx.stroke();

   ctx.beginPath();
    ctx.moveTo(200, 100);
    ctx.lineCap="round";
    ctx.lineTo(350, 100);
    ctx.stroke();

   ctx.beginPath();
    ctx.moveTo(200, 150);
    ctx.lineCap="square";
    ctx.lineTo(350, 150);
```

```
        ctx.stroke();
    }

</script>
 <!--style 标记内是 CSS 语法-->
<style type="text/css">
     canvas { border: 1px solid black; } //将边框线设为 1px
</style>
</head>
<body>

<input type="button" value=" 画 线 " onclick="drawline();">
<p>
<canvas id="myCanvas" width="400" height="200"></canvas>

</body>
</html>
```

执行结果如图 12-11 所示。

图 12-11　绘制不同样式的线条

从这个范例可以发现，当我们想要绘制新的图形时，必须先使用 beginPath()方法，把先前的设置丢弃，再开始绘制新图。否则，当程序运行到 stroke()时会将所有图形重画一次。以这个范例来说，如果不使用 beginPath()方法，会以最后设置的线条宽度和颜色绘制，运行结果如图 12-12 所示。

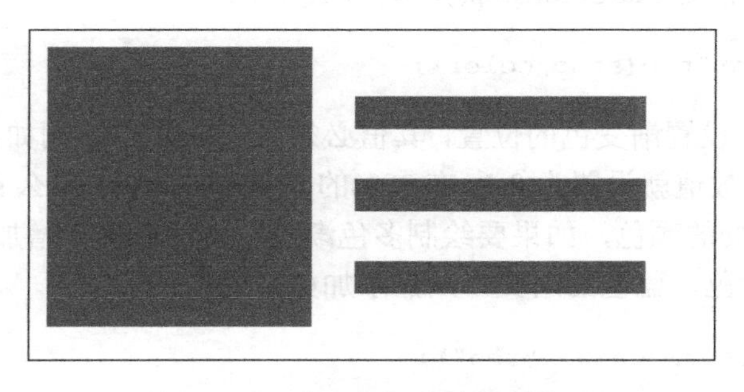

图 12-12　未添加函数的绘制效果

12.2.3 渐变填充

canvas 不仅可以做到渐变的效果，还可以指定线性渐变或圆形渐变。

1. 线性渐变

首先必须先使用 createLinearGradient 方法创建 Linear Gradient 对象，之后再用 addColorStop 方法添加渐变色，并指定给 fillStyle 或 strokeStyle 属性使用，语法如下：

```
//声明 Linear Gradient 对象
var my_gradient=context.createLinearGradient(0,0,0,170);
//设置渐变颜色
my_gradient.addColorStop(0, "#ff0000");
my_gradient.addColorStop(1, "#ffe1ff");
//将渐变色指定给 fillStyle
context.fillStyle=my_gradient;
```

2. 声明 Linear Gradient 对象

声明 Linear Gradient 对象的语法如下：

```
context.createLinearGradient(xS,yS,xE,yE);
```

（xS,yS）是渐变起点的坐标，（xE,yE）是渐变终点的坐标，改变起点与终点坐标就可以调整渐变的方向，如图 12-13 所示。

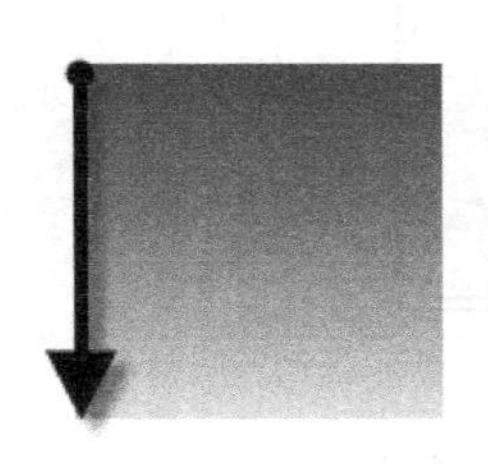

图 12-13　渐变方向

3. 设置渐变颜色

设置渐变颜色的方法是 addColorStop()，其语法如下：

```
gradient.addColorStop(stop,color);
```

参数中的 stop 用来设置渐变色的位置，其值必须介于 0.0~1.0。例如，渐变想要在图形中间变换颜色，那么 stop 参数值就设置为 0.5；在 30%的位置变换颜色，那么 stop 参数值就设为 0.3。参数 color 用来指定渐变的颜色，如果要绘制多色渐变，就可以依次增加 addColorStop()方法。例如，要绘制红色、绿色、蓝色的渐变，只需添加如下语句：

```
gradient.addColorStop(0, "red");
gradient.addColorStop(0.5, "green");
```

```
gradient.addColorStop(1, "blue");
```

范例：ch12_06.htm

```
<!DOCTYPE html>
<html>
<head>
<meta charset="utf-8">
<title>ch12_06</title>

<script type="text/javascript">

function draw() {
    var canvas = document.getElementById('myCanvas');
    var ctx = canvas.getContext('2d');

  // 建立渐变
  var lingrad = ctx.createLinearGradient(0,0,150,150);
  lingrad.addColorStop(0, "#FF0000");
  lingrad.addColorStop(0.5, "#00FF00");
  lingrad.addColorStop(1, "#0000FF");

  // 分配渐变给填充和边框线样式
  ctx.fillStyle = lingrad;
  ctx.fillRect(10,10,130,130);

}



</script>
 <!--style 标记内是 CSS 语法-->
<style type="text/css">
     canvas { border: 1px solid black; }  //将边框线设为 1px
</style>
</head>
<body>

<input type="button" value=" 渐变 " onclick="draw();">
<p>
<canvas id="myCanvas" width="150" height="150"></canvas>

</body>
</html>
```

执行结果如图 12-14 所示。

图 12-14 渐变效果

4. 圆形渐变

圆形渐变必须先使用 createRadialGradient 方法创建 Radial Gradient 对象，之后同样再用 addColorStop 方法添加渐变色并指定给 fillStyle 或 strokeStyle 属性使用，其语法如下：

```
context.createRadialGradient(xS,yS,rS,xE,yE,rE);
```

前 3 个参数定义渐变起点的坐标(xS,yS)和半径 rS，后 3 个参数定义渐变终点的坐标(xE,yE)和半径 rE，例如：

```
context.createRadialGradient(200, 200, 50, 200, 200, 150);
```

上式表示渐变起点与终点都在（200,200）坐标，起点半径 rS=50，终点半径 rE=150，如图 12-15 所示。

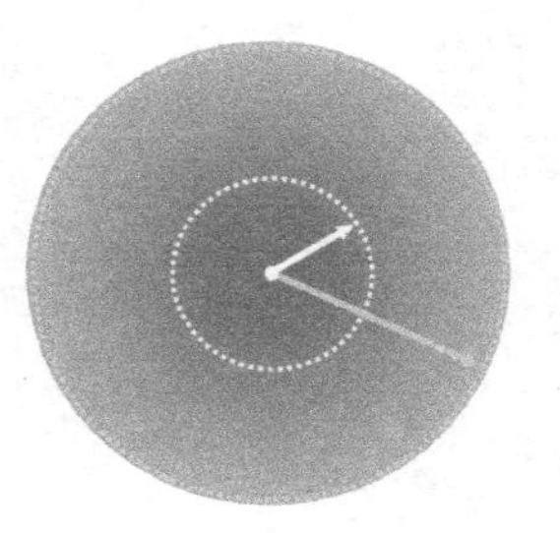

图 12-15 圆形渐变

渐变有多种颜色，同样可以使用 addColorStop()方法指定颜色。addColorStop()方法前面已经介绍过，在此不再赘述。下面直接通过范例来练习圆形渐变的用法。

范例：ch12_07.htm

```
<!DOCTYPE html>
<html>
<head>
<meta charset="utf-8">
<title>ch12_07</title>
```

```
<script type="text/javascript">

function drawCircle() {
    var canvas = document.getElementById('myCanvas');
    var ctx = canvas.getContext('2d');
//渐变样式声明
    //圆 A
  var radgradA = ctx.createRadialGradient(15,15,0,15,15,40);
  radgradA.addColorStop(0, '#006600');
  radgradA.addColorStop(0.7, '#99ff66');
  radgradA.addColorStop(1, 'rgba(0,255,0,0)');
    //圆 B
  var radgradB = ctx.createRadialGradient(60,70,0,60,80,50);
  radgradB.addColorStop(0, '#ff00ff');
  radgradB.addColorStop(0.5, '#cc00ff');
  radgradB.addColorStop(1, 'rgba(255,0,128,0)');
    //圆 C
  var radgradC = ctx.createRadialGradient(170,120,0,150,130,80);
  radgradC.addColorStop(0, '#ffffff');
  radgradC.addColorStop(0.6, '#6666ff');
  radgradC.addColorStop(1, 'rgba(0,201,255,0)');
    //圆 D
  var radgradD = ctx.createRadialGradient(180,60,0,180,60,100);
  radgradD.addColorStop(0, '#F4F201');
  radgradD.addColorStop(1, 'rgba(228,199,0,0)');

//开始绘图
   //圆 D
  ctx.fillStyle = radgradD;
  ctx.beginPath();
  ctx.arc(180, 60, 100, 0, Math.PI*2, true);
  ctx.closePath();
  ctx.fill();
   //圆 A
  ctx.fillStyle = radgradA;
  ctx.beginPath();
  ctx.arc(15, 15, 40, 0, Math.PI*2, true);
  ctx.closePath();
  ctx.fill();
    //圆 B
  ctx.fillStyle = radgradB;
  ctx.beginPath();
```

```
  ctx.arc(60, 70, 50, 0, Math.PI*2, true);
  ctx.closePath();
  ctx.fill();
    //圆 C
  ctx.fillStyle = radgradC;
  ctx.beginPath();
  ctx.arc(150, 130, 40, 0, Math.PI*2, true);
  ctx.closePath();
  ctx.fill();

}

</script>
 <!--style 标记内是 CSS 语法-->
<style type="text/css">
     canvas { border: 1px solid black; }  //将边框线设为 1px
</style>
</head>
<body>

<input type="button" value=" 圆形渐变 " onclick="drawCircle();">
<p>
<canvas id="myCanvas" width="230" height="200"></canvas>

</body>
</html>
```

执行结果如图 12-16 所示。

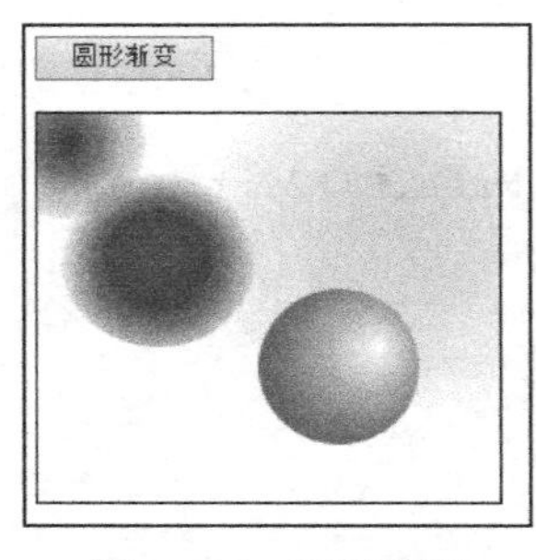

图 12-16 圆形渐变

本章小结

1. HTML5 新增了 canvas 标记，不需要任何外挂程序，就可以在网页绘图，简单来说，canvas 就像一块绘图板一样，而画笔就是 JavaScript 语法，两者搭配就可以达到在网页上绘图、组合影像，或做简单的动画的效果。

2. <canvas>可以绘制点、直线、矩形、圆形及文字。

3. <canvas> 标记只有两个属性，width 和 height，分别用来设置宽度及高度。

4. DOM 的全名为 Document Object Model(文件对象模型)，是 W3C 组织所推广的 JavaScript 接口标准，各种浏览器都依此标准创建对象，让 JavaScript 程序可以直接利用。

5. canvas 绘制图形有 4 个步骤：开始新路径、设置路径、将路径头尾相连、将路径绘制到绘图区。

6. lineTo()是绘制直线的方法。

7. 绘制圆形及圆弧都是用 arc()方法。

8. 矩形的绘制方法是 fillRect()。

9. fillStyle 属性用来指定图形的填充颜色; strokeStyle()属性用来指定边框颜色。

10. 想要清除绘图区内的图形，可以用 clearRect()方法。

11. lineWidth()属性用来指定线条宽度，单位是像素(pixels)。

12. Canvas 不仅可以做到渐变的效果，还可以指定线性渐变或圆形渐变。

习　题

一、选择题

1. Canvas 绘制直线的方法是______。

（A）line()　（B）drawline()　（C）lineTo()　（D）toline()

2. Canvas 绘制圆形的方法是_______。

（A）circle()　（B）arc()　（C）round()　（D）circular()

3. Canvas 绘圆使用_______属性指定线条宽度。

（A）width()　（B）lineWidth()　（C）line()　（D）lineCap()

4. Canvas 绘圆使用________属性指定线条宽度。

（A）width()　（B）lineWidth()　（C）line()　（D）lineCap()

5. 想要清除绘图区内的图形该使用________方法。

（A）clear()　（B）delete()　（C）cls()　（D）clearRect()

二、操作题

请利用 Canvas 语法绘制如图 12-17 所示的图形。

边框：200px*200px，线宽 1px。

矩形：100px*100px，色彩#92B901。

图 12-17　操作题

第 13 章　网页数据存储 Web Storage

当我们在制作网页时会希望记录一些信息，例如用户登录状态、计数器或者小游戏等，但是又不希望用到数据库，就可以利用 Web Storage 技术将数据存储在用户浏览器中。

13.1　认识 Web Storage

Web Storage 是一种将少量数据存储在客户端（Client）磁盘的技术。只要支持 WebStorage API 规格的浏览器，网页设计者都可以使用 JavaScript 来操作它，我们先了解一下 Web Storage。

13.1.1　Web Storage 基本概念

在网页没有 Web Storage 之前，其实已有在客户端存储少量数据的功能，称为 Cookie，两者有一些不同和相同之处。

- 存储大小不同：Cookie 只允许每个网站在客户端存储 4KB 的数据，而在 HTML5 的规范中，Web Storage 的容量由客户端程序（浏览器）决定，一般而言，通常是 1MB~5MB。
- 安全性不同：Cookie 每次处理网页的请求都会连带发送 Cookie 值给服务器端（Server），使得安全性降低；而 Web Storage 纯粹运行于客户端，不会出现这样的问题。
- 都以一组 key-value 对应保存数据：Cookies 是以一组 key-value 对应的组合保存数据，Web Storage 也是同样的方式。

Web Storage 提供两种方式将数据保存在客户端：一种是 localStorage，另一种是 sessionStorage，两者的主要差异在于生命周期和有效范围，请参考表 13-1。

表 13-1　Web Storage 类型的差异

Web Storage 类型	生命周期	有效范围
localStorage	执行删除命令才会消失	同一网站的网页可以跨窗口和分页
sessionStorage	浏览器窗口或分页（tab）关闭就会消失	仅对当前浏览器窗口或分页有效

接下来检测浏览器是否支持 Web Storage。

13.1.2　检测浏览器是否支持 Web Storage

为了避免浏览器不支持 Web Storage 功能，在操作之前，最好先检测一下浏览器是否支持这项功能。语法如下：

```
if(typeof(Storage)=="undefined")
{
    alert("您的浏览器不支持 Web Storage")
}else{
   //localStorage 及 sessionStorage 程序代码
}
```

当浏览器不支持 Web Storage 时，就会弹出警告窗口，如果支持就执行 localStorage 和 sessionStorage 程序代码。

目前 Internet Explorer 8+、Firefox、Opera、Chrome 和 Safari 都支持 Web Storage。需要注意的是，IE 和 Firefox 测试时需要把文件上传到服务器或 localhost 才能运行。建议测试时使用 Google Chrome 浏览器。

13.2 localStorage 和 sessionStorage

localStorage 的生命周期及其有效范围与 Cookie 类似，它的生命周期由网页程序设计者自行指定，不会随着浏览器的关闭而消失，适合于在数据需要分页或跨窗口的场合。关闭浏览器之后除非主动清除数据，否则 localStorage 数据会一直存在；sessionStorage 在关闭浏览器窗口或分页（tab）后数据就会消失，数据也仅对当前窗口或分页有效，适合于暂时保存数据的场合。接下来，我们看看如何使用 localStorage。

13.2.1 访问 localStorage

JavaScript 基于“同源策略”（Same Origin Policy），限制来自相同网站的网页才能相互调用。localStorage API 通过 JavaScript 操作，同样只有相同来源的网页才能取得同一个 localStorage。

什么叫相同网站的网页呢？所谓相同网站是指协议、主机（domain 与 ip）、传输端口（port）都必须相同。举例来说，下面 3 种情况都视为不同来源。

- http://www.abc.com 与 https://www.abc.com（协议不同）。
- http://www.abc.com 与 https://www.abcd.com（domain 不同）。
- http://www.abc.com:801/与 https://www.abc.com:8080/（port 不同）。

在 HTML5 标准中，Web Storage 只允许存储字符串数据，有下列 3 种可供选择的访问方法。

- Storage 对象的 setItem 和 getItem 方法。
- 数组索引。
- 属性。

下面逐一介绍这 3 种访问 **localStorage** 的方法。

1. Storage 对象的 setItem 和 getItem 方法

存储使用 setItem 方法，其格式如下：

```
window.localStorage.setItem(key, value);
```

例如，我们想指定一个 localStorage 变量 userdata，并指定它的值为“Hello!HTML5”，程序代码可以这样写：

```
window.localStorage.setItem("userdata", " Hello!HTML5");
```

当我们想读取 userdata 数据时，则使用 getItem 方法，格式如下：

```
window.localStorage.getItem(key);
```

例如：

```
var value1 = window.localStorage.getItem("userdata");
```

2. 数组索引

存储语法：

```
window.localStorage["userdata"] = "Hello!HTML5";
```

读取语法：

```
var value = window.localStorage["userdata"];
```

3. 属性

存储语法：

```
window.localStorage.userdata= "Hello!HTML5";
```

读取语法：

```
var value1 = window.localStorage.userdata;
```

前面的 “window”可以省略不写。

下面我们借助范例来进行实际操作。本章范例效果建议用 Chrome 浏览器进行浏览。

范例：ch13_01.htm

```
<!DOCTYPE html>
<html>
<head>
<title>ch13_01</title>
```

```
    <link rel=stylesheet type="text/css" href="color.css">
    <script type="text/javascript">
    function onLoad() {
            if(typeof(Storage)=="undefined")
            {
                alert("Sorry!!你的浏览器不支持 Web Storage");
            }else{
                btn_save.addEventListener("click", saveToLocalStorage);
                btn_load.addEventListener("click", loadFromLocalStorage);
            }
    }

    function saveToLocalStorage(){
          localStorage.username = inputname.value;
    }

    function loadFromLocalStorage(){
            show_LocalStorage.innerHTML= localStorage.username+" 你好~欢迎来到我的
网站~";
    }
    </script>
    </head>
    <body>
    <body onload="onLoad()">
    <img src="images/welcome.jpg" /><br />
       请输入你的姓名：<input type="text" id="inputname" value=""><br />
      <div id="show_LocalStorage"></div><br />
       <button id="btn_save">存储到 localStorage</button>
       <button id="btn_load">从 localStorage 读取数据</button>
    </body>
    </body>
    </html>
```

执行结果如图 13-1 所示。

图 13-1　要求输入姓名

当用户输入姓名，并单击“存储到 localStorage”按钮时，数据就会被存储起来；当单击“从 localStorage 读取数据”按钮时，就会将姓名显示出来，如图 13-2 所示。

图 13-2　显示读出的数据

请用户将浏览器窗口关闭，重新打开这份 HTML 文件，再单击“从 localStorage 读取数据”按钮，会发现存储的 localStorage 数据一直都在，不会因为关闭浏览器而消失。

13.2.2　删除 localStorage

要删除某一条 localStorage 数据，可以调用 removeItem 方法或者 delete 属性进行删除，例如：

```
window.localStorage.removeItem("userdata");
delete window.localStorage.userdata;
delete window.localStorage["userdata"]
```

要想删除 localStorage 全部数据，可以使用 clear()方法。

```
localStorage.clear();
```

下面延续 ch13_01.htm 的范例，增加一个“清除 localStorage 数据”按钮。

范例：ch13_02.htm

```
<!DOCTYPE html>
<html>
<head>
<title>ch13_02</title>
<link rel=stylesheet type="text/css" href="color.css">
<script type="text/javascript">
function onLoad() {
        if(typeof(Storage)=="undefined")
        {
           alert("Sorry!!你的浏览器不支持Web Storage");
        }else{
           btn_save.addEventListener("click", saveToLocalStorage);
           btn_load.addEventListener("click", loadFromLocalStorage);
           btn_clear.addEventListener("click", clearLocalStorage);
        }
}

function saveToLocalStorage(){
      localStorage.username = inputname.value;
}

function loadFromLocalStorage(){
        show_LocalStorage.innerHTML= localStorage.username+" 你好~欢迎来到我的
网站~";
}

function clearLocalStorage(){
        localStorage.clear();
        show_LocalStorage.innerHTML=  localStorage.username;
}

</script>
</head>
<body>
<body onload="onLoad()">
<img src="images/welcome.jpg" /><br />
   请输入你的姓名：<input type="text" id="inputname" value=""><br />
  <div id="show_LocalStorage"></div><br />
   <button id="btn_save">存储到localStorage</button>
   <button id="btn_load">从localStorage读取数据</button>
```

```
    <button id="btn_clear">清除 localStorage 数据</button>
</body>
</body>
</html>
```

执行结果如图 13-3 所示。

图 13-3 删除 localStorage 数据

13.2.3 访问 sessionStorage

sessionStorage 只能保存在单一的浏览器窗口或分页（tab），关闭浏览器后存储的数据就消失了。其最大的用途在于保存一些临时的数据，防止用户重新整理网页时不小心丢失这些数据。sessionStorage 的操作方法与 localStorage 相同，下面列出 sessionStorage 访问语法，以供读者参考，只是不再重复说明。

1. 存储

```
window.sessionStorage.setItem("userdata", " Hello!HTML5");
window.sessionStorage ["userdata"] = "Hello!HTML5";
window.sessionStorage.userdata= "Hello!HTML5";
```

2. 读取

```
var value1 = window.sessionStorage.getItem("userdata");
var value1 = window.sessionStorage["userdata"];
var value1 = window.sessionStorage.userdata;
```

3. 清除

```
window.sessionStorage.removeItem("userdata");
delete window.sessionStorage.userdata;
delete window.sessionStorage ["userdata"]
//全部清除
sessionStorage.clear();
```

13.3 Web Storage 实例练习

至此，相信你对 Web Storage 的操作已经相当了解了，下面我们就使用 localStorage 和 sessionStorage 制作一个网页中常见并且实用的功能，即“登录/注销”和“计数器”。

13.3.1 操作步骤

利用 localStorage 数据保存的特性，我们可以做一个登录/注销的界面并统计用户的进站次数（计数器）。页面如图 13-4 所示。

图 13-4 准备的页面

此范例有下列几个操作步骤：

01 当用户单击“登录”按钮时，出现“请输入你的姓名”的文本框让用户输入姓名。

02 单击“提交”按钮后，将姓名存储到 localStorage。

03 重载页面，将进入网站次数存储于 localStorage，并将用户姓名以及进站次数显示在<div>标记中。

04 单击“注销”按钮后，<div>标记显示已注销，并清空 localStorage。

范例：ch13_03.htm

```
<!DOCTYPE html>
<html>
<head>
<title>ch13_02</title>
<link rel=stylesheet type="text/css" href="color.css">
<script type="text/javascript">
function onLoad() {
        inputSpan.style.display='none';    /*隐藏输入框和“提交”按钮*/
        if(typeof(Storage)=="undefined")
        {
            alert("Sorry!!你的浏览器不支持Web Storage");
        }else{
            /*判断姓名是否已存入localStorage，已存入时才执行{}内的命令*/
```

```
            if (localStorage.username) {
                /*localStorage.counter 数据不存在时返回 undefined*/
                if (!localStorage.counter) {
                    localStorage.counter = 1;          /*初始值设为 1*/
                } else {
                    localStorage.counter++;      /*递增*/
                }
                btn_login.style.display='none';   /*隐藏登录按钮*/
                show_LocalStorage.innerHTML= localStorage.username+" 你好,这是
你第"+localStorage.counter+"次来到网站~";
            }
            btn_login.addEventListener("click", login);
            btn_send.addEventListener("click", sendok);
            btn_logout.addEventListener("click", clearLocalStorage);
        }
    }

    function sendok(){
            localStorage.username=inputname.value;
            location.reload();        /*重载网页*/

    }
    function login(){
        inputSpan.style.display='';    /*显示姓名输入框及“提交”按钮*/
    }
    function clearLocalStorage(){
            localStorage.clear();        /*清空 localStorage*/
            show_LocalStorage.innerHTML="已成功注销!!";
            btn_login.style.display='';  /*显示登录按钮*/
            inputSpan.style.display='';   /*显示姓名输入框及“提交”按钮*/
    }
    </script>
    </head>
    <body onload="onLoad()">
    <button id="btn_login">登录</button>
    <button id="btn_logout">注销</button> <br />
    <img src="images/welcome.jpg" /><br />
    <span id="inputSpan">请输入你的姓名: <input type="text" id="inputname" value="">
<button id="btn_send">提交</button></span><br />
    <div id="show_LocalStorage"></div><br />

    </body>
```

```
</body>
</html>
```

执行结果如图 13-5 和图 13-6 所示。

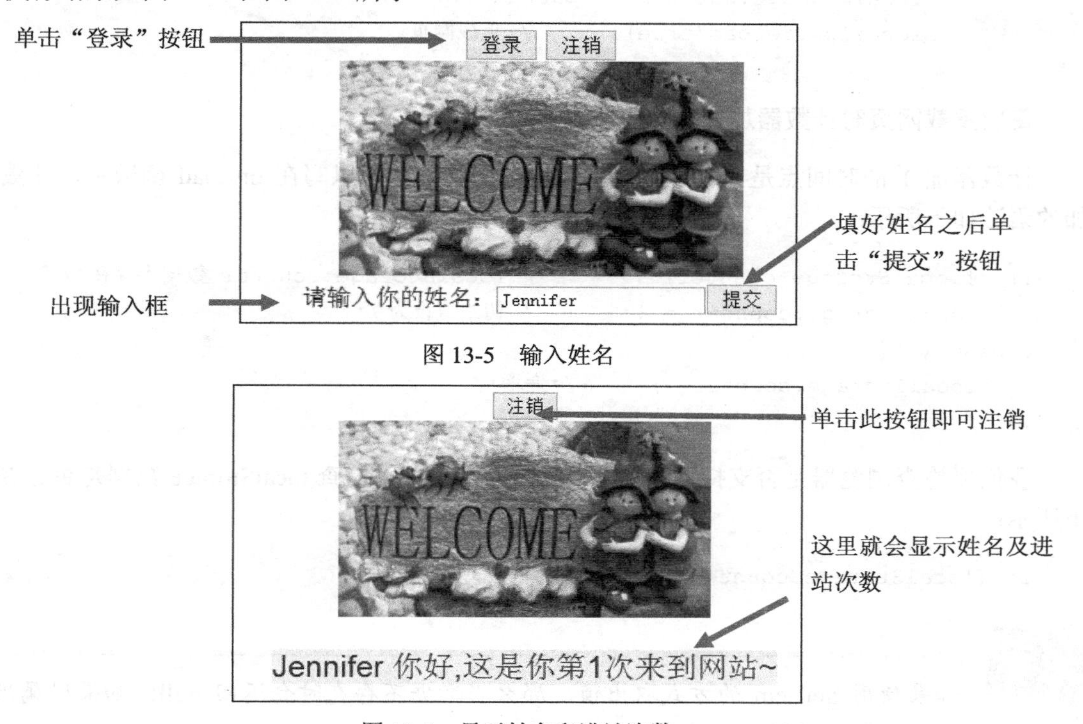

图 13-5　输入姓名

图 13-6　显示姓名和进站次数

我们来看看范例中几个主要的程序代码。

13.3.2　隐藏<div>及<span>组件

姓名的输入框和“提交”按钮是放在<span>组件中的，当用户尚未单击“登录”按钮之前，这个组件可以先隐藏。这里使用 style 属性的 display 来显示或隐藏组件，语法如下：

```
inputSpan.style.display='none';
```

display 设置为 none 时组件就会隐藏，组件原本占据的空间消失；display 设为空字符串 ('')，则会重新显示出来。

同样，当用户登录之后，“登录”按钮就可以先隐藏起来，直到用户单击“注销”按钮再重新显示。语法如下：

```
btn_login.style.display='none';
```

13.3.3　登录

当用户单击“提交”按钮后，会调用 sendok 函数将姓名存入 localStorage 的 username 变量，并重载网页，语法如下所示：

```
function sendok(){
        localStorage.username=inputname.value;
        location.reload(true);      //重载网页
}
```

每次重载网页时计数器加 1

计数器加 1 的时间点是在重载网页的时候，因此程序可以写在 onLoad 函数中，计数器累加的语法如下所示：

```
if (!localStorage.counter) {       /*localStorage.counter 数据不存在*/
    localStorage.counter = 1;      /*初始值设为 1*/
} else {
    localStorage.counter++;     /*递增*/
}
```

我们要检查浏览器是否支持这个 webStorage API，可以检查 localStorage 数据是否存在，如下所示：

```
if (localStorage.counter) {  }
```

如果使用 getItem 的方式取出值，那么当数据不存在时会返回 null；如果用属性和数组索引方式访问，就会返回 undefined。

13.3.4 注销

最后是注销的操作，只要清除 localStorage 中的数据，并将“登录”按钮、姓名输入框以及“提交”按钮显示出来就完成任务了，语法如下：

```
function clearLocalStorage(){
        localStorage.clear();        /*清空 localStorage*/
        show_LocalStorage.innerHTML="已成功注销!!";
        btn_login.style.display='';  /*显示登录按钮*/
        inputSpan.style.display='';    /*显示姓名输入框及“提交”按钮*/
}
```

学习小教室

Web Storage 的数字相加

JavaScript 中的运算符“+”号除了可以进行数字的相加，还可以进行字符串相加，例如"abc"+456 会被认为是字符串相加，因此会得到"abc456"。如果数字是字符串类型，同样也会进行字符串相加，例如

"123"+456，会得到"123456"。

在 HTML5 的标准中，Web Storage 只能存入字符串，就算 localStorage 和 sessionStorage 存入数字，也仍然是字符串类型。因此，当我们想要进行数字运算时，必须先把 Storage 里的数据转换成数字才能进行运算，例如范例中的表达式：

```
localStorage.counter++;
```

可以试着把它改成：

```
localStorage.counter=localStorage.counter+1;
```

你会发现得到的结果不是累加，而会是 1111……。

将 JavaScript 字符串转换为数字可以使用 Number()方法，它会自动判断数字是整数还是浮点数（有小数点的数）来给出正确的转换，用法如下：

```
localStorage.counter=Number(localStorage.counter)+1;
```

递增运算符“++”与递减运算符“--”原本就是进行数字的运算，因此不需要转换，JavaScript 会强制转换为数字类型。

本章小结

1. Web Storage 是一种将少量数据存储于客户端磁盘的技术。只要支持 WebStorage API 规则的浏览器，网页设计者都可以使用 JavaScript 来操作。

2. Web Storage 提供两个对象将数据保存在客户端：一种是 localStorage，另一种是 sessionStorage。

3. localStorage 的生命周期和有效范围与 Cookie 类似，它的生命周期由网页程序设计者自行指定，不会随着浏览器关闭而消失。

4. sessionStorage 在浏览器窗口或分页（tab）关闭时数据就会消失，数据也仅对当前窗口或分页有效。

5. Web Storage 只允许存储字符串数据，访问方式有下列 3 种：① Storage 对象的 setItem 以及 getItem 方法；② 数组索引；③ 属性。

6. Storage 对象的 setItem 方法，格式：window.localStorage.setItem（key, value）。

7. Storage 对象的 getItem 方法，格式：window.localStorage.getItem（key）。

8. Storage 对象的数组索引存储方法：window.localStorage["userdata"] = "Hello!HTML5"。

9. Storage 对象的数组索引读取方法：var value = window.localStorage["userdata"]。

10. Storage 对象的属性存储方法：window.localStorage.key = value。

11. Storage 对象的属性读取方法：var value1 = window.localStorage.userdata。

12. 要想清除某一条 localStorage 数据，可以调用 removeItem 方法或者 delete 属性删除。

习　题

一、选择题

1. Web Storage 提供的对象_____可以跨窗口和分页访问。

（A）sessionStorage　　（B）localStorage

（C）cookieStorage　　（D）以上都可以

2. 在 HTML5 标准中，Web Storage 访问方式_____是正确方法。

（A）localStorage.setItem("userdata", " Hello!HTML5");

（B）localStorage["userdata"] = "Hello!HTML5";

（C）localStorage.userdata= "Hello!HTML5";

（D）以上都是

3. 有多条 localStorage 数据时，如果想要清除其中一条 localStorage 数据可以使用_____方法。

（A）clear　　（B）remove　　（C）removeItem　　（D）deleteItem

4. 想清除 localStorage 全部数据，最快的方式是使用_____方法。

（A）clear　　（B）remove　　（C）removeItem　　（D）deleteItem

5. 在 HTML5 标准中，_____Web Storage 在浏览器关闭时存储的数据就会消失。

（A）sessionStorage　　（B）localStorage

（C）cookieStorage　　（D）以上都是

二、问答与操作题

1. 请列表说明 localStorage 与 sessionStorage，两者生命周期和有效范围的差异。

2. 请制作 localStorage 与 sessionStorage 按钮，每次单击按钮就将次数累加，再利用<div>标记将单击次数显示出来，如下所示。

这是sessionStorage按钮 [sessionStorage]

这是localStorage按钮 [localStorage]

单击按钮时，将按钮单击次数显示出来，如下所示。

这是sessionStorage按钮 [sessionStorage]

您按了sessionStorage按钮 3 次.

这是localStorage按钮 [localStorage]

您按了localStorage按钮 19 次.

第 14 章　Web Storage 操作购物车

Web Storage 存储空间足够大，访问都在客户端（Client）完成。有些客户端先处理或检查数据，就可以直接使用 Web Storage 进行存储，不仅可以提高访问速度，还可以降低服务器的负担。例如，购物网站中常见的购物车，就很适合使用 Web Storage 操作。本章以购物车进行练习。

通常顾客到购物网站购物，会以会员身份登录（或者结账时再登录），浏览商品，选择商品后先放入购物车，最后进行结账，其流程如图 14-1 所示。

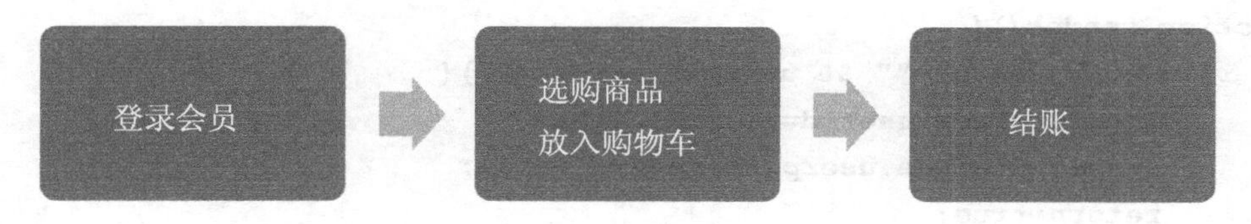

图 14-1　购物流程

本章的范例将模仿用户登录购物网站，选购商品并放入购物车。

1．什么是购物车

用户会将选择的商品先放到暂存区，选好之后一起进行结账，这个暂存区就称为“购物车”，就好像我们到商店买东西会先将商品放到手推车，选好之后再到柜台结账一样。

2．WebStorage 暂存

使用 Web Storage 暂存用户选购的商品，必须考虑使用 localStorage 还是 sessionStorage。

- 用户关闭网页，购物车要继续保留，就使用 localStorage。
- 用户关闭网页，购物车不要保留，就使用 sessionStorage。

这个范例希望用户关闭网页时能够继续保留购物车数据，因此我们使用 localStorage 制作购物车。

3．会员登录

购物网站通常会先要求用户创建会员数据，并将会员数据存入数据库，以后当用户登录时再对比用户输入的账号和密码是否与数据库会员系统吻合，再继续结账流程。

这个范例默认用户必须先登录网站再进行商品选购（在此假设用户账号为 guest、密码为 1234），进入购物页面之前会先进行账号和密码的检查。如果账号和密码正确，就先把账号密码暂存在 Web Storage 中，这样一来，用户进入网站中的任何一个网页，账号密码都会存在。

特别需要注意的是，账号可以存储于 localStorage，当用户下次进入网页时自动显示账号，当然密码是重要信息，为了保障用户的安全，密码最好随着窗口的关闭而删除。因此，sessionStorage 是比较好的选择。

4．购物车操作

下面我们先来看看会员登录的部分。

范例：ch14_01.htm

```
<!DOCTYPE html>
<html>
<head>
<title>ch14_01</title>
<link rel=stylesheet type="text/css" href="color.css">
<script type="text/javascript">
function sendok(){
    if(userid.value!="" && userpwd.value!=""){
        localStorage.userid=userid.value;
        sessionStorage.userpwd=userpwd.value;
        return true;
    }else{
        alert("请输入账号");
        return false;
    }
}

function isload(){
if(localStorage.userid)
    userid.value=localStorage.userid;
}
</script>
</head>
<body onload="isload()">
<img src="images/logo.png" />
<form method="post" action="ch14_02.htm" onsubmit="return sendok();">
    请输入你的账号：<br />
    <input type="text" id="userid" value="" autofocus><br />
    请输入你的密码：<br />
    <input type="password" id="userpwd" value=""><br /><font style="font-size:12px">
    (测试账号：guest 密码:1234)</font><br />
    <input id="btn_send" type="submit" value="登录"><br />
</form>
</body>
```

```
</body>
</html>
```

执行结果如图 14-2 所示。

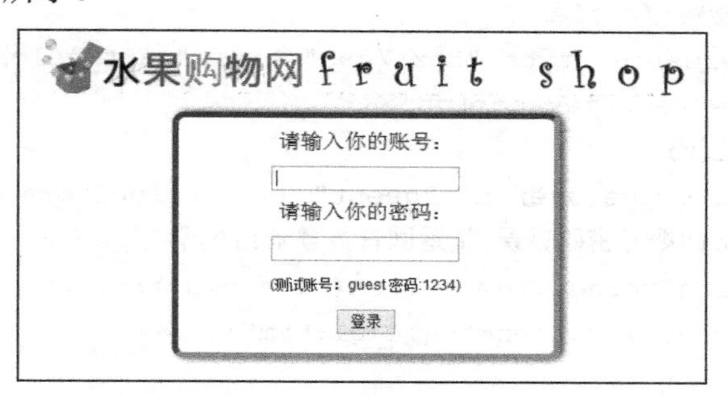

图 14-2　购物网会员登录界面

范例中使用了如下的表单（form），并在 action 属性中指定 ch14_02.htm 网页，这样一来，当用户单击“登录”按钮时，数据就会被发送到 ch14_02.htm 网页进行处理。

```
<form method="post" action="ch14_02.htm" onsubmit="return sendok();">
……
<input id="btn_send" type="submit" value="登录">
</form>
```

可以看到“登录”按钮使用 submit 按钮，当单击该按钮时，会触发 form 的 onsubmit 事件，执行 sendok()函数。sendok()函数所做的事情就是检查用户是否输入账号密码，如果已输入则将账号保存到 localStorage 的 userid，密码保存到 sessionStorage 的 userpwd，并返回 true（真）；没有输入则返回 false（假）。当 onsubmit 事件接收到返回结果为 true 时，才会将 form 数据提交。sendok()函数执行的语句如下：

```
function sendok(){
    if(userid.value!="" && userpwd.value!=""){
       localStorage.userid=userid.value;
        sessionStorage.userpwd=userpwd.value;
        return true;
    }else{
        alert("请输入账号");
        return false;
    }
}
```

当 form 成功提交之后，就会发送数据到 ch14_02.htm，也就是购物车的网页。

范例：Ch14_02.htm

```
<!DOCTYPE html>
```

```
<html>
  <head>
    <meta content="text/html;charset=UTF-8" http-equiv="Content-Type">
    <title>水果购物网</title>
    <link rel=stylesheet type="text/css" href="cart_color.css">
     <script type="text/javascript">
       //检测账号、密码
         if(localStorage.userid!="guest" || sessionStorage.userpwd!="1234"){
              alert("账号密码错误,请返回首页登录!!");
              sessionStorage.removeItem('userpwd');
              document.location="ch14_01.htm";
         }
     function isLoad(){
         //显示用户账号
         document.getElementById("showuserid").innerHTML=localStorage.userid;
         var div_list="";
         //将商品信息存储在数组中
         var sale_item=new Array("水果蛋糕","葡萄","奇异果","柠檬","苹果派",
                                 "菠萝","水果组合","苹果","水果茶");
         //显示商品
         for (i in sale_item)
         {
             div_list=div_list+"<div class='fruit'>"
              div_list=div_list+"<img class='img_fruit' src='images/fruit"+i+".png'><br/>"
              div_list=div_list+"<font style='color:#ff0000'>" + sale_item[i]
+"</font><br />"
              div_list=div_list+"<input type='checkbox' name='chkitem' value= '"
+ sale_item[i] + "'>"
              div_list=div_list+"我要选购</div>"
         }
         document.getElementById("div_sale").insertAdjacentHTML("beforeend",
div_list);

         //检查 Cartlist 是否仍有数据，有则加载
         if(localStorage.Cartlist)
              shopping_list.value="你的购买列表："+localStorage.Cartlist;
         else
              shopping_list.value="你的购买列表：";

         //建立按钮的侦听事件
         clearButton.addEventListener("click", clearCart);
         cartButton.addEventListener("click", addtoCart);
```

```
        }
        /***********清除购物车************/
        function clearCart(){
                shopping_list.value="你的购买列表：";
                localStorage.removeItem("Cartlist");          /*清空 localStorage*/
        }
        /***********加入购物车************/
        function addtoCart(){
        var checkselect="";
        var checkBoxList =document.getElementsByName('chkitem');

            for (i in checkBoxList)
            {
              if(checkBoxList[i].checked)
              {
                checkselect=checkselect+"\n"+checkBoxList[i].value;
              }

            }
    /*localStorage.Cartlist 是空的，表示首次新增，就把勾选商品存入 localStorage.Cartlist;
    如果 localStorage.Cartlist 有值，表示已经新增过商品，新勾选商品继续存入 localStorage.Cartlist*/
            if(!localStorage.Cartlist)
                localStorage.Cartlist=checkselect;
            else
                localStorage.Cartlist=localStorage.Cartlist+checkselect;

            shopping_list.value="你的购买列表："+localStorage.Cartlist;
        }
    //注销
        function logout(){
        localStorage.removeItem('userid');
        sessionStorage.clear();
        document.location='ch14_01.htm';
        }
        </script>
        </head>
        <body onload="isLoad()">
            <div id="main">
              <header> 欢迎光临水果购物网 <input type="button" value="注销" onclick=
"logout();"></header>
              <span id="showuserid">aaa</span> 你好<br />请选择要购买的商品！<br/>
```

```
            <button id="clearButton">清除购物车</button><br>
            <button id="cartButton">放入购物车</button>
            <textarea id="shopping_list" rows="15" cols="30"></textarea>
             <div id="div_sale"></div>
        </div>
        <footer>
        门市营业时间：周一~周五 8:30~20:30<br />
        服务信箱：fruitshop@happy.net<br />
        电话：123-45678
        </footer>
    </body>
</html>
```

执行结果如图 14-3 所示。

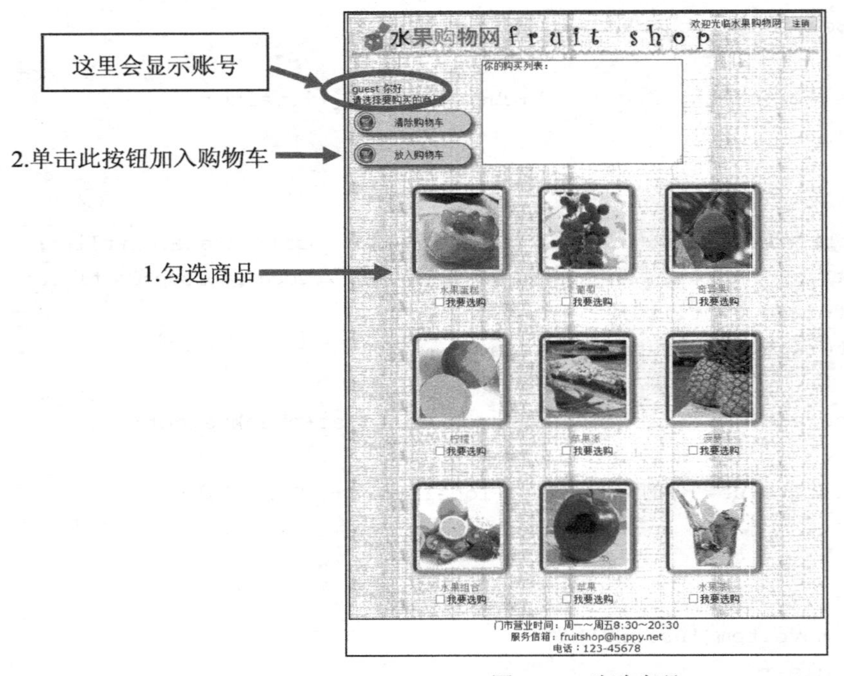

图 14-3　选购商品

网页会在左上角先显示用户账号，勾选好商品之后，单击“放入购物车”按钮，选购的商品就会显示在“你的购买列表：”区域中。本范例包含下列几个操作：

- 商品列表
- 勾选商品
- 放入购物车并显示在购买列表中
- 清空购物车
- 注销

（1）商品列表

一个购物网站的商品相当多，逐一将商品图片和商品说明放在网页上，就会既耗时又费力。为了方便商品的上架与管理，通常会将商品数据保存在数据库中并提供商品增修页面让商家新增和编辑商品信息。由于本书不介绍数据库的内容，因此用数组存放商品数据来模拟商品数据库。

加载网页时先把商品信息加载进来，并将图片和商品名称显示在网页上。

```
    var div_list="";
    //将商品信息保存到数组中
    var sale_item=new Array("水果蛋糕","葡萄","奇异果","柠檬","苹果派","菠萝","水果组合","苹果","水果茶");
    //显示商品
    for (i in sale_item)
    {
        div_list=div_list+"<div class='fruit'>"
        div_list=div_list+"<img class='img_fruit' src='images/fruit"+i+".png'><br/>"
        div_list=div_list+"<font style='color:#ff0000'>" + sale_item[i] +"</font><br />"
        div_list=div_list+"<input  type='checkbox'  name='chkitem'  value='" + sale_item[i] + "'>"
        div_list=div_list+"我要选购</div>"
    }
    document.getElementById("div_sale").insertAdjacentHTML("beforeend", div_list);
```

一个数组可以存储多条数据，JavaScript 使用 new Array()来声明数组，声明方法有下列 3 种：

```
    //声明数组的名称， 但不指定内容值
    var array_name = new Array() ;
    //声明数组的名称和长度，但不指定内容值
    var array_name = new Array(length) ;
    //声明数组名、长度和内容值
    var array_name = new Array(data1 , data2 , data3 , ... , dataN) ;
```

数组的内容就称为该数组的元素（elements），数组的数据数就称为该数组的长度（length）。当我们要取出数组的数据时，直接以数组的索引来取值，如下所示：

```
    array_name[index];
```

index（索引）是指数组数据的位置，index 值从 0 开始。例如，想取出第一条数据，就用 array_name[0]。数组中的数据总数是 length – 1，也就是说，长度为 5 的数组，index 值为 4。

我们再回头看看这个购物车范例是如何声明数组的：

```
    var sale_item=new Array("水果蛋糕","葡萄","奇异果","柠檬","苹果派","菠萝","水果组合","苹果","水果茶");
```

名为 sale_item 的数组中保存了 9 种商品，如果想要取出数组中的第 5 条“苹果派”，可以表示如下：

```
    sale_item[4];
```

相信你已经了解了数组的用法，现在再看将图片和说明显示在网页上的程序代码，就会觉得相当容易了。

```
    for (i in sale_item)
    {
        div_list=div_list+"<div class='fruit'>"
        div_list=div_list+"<img  class='img_fruit'  src='images/fruit"+i+".png'><br/>"
        div_list=div_list+"<font style='color:#ff0000'>" + sale_item[i] +"</font><br />"
        div_list=div_list+"<input  type='checkbox'  name='chkitem'  value='" + sale_item[i] + "'>"
        div_list=div_list+"我要选购</div>"
    }
    document.getElementById("div_sale").insertAdjacentHTML("beforeend", div_list);
```

上面的程序是循环自动产生<div>标记，<div>中包含商品图、商品名称和“我要选购”按钮。如果我们将变量部分拿掉，HTML 语法就像下面这样：

```
    <div class='fruit'>
    <img class='img_fruit' src='images/fruit1.png'><br/>
    <font style='color:#ff0000'>sale_item[1]</font><br />
    <input type='checkbox' value='sale_item[1]'>我要选购
    </div>
```

你可以看到商品图的文件名，刻意保存为 fruit0.png、fruit1.png、fruit2.png……只要商品图与数组的索引值对应，就可以找出正确的商品图。例如，图 14-4 所示的“水果蛋糕”是数组的第一个值，也就是 sale_item[0]，只要找出 fruit0.png 就是水果蛋糕的商品图。

图 14-4 水果蛋糕的商品图

利用循环生成商品图有个好处：以后有新增的商品时，只要在数组中增加元素，网页就会自动显示新商品，完全不需要去修改 HTML 程序代码。

学习小教室

JavaScript 动态增加组件内容——insertAdjacentHTML 方法

想要使用 JavaScript 在<div>组件中动态增加内容，可以使用之前介绍过的 innerHTML 属性或者是此范例使用的 insertAdjacentHTML()方法。语法如下：

```
element.insertAdjacentHTML(position, html);
```

element 是指原组件，position 是插入 html 的位置，有下列 4 个参数可供选择：

参数	说明
beforeend	原内容之后加入新 html
beforebegin	<div>之前加入新 html
afterbegin	原内容之前加入新 html
afterend	</div>之后加入新 html

只看文字说明不容易理解，对照下面的示意图就很清楚了。

beforebegin <div> afterbegin 原内容 beforeend </div> afterend

例如，本范例中的用法如下：

```
document.getElementById("div_sale").insertAdjacentHTML("beforeend",
div_list);
```

id 名称为 div_sale 的<div>组件并没有内容，所以使用 beforeend 与 afterbegin 没有差别。

InsertAdjacentHTML()方法适用于所有 HTML DOM 组件，只是范例使用<div>组件，所以这里也用<div>组件进行说明。

（2）加入购物车

当用户勾选商品后，单击“加入购物车”按钮，就会调用 addtoCart()函数，我们来看看这个函数做了哪些事情。

```
    function addtoCart(){
        var checkselect="";
    //取得已勾选的 checkbox 内容
            var checkBoxList = document.getElementsByTagName('input');
            for (i in checkBoxList)
            {
              if(checkBoxList[i].type=="checkbox" && checkBoxList[i].checked)
              {
                checkselect=checkselect+"\n"+checkBoxList[i].value;
              }
            }
    /*如果 localStorage.Cartlist 是空的，表示首次新增，就把勾选商品存入 localStorage.
Cartlist;
    如果 localStorage.Cartlist 有值，表示已经新增过商品，新勾选商品继续存入 localStorage.
Cartlist*/
            if(!localStorage.Cartlist)
                localStorage.Cartlist=checkselect;
            else
                localStorage.Cartlist=localStorage.Cartlist+checkselect;

            shopping_list.value="你的购买列表："+localStorage.Cartlist;
        }
        </script>
```

下面的代码就是知道哪些 checkbox 已经被勾选的重点所在。当 checkbox 被勾选时，其 checked 属性会等于 true，所以我们只要利用这一点就可以判断出哪些商品被选取了。

```
    var checkBoxList =document.getElementsByName('chkitem');
    // checkBoxList.length 是取得的 checkbox 组件数量
    for (i in checkBoxList)
    {
        if(checkBoxList[i].checked)
        {
```

```
            checkselect=checkselect+"\n"+checkBoxList[i].value;
        }
    }
```

上述代码中，首先以 getElementsByName 方法取得 HTML 文件中所有名称(name)为 chkitem 的组件，再用 for 循环来对比 checkBox 的 checked 属性是否为 true，如果是，就将 checkselect 字符串加上 checkBox 的内容（value）。

现在遇到的问题是，如果只是将 checkselect 字符串加上 checkBox 的内容，那么其值显示在 textArea 组件上会变成如图 14-5 所示的一长串文字。

你的购买列表：水果蛋糕葡萄奇异果柠檬苹
果派菠萝

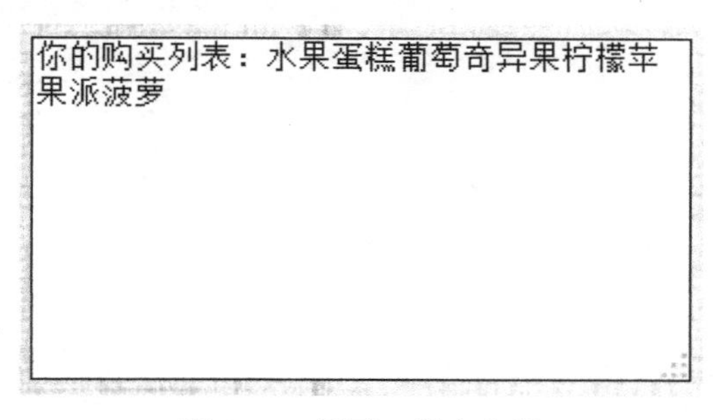

图 14-5　显示一长串文字

用户看不清楚到底选择了哪些东西，网页设计者也很难对这个字符串进行后续的处理。解决方法很简单，可以加上逗号（,）或者分号（;）之类的分隔符，也可以像范例中加上换行命令（\n）。

```
checkselect=checkselect+"\n"+checkBoxList[i].value;
```

这样，就可以让商品名称换行显示了，如图 14-6 示。

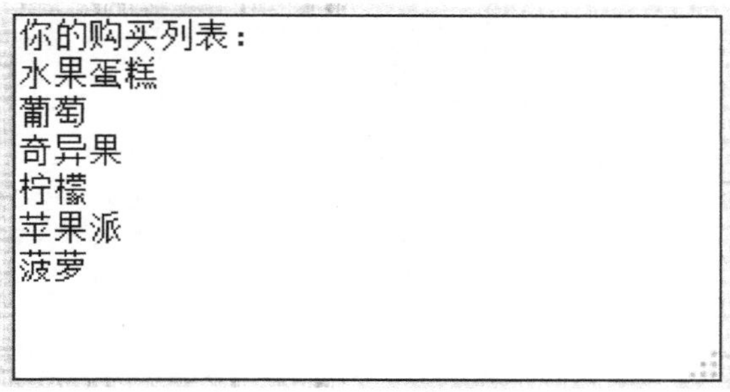

你的购买列表：
水果蛋糕
葡萄
奇异果
柠檬
苹果派
菠萝

图 14-6　商品名称换行显示

第 4 篇

HTML5 应用

第 15 章 JavaScript 的好帮手——jQuery

jQuery 是 JavaScript 函数库，简化了 HTML 与 JavaScript 之间的操作，重点是不用再考虑跨浏览器的问题，因为 jQuery 已经帮我们写好了。

学过了 JavaScript 之后，本章的学习相当简单，就跟着笔者一起来学习 jQuery。

15.1 认识 jQuery

jQuery 是一套开放性源代码的 JavaScript 函数库（Library），可以说是目前最受欢迎的 JS 函数库，简化了 DOM 文件的操作，让我们轻松选取对象，并以简洁的程序完成想要的效果，也可以通过 jQuery 指定 CSS 属性值，达到想要的特效与动画效果。此外 jQuery 也强化异步传输（AJAX）以及事件（Event）功能，轻松存取远程数据。

网络上有很多开放源代码的 jQuery 插件，学会 jQuery 之后，你能够轻松应用到自己的网站上。

下面我们就来看看 jQuery 的使用。

15.1.1 引用 jQuery 函数库

引用 jQuery 方式有两种，一种是直接下载 JS 文件引用，另一种是使用 CDN（Content Delivery Network）来加载链接库。

1．下载 jQuery

下载网址：http://jquery.com/。

最新版本为 V2.1.3，不过 jQuery V2.x 之后的版本不再支持 Internet Explorer 6/7/8，目前 IE 8 以下的浏览器仍很普遍，建议下载 V1.11.2 版本，如图 15-1 和图 15-2 所示。

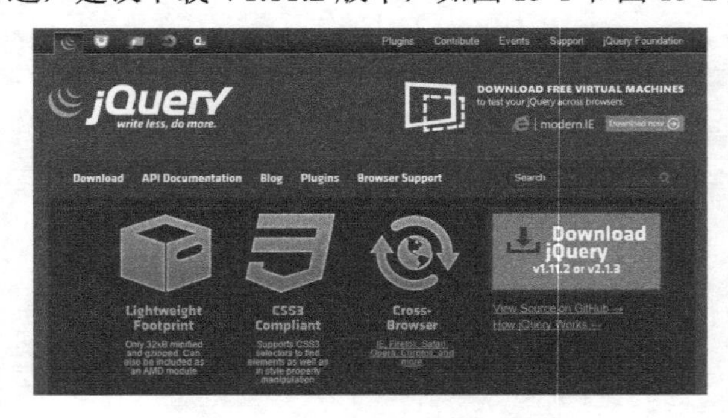

图 15-1　jQuery 下载界面

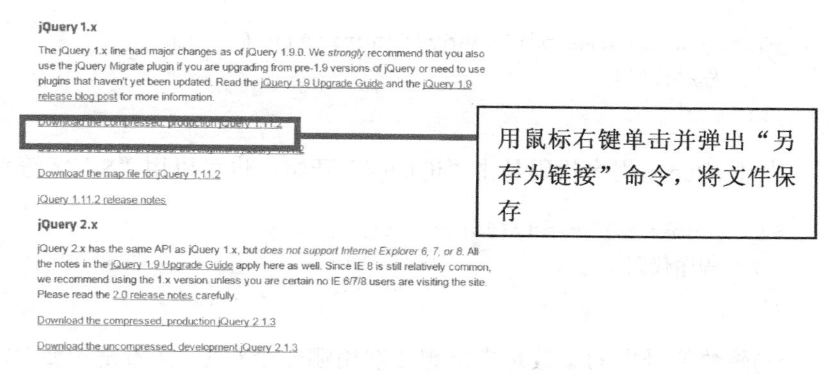

图 15-2　下载文件

网页上有两种格式可以下载：一种是 Download the compressed, production jQuery 1.11.2 程序代码已经压缩过的版本，文件较小，下载后的文件名为 jquery-1.11.2.min.js；另一种是 Download the uncompressed, development jQuery 1.11.2 程序代码未压缩的开发版本，文件较大，适合程序开发人员使用，下载后的文件名为 jquery-1.11.2.js。

请在要下载的版本链接上单击鼠标右键，直接单击“另存为链接”命令，将 JS 文件保存。接着将 JS 文件加入网页 HTML 的<head>标记之间，语法如下：

```
<script type="text/javascript" src="JS 文件路径"></script>
```

2. 使用 CDN 加载 jQuery

CDN 是内容发布网络，也就是将要加载的内容通过这个网络系统来发布。网友浏览到你的网页之前可能已经在同一个 CDN 下载过 jQuery，浏览器已经快速取得过这个文件，此时就不会再重新下载，浏览速度会快很多。百度、微软等都有提供 CDN 服务，可以在 jQuery 官网找到相关信息。

jQuery CDN 的 URL 可以在 http://jquery.com/网页最下方找到，如图 15-3 所示。

Using jQuery with a CDN

CDNs can offer a performance benefit by hosting jQuery on servers spread across the globe. This also offers an advantage that if the visitor to your webpage has already downloaded a copy of jQuery from the same CDN, it won't have to be re-downloaded.

jQuery's CDN provided by MaxCDN

To use the jQuery CDN, just reference the file directly from `http://code.jquery.com` in the script tag:

```
1 | <script src="//code.jquery.com/jquery-1.11.2.min.js"></script>
2 | <script src="//code.jquery.com/jquery-migrate-1.2.1.min.js"></script>
```

图 15-3　CDN 的 URL 位置

只要将网址加入到网页 HTML 的<head>标记之间即可，语法如下：

```
<script src="http://code.jquery.com/jquery-1.11.2.min.js"></script>
```

15.1.2　jQuery 基本架构

jQuery 必须等到浏览器加载 HTML 的 DOM 对象之后才能执行，可以通过.ready()方法来确认 DOM 已经全部加载，如下所示：

```
jQuery ( document ).ready(function() {
  // 程序代码
});
```

上述 jQuery 程序代码是由“jQuery”开始，也可以用“$”字符来代替，如下所示：

```
$( document ).ready(function() {
  // 程序代码
});
```

$()函数括号内的参数是指定想要取用哪一个对象，接着是想要 jQuery 执行什么方法或处理什么事件，比如.ready()方法。ready 方法括号内则是事件处理的函数程序代码，大多数情况下，我们会把事件处理函数定义为匿名函数，也就是上述程序代码里的 function() {}。

由于 document ready 是很常用的方法，因此 jQuery 提供了更简洁的编写方式让我们更容易应用，如下所示。

```
$(function(){
   // 程序代码
});
```

jQuery 基本语法

jQuery 的使用非常简单，只要指定作用的 DOM 组件和执行什么样的操作即可，语法如下：

```
$(选择器).操作()
```

例如：

```
$("p").hide();
```

上述语法是找出 HTML 中所有的<p>对象并且隐藏起来。

15.1.3 jQuery 选择器

jQuery 选择器用来选择 HTML 组件，我们可以通过 HTML 标记名称、id 属性及 class 属性等来取得组件。

1. 标记选择器

顾名思义，标记选择器就是直接取用 HTML 标记，例如想要选择所有的<p>组件，可以写成：

```
$("p")
```

2. id 选择器（#）

id 选择器是通过组件的 id 属性来取得组件，只要在 id 属性前加上“#”符号就可以了。例如想要选择 id 属性为 test 的组件，可以写成：

```
$("#test")
```

3. class 选择器（.）

class 选择器是通过组件的 class 属性来取得组件，只要在 class 属性前加上“.”符号。例如想要选择 class 属性为 test 的组件，可以写成：

```
$(".test")
```

在一个 HTML 页面中，组件不能有重复的 id 属性，所以 id 选择器适合用于找出唯一的组件。

我们也可以将上述 3 种选择器组合使用，例如，想要找出所有<p>标记 class 属性为 test 的组件，如下所示：

```
$("p.test")
```

表 15-1 列出了常用的选择及搜寻法，以供读者参考。

表 15-1　常用的选择及搜寻法

表示法	说明
$("*")	选择所有组件
$(this)	选择目前作用中的组件
$("p:first")	选择第一个<p>组件
$("[href]")	选择有 href 属性的组件
$("tr:even")	选择偶数<tr>组件
$("tr:odd")	选择奇数<tr>组件
$("div p")	选择<div>组件里面包含的<p>组件
$("div").find("p")	搜寻<div>组件里的<p>组件
$("div").next("p")	搜寻<div>组件之后的第一个<p>组件
$('li').eq(2)	搜寻第 3 个<li>组件,eq()里的值表示组件的位置，只能输入整数，最小值为 0

4. 设置 CSS 样式属性

学会了选择器的用法之后，除了可以操控 HTML 组件之外，还可以使用 css()方法来改变 CSS 样式。例如，指定<div>组件的背景色为红色，如下所示：

```
$("div").css("background-color", "red");
```

范例：ch15_01.htm

```
<!DOCTYPE html>
<html>
```

```
<head>
<meta http-equiv="Content-Type" content="text/html; charset=utf-8"/>

<script type="text/javascript" src="jquery-1.11.2.min.js"></script>
<script type="text/javascript">
$(function(){
    $("li").eq(2).css("background-color", "red");
})
</script>
</head>

<body>
<ul>
  <li>跑步</li>
  <li>游泳</li>
  <li>篮球</li>
  <li>棒球</li>
  <li>桌球</li>
</ul>
</body>
</html>
```

执行结果如图 15-4 所示。

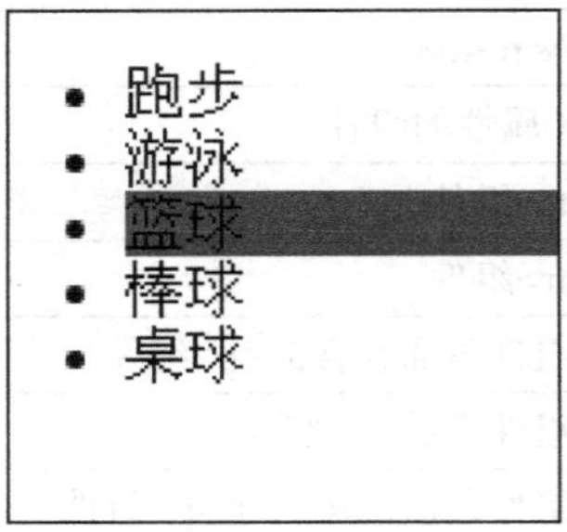

图 15-4　样式列表

范例中的 jQuery 语法是将第 3 个<li>组件的背景颜色改为红色。

jQuery 语法与 JavaScript 语法一样并不限定使用单引号或双引号，但必须要成对出现，例如"div"、'div'都是对的，而"div'是不被接受的。
另外，jQuery 在传送数据时使用 utf-8 编码，建议文件统一采用 utf-8 格式，避免日后使用 jQuery 软件时会发生问题。

由于 jQuery 被广泛使用，因此延伸出许多共享的套件，大部分可供非商业性质

（Non-commercial）使用，不论是表格、图片、日期列表或是日历等都有相当多的外挂软件可下载使用，下面将介绍几个好用的外挂软件，让读者快速地应用到个人网页中。

15.2　表格排序软件——tablesorter

表格是数据不可或缺的工具，通过 tablesorter 软件能够轻轻松松地美化表格，甚至对表格进行排序，只要设置一些参数就可以简单完成，让表格更灵活地呈现。

15.2.1　下载与应用

下载网址：http://tablesorter.com/docs/。

进入网址之后，你会看到图 15-5 所示的页面，网页上通常都会注明软件的作者（Author）、版本（Version）、授权范围（License）以及赞助方式（donate）等信息，并且会有软件完整的使用说明。

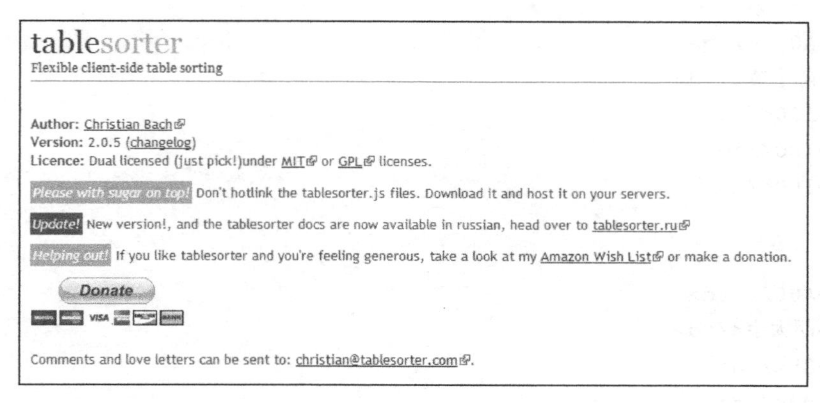

15-5　下载页面

单击“Download”链接，下载 jquery.tablesorter.zip 文件并解压缩，解压缩之后的文件夹里会包含多个文件夹及 tablesorter 的 js 文件，其中 docs 文件夹是说明文件，themes 文件夹里有 blue 及 green 两种主题样式。通常只需要用到 jquery.tablesorter.js 以及 themes 文件夹，可以将它们复制到 html 文件相同路径下面。接下来我们就来看看如何应用 tablesorter plugin。

tablesorter 是 jQuery 的 plugin，因此首先要加载 jQuery library，然后再加载 tablesorter plugin。表格的颜色可以应用 themes 文件夹里所提供的主题样式。下列语法使用 blue 的主题样式，只要将其加在<head></head>标记之间就可以了。

```
<link rel="stylesheet" href="tablesorter/blue/style.css" type="text/css" />
<script src="http://code.jquery.com/jquery-1.11.2.min.js"></script>
<script    type="text/javascript"    src="tablesorter/jquery.tablesorter.js">
</script>
```

如果.js 文件、.css 文件与 html 文件放在不同的文件夹内，就必须指定路径。

使用的方式非常简单，首先制作一个基本的表格，tablesorter 必须应用在标准的 HTML 表格中，表格里必须有表头标记<thead><th>以及表身标记<tbody>标记，并且指定 table 的 id 名称及 class 名称，id 可以自定义名称，但 class 必须指定为“tablesorter”，如下所示。

```
<table id="myTable" class="tablesorter">
<thead>
<tr>
    <th>学号</th>
    <th>姓名</th>
    <th>数学</th>
    <th>英文</th>
    <th>语文</th>
</tr>
</thead>
<tbody>
<tr>
    <td>A001</td>
    <td>陈小凌</td>
    <td>100</td>
    <td>100</td>
    <td>100</td>
</tr>
<tr>
    <td>A002</td>
    <td>胡大宇</td>
    <td>85</td>
    <td>90</td>
    <td>80</td>
</tr>
</tbody>
</table>
```

接着只要在网页加载完成时，通知 tablesorter 要将哪一个表格排序就可以了，如下所示。

```
$(function () {
    $("#myTable").tablesorter();
})
```

如此一来，就可以完成如图 15-6 所示的表格。

学号	姓名	数学	英文	语文
A001	陈小凌	100	100	100
A002	胡大宇	85	90	80
A003	林小风	75	65	86
A004	黄小金	72	86	62

单击此按钮就可以排序

图 15-6　表格

可以看到表头的右方多了一个排序按钮，只要单击它就可以将字段进行排序，很简单方便。

15.2.2　进阶应用

tablesorter 提供了一些进阶功能，只要设置参数就可以达到，例如，默认排序、奇偶行分色等，我们先来看看如何做默认排序。

1. 默认排序

默认排序只要设置 sortList 参数就可以，如下所示。

```
sortList:[[columnIndex, sortDirection], ... ]
```

columnIndex 指定要排序的字段，从左边算起，第一栏为 0，从左至右依次递增；sortDirection 表示排序方式，0 是升序排列（由小到大），1 是降序排列（由大到小）。例如，要将第一栏由大到小排序，第二栏由小到大排序，可以如下表示：

```
$("#myTable").tablesorter({sortList: [[0,1], [1,0]]});
```

当进入网页时就会看到第一栏及第二栏分别做了降序及升序的排列，如图 15-7 所示。

学号	姓名	数学	英文	语文
A004	黄小金	72	86	62
A003	林小风	75	65	86
A002	胡大宇	85	90	80
A001	陈小凌	100	100	100

图 15-7　升序及降序排列

当然也可以设置某一栏不允许排序，只要在 headers 参数中指定字段不排序就可以了，语法如下：

```
headers: { 0: { sorter: false}, 1: {sorter: false} }
```

2. 奇偶行交差着色

为了要让表格更容易阅读，则在奇数及偶数行分别用不同颜色做区分，tablesorter 提供了 widgets 参数，只要将 widgets 指定 zebra 就可以达到奇偶行分色效果，语法如下：

```
$("#myTable").tablesorter({widgets: ['zebra']});
```

奇数行与偶数行分别以不同颜色呈现，如图 15-8 所示。

学号	姓名	数学	英文	语文
A001	陈小凌	100	100	100
A002	胡大宇	85	90	80
A003	林小风	75	65	86
A004	黄小金	72	86	62

图 15-8　奇数行与偶数行以不同颜色呈现

下面我们就来看看如何将上述参数整合的实际范例。

范例：CH15_02.htm

```
<!DOCTYPE html>
<html>
  <head>
<meta http-equiv="Content-Type" content="text/html; charset=utf-8"/>
<title></title>
<link rel="stylesheet" href="tablesorter/blue/style.css" type="text/css" />
<script src="http://code.jquery.com/jquery-1.11.2.min.js"></script>
<script  type="text/javascript"  src="tablesorter/jquery.tablesorter.js">
</script>

<script type="text/javascript">
$(function () {
    $("#myTable").tablesorter( {
         sortList: [[0,1]],
         headers: {1: {sorter: false} },
         widgets: ['zebra']
        } );
})
</script>
</head>
<body>
<table id="myTable" class="tablesorter">
<thead>
```

```
<tr>
    <th>学号</th>
    <th>姓名</th>
    <th>数学</th>
    <th>英文</th>
    <th>语文</th>
</tr>
</thead>
<tbody>
<tr>
    <td>A001</td>
    <td>陈小凌</td>
    <td>100</td>
    <td>100</td>
    <td>100</td>
</tr>
<tr>
    <td>A002</td>
    <td>胡大宇</td>
    <td>85</td>
    <td>90</td>
    <td>80</td>
</tr>
<tr>
    <td>A003</td>
    <td>林小风</td>
    <td>75</td>
    <td>65</td>
    <td>86</td>
</tr>
<tr>
    <td>A004</td>
    <td>黄小金</td>
    <td>72</td>
    <td>86</td>
    <td>62</td>
</tr>
</tbody>
</table>
</body>
</html>
```

执行结果如图 15-9 所示。

学号	姓名	数学	英文	语文
A004	黄小金	72	86	62
A003	林小风	75	65	86
A002	胡大宇	85	90	80
A001	陈小凌	100	100	100

图 15-9　范例列表

15.3　行事历软件——FullCalendar

FullCalendar 是一个功能强大的 jQuery 行事历软件，能通过 Ajax 来取得数据配置成自己的行事历，也可以让用户以单击或拖曳的方式触发事件，我们只要编写事件处理函数，就可以完美地达到所需的效果或功能。

15.3.1　下载与应用

下载网址：http://arshaw.com/fullcalendar/。

下载了 FullCalendar 套件之后，只需要将 fullcalendar 文件夹及 lib 文件夹里的文件，复制到 html 文件所在的文件夹即可。

HTML 文件里同样需要引用 jQuery 程序以及 fullcalendar 程序，通常只需要引用 fullcalendar.css 和 fullcalendar.js 文件即可，需要结合 Google 行事历才可引入 gcal.js。语法如下：

```
<link href='fullcalendar/fullcalendar/fullcalendar.css' rel='stylesheet' />
<link href='fullcalendar/fullcalendar/fullcalendar.print.css' rel='stylesheet' media='print' />
<script src='fullcalendar/lib/jquery.min.js'></script>
<script src='fullcalendar/lib/jquery-ui.custom.min.js'></script>
<script src='fullcalendar/fullcalendar/fullcalendar.min.js'></script>
```

接下来需要建立用来放置行事历的 div 组件，并指定 id 名称。

```
<div id='calendar'></div>
```

最后只要将 fullCalendar 应用在 div 组件即可，格式如下：

```
$(function() {
    $('#calendar').fullCalendar();
});
```

这样就建立了一个如图 15-10 所示的行事历。

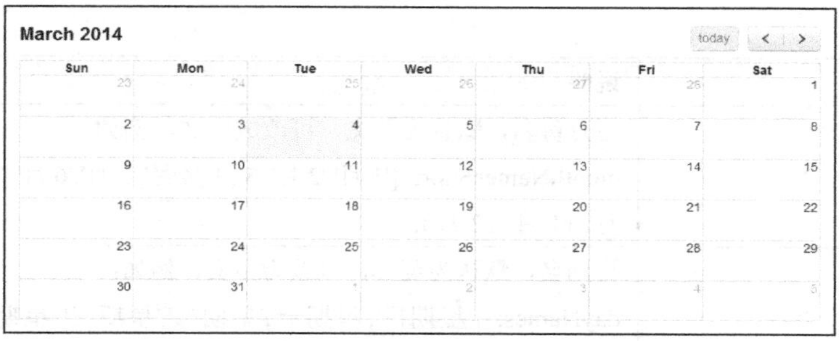

March 2014　today　<　>

Sun	Mon	Tue	Wed	Thu	Fri	Sat
23	24	25	26	27	28	1
2	3	4	5	6	7	8
9	10	11	12	13	14	15
16	17	18	19	20	21	22
23	24	25	26	27	28	29
30	31	1	2	3	4	5

图 15-10　行事历

以往想要自己制作行事历，可以说是相当复杂，现在只需要加入几行程序就可以轻松达成了。

15.3.2　进阶应用

只需要加入一些参数就能改变行事历的外观与功能，还可以加载事件，让行事历具有记事的功能。

1．常用参数

表 15-2 整理了常用的参数，以供读者参考。

表 15-2　行事历常用参数

相关参数	说明
editable	行程是否可编辑，默认值为 true
draggable	行程是否可拖曳，默认值为 true
weekends	是否显示假日，值为 true/flase，默认值为 true
defaultView	默认显示的模式，值为 month(月)、basicWeek(周)、basicDay(日)、agendaWeek(周)、agendaDay(日)，默认值为 month
height	行事历高度
header	设置标题样式
buttonText	设置按钮文字
aspectRatio	设置行事历高度比率（比率越小，高度越高）
weekMode	周显示模式，值有 fixed（固定六周）、liquid（实际周数）、variable（整体以实际周数统一高度）
titleFormat	标题格式，timeFormat: 'H(:mm)'
monthNames	月份名，默认为英文，可改成中文，例如： monthNames: ['一月','二月','三月','四月','五月','六月','七月','八月','九月','十月','十一月','十二月']

（续表）

相关参数	说明
monthNamesShort	短月份名，默认为英文，可改成中文，例如： monthNamesShort: ['1 月','2 月','3 月','4 月','5 月','6 月','7 月','8 月','9 月','10 月','11 月','12 月'],
dayNames	日期名，默认为英文，可改为中文，例如： dayNames: ['星期日','星期一','星期二','星期三','星期四','星期五','星期六']
dayNamesShort	短日期名，默认为英文，可改为中文，例如： dayNamesShort:['周日', '周一', '周二', '周三','周四', '周五', '周六']
slotMinutes	时间间隔，默认为 30
allDayText	整日显示名称
minTime	开始时间，默认值为 0。例如，如果从 5 点开始显示，就可输入 5；如果从 5:30 开始，就可输入 5:30 或 5:30am。
maxTime	结束时间，默认值为 24。例如，输入 22，表示时间只显示到晚上 10 点，也可以输入'22:30'、'10:30pm'

下面来看看实际应用参数的完整范例。

范例：CH15_03.htm

```
<!DOCTYPE html>
<html>
<head>
<link href='fullcalendar/fullcalendar/fullcalendar.css' rel='stylesheet' />
<link href='fullcalendar/fullcalendar/fullcalendar.print.css' rel='stylesheet'
media='print' />
<script src='fullcalendar/lib/jquery.min.js'></script>
<script src='fullcalendar/lib/jquery-ui.custom.min.js'></script>
<script src='fullcalendar/fullcalendar/fullcalendar.min.js'></script>
<script>

    $(document).ready(function() {

        $('#calendar').fullCalendar({
            editable: true,
            aspectRatio: 3,
            defaultView:"agendaWeek",
            height: 600,
            draggable: true,
            weekends: true,
```

```
            slotMinutes:30,
            allDayText:"整日",
            minTime:'9',
            maxTime:'18',
            monthNames:['一月','二月', '三月', '四月', '五月', '六月', '七月','八
月', '九月', '十月', '十一月', '十二月'],
            monthNamesShort: ['1 月','2 月','3 月','4 月','5 月','6 月','7 月','8 月
','9 月','10 月','11 月','12 月'],
            dayNames:['星期日', '星期一', '星期二', '星期三','星期四', '星期五', '
星期六'],
            header:{
                left: 'month,agendaWeek,agendaDay',
                center: 'title',
                right: 'prevYear,prev,today,next,nextYear'
            },
            buttonText:{
                prevYear: '去年',
                nextYear: '明年',
                today: '今天',
                month: '月',
                week: '周',
                day: '日'
            },
            dayNamesShort:['周日', '周一', '周二', '周三','周四','周五','周六'],
            titleFormat:{
                month: 'MMMM yyyy',
                week: "MMM d[yyyy]{'—'[ MMM] d yyyy}",
                day: 'dddd, MMM d, yyyy'
            },
            weekMode:'fixed'
        });

    });

</script>
<style>

    body {
        margin-top: 40px;
        text-align: center;
        font-size: 14px;
        font-family: "Lucida Grande",Helvetica,Arial,Verdana,sans-serif;
```

```
        }

    #calendar {
        width: 900px;
        margin: 0 auto;
        }

</style>
</head>
<body>
<div id='calendar'></div>
</body>
</html>
```

执行结果如图 15-11 所示。

图 15-11　应用范例

2. 指定数据源

想要将行程显示在行事历上，必须使用 event 对象指定数据源，数据可以是 array、JSON 以及 XML 格式，只要利用 events 参数来指定要使用的属性就可以了，例如：

```
events: [
{
    title: '研讨会',
    start: '2015-03-10'
},
{
    title: '旅游',
    start: '2015-03-11 10:30:00',
    end: '2015-03-13 12:30:00',
    allDay : false
```

```
}]
```

常用的 Event 对象属性如表 15-3 所示。

表 15-3 常用的 Event 对象属性

属性	说明
allDay	是否为整日事件，值为 true/false
start	事件的开始日期时间
end	事件的结束日期时间
color	背景和边框颜色
borderColor	边框颜色
backgroundColor	事件的背景颜色
textColor	事件的文字颜色
title	事件显示的标题
url	单击事件时要打开 url
editable	是否可以拖曳

范例：CH15_04.htm

```
<!DOCTYPE html>
<html>
<head>
<link href='fullcalendar/fullcalendar/fullcalendar.css' rel='stylesheet' />
<link href='fullcalendar/fullcalendar/fullcalendar.print.css' rel='stylesheet'
media='print' />
<script src='fullcalendar/lib/jquery.min.js'></script>
<script src='fullcalendar/lib/jquery-ui.custom.min.js'></script>
<script src='fullcalendar/fullcalendar/fullcalendar.min.js'></script>
<script>

    $(document).ready(function() {
        var date = new Date();
        var d = date.getDate();
        var m = date.getMonth();
        var y = date.getFullYear();

        $('#calendar').fullCalendar({
            editable: true,
            aspectRatio: 3,
            defaultView:"month",
            height: 600,
            draggable: true,
```

```
            weekends: true,
            slotMinutes:30,
            allDayText:"整日",
            minTime:'9',
            maxTime:'18',
            monthNames:['一月','二月', '三月', '四月', '五月', '六月', '七月','八
月', '九月', '十月', '十一月', '十二月'],
            monthNamesShort: ['1 月','2 月','3 月','4 月','5 月','6 月','7 月','8 月
','9 月','10 月','11 月','12 月'],
            dayNames:['星期日', '星期一', '星期二', '星期三','星期四', '星期五', '
星期六'],
            header:{
                left: 'month,agendaWeek,agendaDay',
                center: 'title',
                right: 'prevYear,prev,today,next,nextYear'
            },
            buttonText:{
                prevYear: '去年',
                nextYear: '明年',
                today: '今天',
                month: '月',
                week: '周',
                day: '日'
            },
            dayNamesShort:['周日', '周一', '周二','周三','周四','周五','周六'],
            titleFormat:{
                month: 'MMMM yyyy',
                week: "MMM d[yyyy]{'-'[ MMM] d yyyy}",
                day: 'dddd, MMM d, yyyy'
            },
            weekMode:'fixed',
            events: [
                {
                    title: '会议',
                    start: '2015-03-15 2:00'
                },
                {
                    title: '韩国旅游',
                    start: '2015-03-28',
                    end: '2015-03-31'
                },
                {
```

```
                    title: '聚餐',
                    start: new Date(y, m, d-3, 16, 0),
                    allDay: false
                },
                {

                    title: '棒球比赛',
                    start: new Date(y, m, d+2, 16, 0),
                    allDay: false
                },
                {
                    title: '连接到 yahoo',
                    start: new Date(y, m, 10),
                    url: 'http://www.yahoo.com.tw/'
                }
            ]

        });

    });

</script>
<style>

    body {
        margin-top: 40px;
        text-align: center;
        font-size: 14px;
        font-family: "Lucida Grande",Helvetica,Arial,Verdana,sans-serif;
        }

    #calendar {
        width: 900px;
        margin: 0 auto;
        }
</style>
</head>
<body>
<div id='calendar'></div>
</body>
</html>
```

执行结果如图 15-12 所示。

图 15-12 应用范例

范例中的 event 事件使用多种属性的用法，其中“连接到 yahoo”事件加入了 URL，因此只要单击事件就会打开 yahoo 页面。

start 与 end 参数必须指定日期时间，如果想指定今天的日期或是加减天数、月数、年数，就必须通过日期对象来取得日期时间，格式如下：

```
Var date=new Date(年, 月, 日, 时, 分, 秒, 毫秒)
```

如果没有指定参数，例如 new Date()，就会返回目前的日期。我们可以利用 date 对象的方法来取得个别日期与时间信息（如表 15-4 所示）。

表 15-4 利用 date 对象的方法取得个别日期与时间信息

方法	说明
getYear()	取得年份
getMonth()	取得月份，值为 0~11，0 是一月，11 是十二月
getDate()	取得一个月的一天
getDay()	取得一个星期的一天，值为 0~6，0 是星期日，6 是星期六
getHours()	取得小时，值为 0~23
getMinutes()	取得分钟，值为 0~59
getSeconds()	取得秒数，值为 0~59
getTime()	取得时间（单位：微秒）

取得了年、月、日之后，想要加减天数、月数或年数就都可以了，范例中所使用的下列 3 种方法分别是取得三天前的日期、两天后的日期以及当月 10 日的日期。

```
start: new Date(y, m, d-3, 16, 0)
start: new Date(y, m, d+2, 16, 0)
```

```
    start: new Date(y, m, 10)
```

本章小结

1. jQuery 是一套开放原始码的 JavaScript 函数库（Library），可以说是目前最受欢迎的 JS 函数库。

2. 引用 jQuery 方式有两种，一种是直接下载 JS 文件引用；另一种是使用 CDN 来加载链接库。

3. jQuery 必须等到浏览器加载 HTML 的 DOM 对象之后才能执行，可以通过.ready()方法来确认 DOM 已经全部加载。

4. jQuery 选择器用来选择 HTML 组件，我们可以通过 HTML 标记名称、id 属性及 class 属性等来取得组件。

5. id 选择器是通过组件的 id 属性来取得组件，只要在 id 属性前加上“#”号即可。

6. class 选择器是通过组件的 class 属性来取得组件，只要在 class 属性前加上“.”号即可。

7. 由于 jQuery 被广泛使用，因此延伸出许多共享的软件，大部分都可供非商业性质使用。

8. tablesorter 软件能轻轻松松就美化表格，只要对表格进行排序，设置一些参数就可以简单完成。

9. FullCalendar 是一个功能强大的 jQuery 行事历软件，能通过 Ajax 来取得数据配置成自己的行事历。

10. 想要将行程显示在行事历上，必须使用 event 对象指定数据来源，数据可以是 array、JSON 以及 XML 格式。

习 题

一、选择题

1. 下列________是 jQuery 的优点。
（A）跨平台 （B）容易学习 （C）提供多种函数库 （D）以上皆是

2. 下列________语法能找出 HTML 中所有的<p>对象并且隐藏起来。
（A）$("p").hide() （B）<p>.hide() （C）$("p").close() （D）$("p").hidden()

3. id 选择器是在 id 属性前加上__________符号。
（A）点(.) （B）# （C）* （D）$

4. class 选择器是在 class 属性前加上__________符号。
（A）点(.) （B）# （C）* （D）$

5. 在一个 HTML 页面中，________组件属性不允许有重复值。
（A）name （B）class （C）id （D）type

二、操作题

请以 jQuery 搭配 tablesorter 制作如图 15-13 所示的表格。

第一季	第一季	第二季	第三季	第四季
冰箱	10	8	20	15
冷气机	20	30	100	50

图 15-13　绘制表格

第 16 章　开发跨平台移动设备网页 jQuery Mobile

随着移动设备的普及，仅在计算机上浏览网页已经不够。越来越多的人想学习移动设备的网页设计开发，但是在浏览器只有几种的情况下，就已经遇到跨浏览器支持的问题。移动设备品牌这么多，仅使用 Apple iOS 和 Android 系统就有多种不同规格尺寸的手持设备，更何况还有其他的平板设备，不可能为每种尺寸都做一个界面，那样就太费时了。为了解决这个问题，jQuery 推出了一套新的函数库 jQuery Mobile，目的是希望能够统一当前移动设备的用户界面（UI）。

jQuery Mobile 页面以 HTML5 标准及 CSS3 规范组成，相信制作移动设备网页对于学过 HTML5 与 CSS3 的用户来说是一件轻松愉快的事。

16.1　jQuery Mobile 基础

移动设备开发应用程序目前大致分为两种：一种是原生 APP（Native App），它利用该移动设备平台提供的语言写出专用应用程序，例如 Apple iOS 程序开发工具 XCode、Android 程序开发工具 Eclipse IDE，这些工具开发的 App 只能在各家设备下载安装；另一种是使用移动设备浏览器读取网页，可以跨不同的移动设备浏览。本章介绍的 jQuery Mobile 就属于后者，接下来认识一下 jQuery Mobile。

16.1.1　认识 jQuery Mobile

jQuery Mobile 是一套以 jQuery 和 jQuery UI 为基础、提供移动设备跨平台的用户界面函数库，通过它制作出来的网页能够支持大多数移动设备的浏览器，并且在浏览网页时能够拥有操作应用软件一般的触碰及滑动效果，我们先来看一下它的优点、操作流程及所需的移动设备仿真器。

1. jQuery Mobile 的优点

jQuery Mobile 具有下列几个特点。

- **跨平台**：目前大部分的移动设备浏览器都支持 HTML5 标准，jQuery Mobile 以 HTML5 标记配置网页，所以可以跨不同的移动设备，如 Apple iOS、Android、BlackBerry、Windows Phone、Symbian 和 MeeGo 等。
- **容易学习**：jQuery Mobile 通过 HTML5 的标记与 CSS 规范来配置与美化页面，对于已经熟悉 HTML5 及 CSS3 的读者来说，架构清晰，又易于学习。
- **提供多种函数库**：例如键盘、触碰功能等，不需要辛苦编写程序代码，只要稍加设置，就可以产生想要的功能，大大简化了编写程序所耗费的时间。

- **多样的布景主题及 ThemeRoller 工具**：jQuery UI 的 ThemeRoller 在线工具，只要通过下拉菜单进行设置，就能够自制出相当有特色的网页风格，并且可以将代码下载下来应用。另外，jQuery Mobile 还提供布景主题，轻轻松松就能够快速创建高质感的网页。

市面上移动设备众多，如果要查询 jQuery Mobile 最新的移动设备支持信息可以参考 jQuery Mobile 网站上的“各厂牌支持表”（jQuerymobile.com/gbs），还可以参考英文维基百科（wiki）网站对 jQuery Mobile 说明中提供的 Mobile browser support 一览表（http://en.wikipedia.org/wiki/JQuery_Mobile）。

2. jQuery Mobile 操作流程

jQuery Mobile 的操作流程其实与编写 HTML 文件相似，大致有下面几个步骤。

（1）新增 HTML 文件。
（2）声明 HTML5 document。
（3）载入 jQuery Mobile css、jQuery 与 jQuery Mobile 链接库。
（4）使用 jQuery Mobile 定义的 HTML 标准，编写网页架构及内容。

开发工具也与 HTML5 一样，只要通过记事本这类文字编辑器将编辑好的文件保存为.htm 或.html，就可以使用浏览器或仿真器浏览。

3. 移动设备仿真器

由于制作完成的网页要在移动设备上浏览，因此需要能够产生移动设备屏幕大小的仿真器让我们预览运行的结果。下面推荐两款仿真器供读者参考。

- **Mobilizer**：网站网址为 http://www.springbox.com/mobilizer/，如图 16-1 所示。

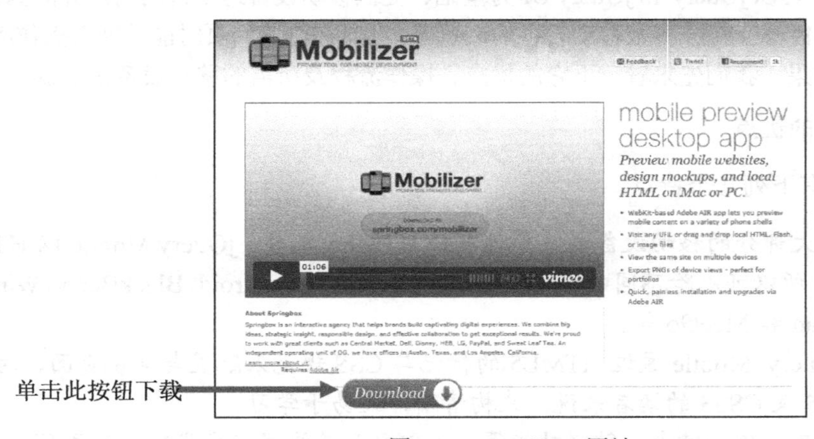

图 16-1　Mobilizer 网站

下载并安装完成之后，会出现如图 16-2 左侧所示的小工具。白色框内可以输入网址或 HTML

文件路径，单击 Phones 按钮就会出现手机厂牌菜单，单击厂牌，就会弹出仿真器打开网页，如图 16-2 右侧所示。

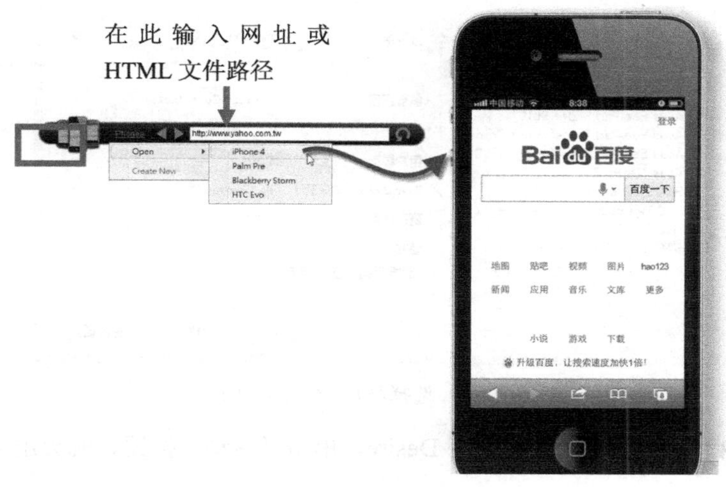

图 16-2 输入网址

写好的 HTML 文件想要在 Mobilizer 仿真器中测试，可以在地址栏输入文件路径，例如 index.htm 文件的存放路径是 D:/HTML，只要按如下输入即可：

```
file://D:\HTML5\index.htm
```

不过，为了避免输入错误，建议直接将 HTML 文件拖曳到地址栏，Mobilizer 仿真器就会自动帮助用户加上完整路径。

- **Opera Mobile Emulator:** 网站网址为 http://www.opera.com/developer/tools/mobile/，如图 16-3 所示。

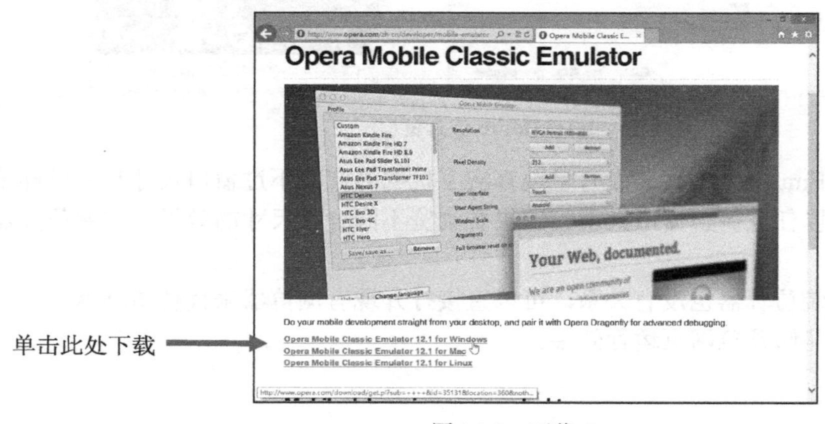

图 16-3 下载 Opera

下载并安装完成之后会出现如图 16-4 所示的对话框，可从中选择移动设备的界面。

图 16-4　选择移动设备的界面

例如，在“资料”列表框中选择 HTC Desire，单击“启动”按钮，就会出现手机仿真窗口，如图 16-5 所示。

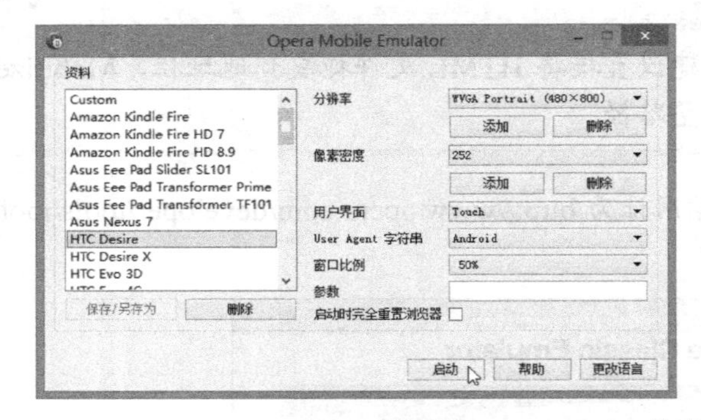

图 16-5　HTC Desire 仿真窗口

虽然 Opera Mobile Emulator 仿真器没有呈现真实手机的外观，不过窗口尺寸与手机屏幕是一样的，它的好处是可以任意调整窗口大小。如果要浏览不同屏幕尺寸的效果，这款仿真器就十分方便。

使用的环境无法安装仿真器也没有关系，可以直接打开现有浏览器来代替仿真器，只要调整浏览器的长宽，同样能够预览网页运行效果。

学习小教室

什么是 App?

App 的全称为 Application，泛指任何应用程序，包括计算机上的软件（例如，Word、Excel）也都是应用程序，我们可以在计算机上安装多种软件，在移动设备上也是如此，只要容量许可，就可以安装许多 App。

16.1.2　第一个 jQuery Mobile 网页

首先添加一个如下的 HTML 文件，准备开始制作第一个 jQuery Mobile 网页。

```
<!DOCTYPE html>
<html>
<head>
<title>jQuery Mobile 创建的第一个网页</title>
</head>
<body>
</body>
</html>
```

要开发 jQuery Mobile 网页，必须要引用 JavaScript 函数库（.js）、CSS 样式表（.css）和配套 jQuery 函数库文件。引用方式有两种，一种是到 jQuery Mobile 官网上下载文件来引用；另一种是直接通过 URL 链接到 jQuery Mobile 的 CDN-hosted 引用，不需要下载文件。

本书使用 URL 链接 CDN-hosted 方式来引用，网址如下：

```
http://jquerymobile.com/download/
```

进入网站之后找到“Latest Stable Version: 1.1.1”字样，其中 1.1.1 是版本号码，官网上直接提供引用代码，只要将其复制并粘贴到 HTML 文件<head>标记区块内就可以了，如图 16-6 所示。

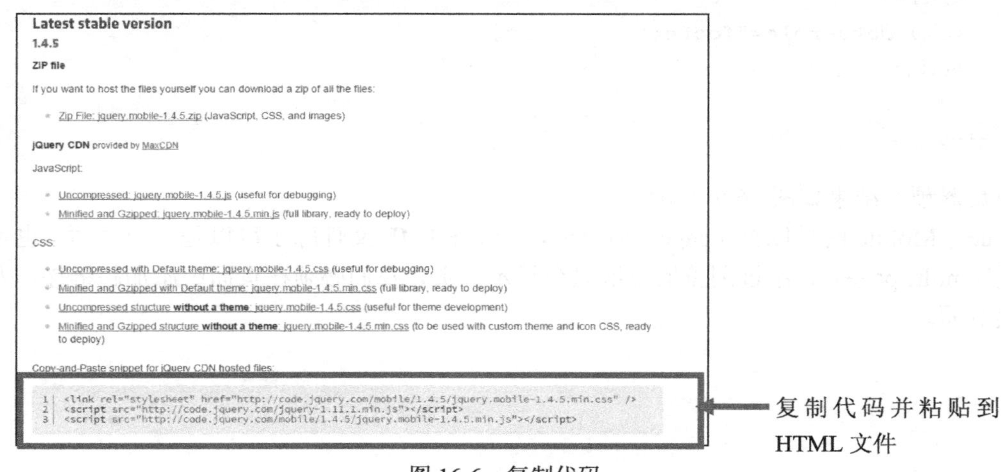

图 16-6　复制代码

将代码复制到<head>标记区块内，其位置如下所示：

```
<head>
<title>jQuery Mobile创建的第一个网页</title>
<!--引用 jQuery Mobile 函数库-->
<link   rel="stylesheet"   href="http://code.jquery.com/mobile/1.1.1/jquery.
mobile-1.1.1.min.css" />
<script src="http://code.jquery.com/jquery-1.7.1.min.js"></script>
<script
src="http://code.jquery.com/mobile/1.1.1/jquery.mobile-1.1.1.min.js"></script>
</head>
```

jQuery Mobile 函数库仍然在开发中，因此你看到的版本号可能会与本书不同，请使用官方网站提供的最新版本，只要按照上述方式将代码复制下来引用即可。

接下来，我们就可以在<body></body>标记区域内开始添加程序代码了。

jQuery Mobile 的网页是由 header、content 与 footer 这 3 个区域组成的架构，利用<div>标记加上 HTML5 自定义属性（HTML5 Custom Data Attributes）data-*来定义移动设备网页组件样式，最基本的属性 data-role 可以用来定义移动设备的页面架构，语法如下：

```
<div data-role="page">          <!--开始一个 page -->
    <div data-role="header">
    标题(header)
    </div>
    <div data-role="content">
    网页内容(content)
    </div>
    <div data-role="footer">
    页脚(footer)
    </div>
</div>
```

仿真器预览结果如图 16-7 所示。

jQuery Mobile 网页以页（page）为单位，一个 HTML 文件除了可以是一个页面，也可以存放多页（multi-page），不过浏览器每次只会显示一页，我们必须在页面中添加超链接，方便用户切换页面。

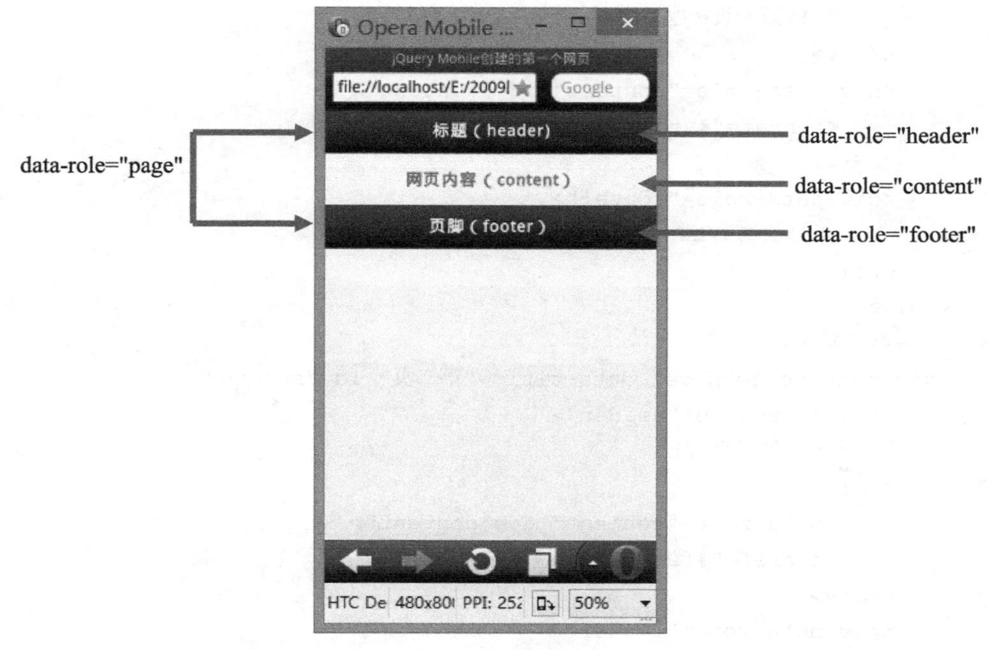

图 16-7　模拟器仿真效果

例如，下面的范例制作了两个页面，可通过程序代码说明。

范例：ch16_01.htm

```
<!DOCTYPE html>
<html>
<head>
<title>jQuery Mobile 创建的第一个网页</title>
<meta http-equiv="Content-Type" content="text/html; charset=utf-8" />
<!--引用 jQuery Mobile 函数库-->
<link   rel="stylesheet"   href="http://code.jquery.com/mobile/1.4.5/jquery.
mobile-1.4.5.min.css" />
<script src="http://code.jquery.com/jquery-1.11.1.min.js"></script>
<script
src="http://code.jquery.com/mobile/1.4.5/jquery.mobile-1.4.5.min.js"></script>
<style type="text/css">
#content{text-align:center;}
</style>
</head>
<body>
    <!--第一页-->
    <div data-role="page" data-title="第一页" id="first">
        <div data-role="header">
```

```
            <h1>第一页标题(header)</h1>
        </div>
        <div data-role="content" id="content">
            <a href="#second">按我到第二页</a>
        </div>
        <div data-role="footer">
            <h4>页脚</h4>
        </div>
    </div>
    <!--第二页-->
    <div data-role="page" data-title="第二页" id="second">
        <div data-role="header">
            <h1>第二页</h1>
        </div>
        <div data-role="content" id="content">
            <a href="#first">回到第一页</a>
        </div>
        <div data-role="footer">
            <h4>页脚</h4>
        </div>
    </div>
</body>
</html>
```

执行结果如图 16-8 所示。

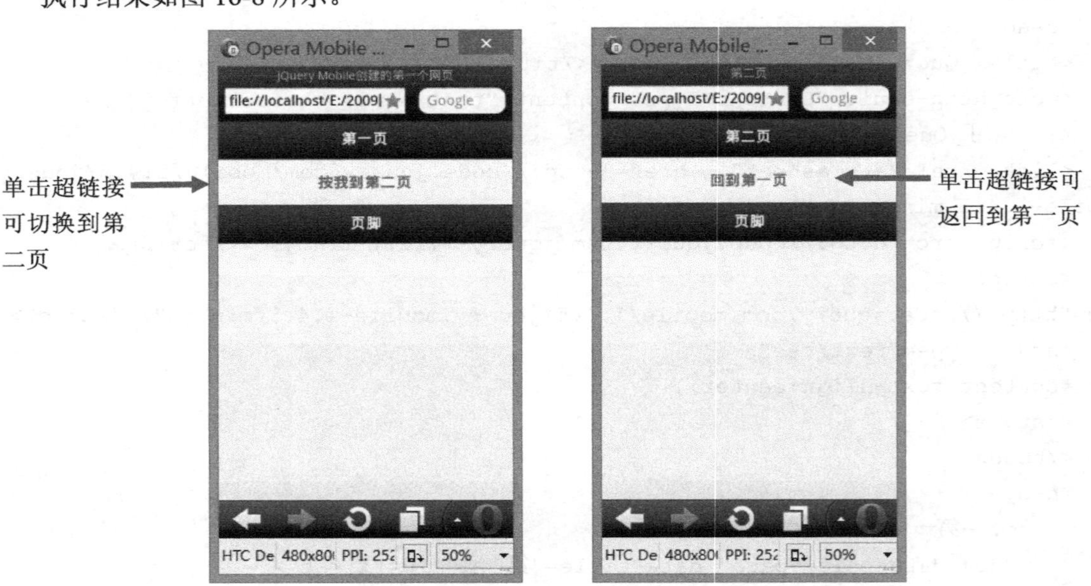

图 16-8　制作了两个页面

可以看到范例中新增了两个页面，每一个 data-role="page"页面都加入了 id 属性，再使用<a>超链接标记的 href 属性指定#id，即可链接到对应的 page。例如，范例中第二页的 id 为 second，因此只要在第一页<a>标记指定 id 即可，如下所示：

```
<a href="#second">按我到第二页</a>
```

这样，就可以顺利地在两个页面之间进行切换。

除了单一文件内部多个网页之间的切换之外，当然也可以链接到不同的网页。

如果实际执行这个范例，会发现页面上的画面与文字显得非常小，如图 16-9 所示，这是因为移动设备的分辨率比较小，然而大多数浏览器默认会以普通的网页宽度进行显示，这样网页内的文字与画面都会变得很小而造成不易查看。

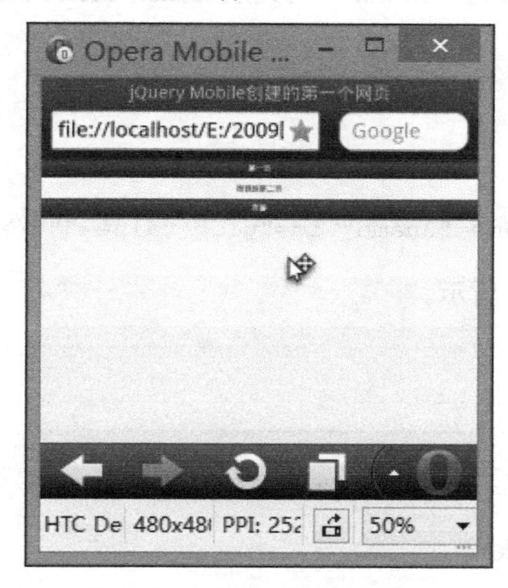

图 16-9　屏幕文字显得非常小

为了解决这个问题，苹果（Apple）首先在 Safari 中使用了 viewport 这个 meta 标记，目的是告诉浏览器移动设备的宽度和高度，页面画面与字体比例看起来就会比较合适。用户可以通过平移（Scroll）和缩放 （Zoom）来浏览整个页面，目前大部分浏览器都支持这个协议。Viewport meta 代码如下：

```
<meta name="viewport" content="width=device-width, initial-scale=1">
```

只要在<head></head>标记之间加上这一行代码就会调整适当的宽度，参数说明如下。

- **width**：控制宽度，可以指定一个宽度值，或输入 device-width，表示宽度随着设备宽度自动调整。
- **height**：控制高度，或输入 device-height。
- **initial-scale**：初始缩放比例，最小为 0.25，最大为 5。

- **minimum-scale**：允许用户缩放的最小比例，最小为 0.25，最大为 5。
- **maximum-scale**：允许用户缩放的最大比例，最小为 0.25，最大为 5。
- **user-scalable**：是否允许用户手动缩放，可以输入 0 或 1，也可以输入 yes 或 no。

16.2 jQuery Mobile 的 UI 组件

jQuery Mobile 针对用户界面提供了各种可视化的元素，与 HTML5 标记一起使用可以轻轻松松地开发出移动设备网页。下面将介绍这些元素的用法。

16.2.1 认识 UI 组件

jQuery Mobile 各种可视化组件的语法大多数与 HTML5 标记大同小异，这里不再赘述，仅列出这些常用的组件。由于按钮（Button）与列表（List View）功能变化比较大，因此后面将对其进行详细介绍。

1. 文本框（text input）

其用法如下所示。

```
<input type="text" name="uname" id="uid" value="" />
```

文本框的效果如图 16-10 所示。

hi~

图 16-10 文本框

2. 范围滑块（range slider）

其用法如下所示。

```
<input type="range" name="rangebar" id="rangebarid" value="25" min="0"
max="100" data-highlight="true" />
```

范围滑块的效果如图 16-11 所示。

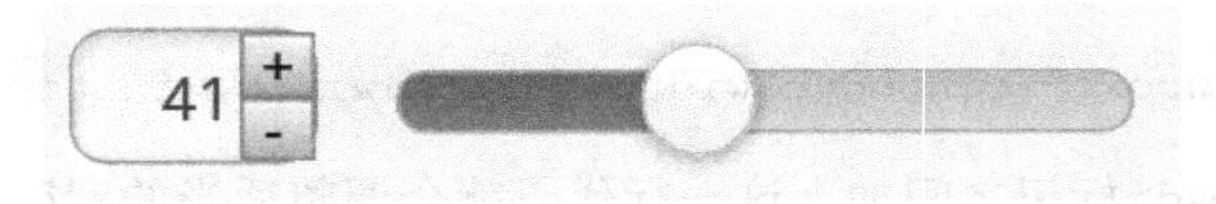

图 16-11 范围滑块

3. 单选按钮（radio button）

其用法如下所示。

```
<fieldset data-role="controlgroup">
```

```
        <legend>最喜欢的水果:</legend>
            <input    type="radio"    name="radio-choice"    id="radio-choice-1"
value="choice-1" checked="checked" />
            <label for="radio-choice-1">苹果</label>
            <input    type="radio"    name="radio-choice"    id="radio-choice-2"
value="choice-2"  />
            <label for="radio-choice-2">香蕉</label>
            <input    type="radio"    name="radio-choice"    id="radio-choice-3"
value="choice-3"  />
            <label for="radio-choice-3">柠檬</label>
    </fieldset>
```

单选按钮的效果如图 16-12 所示。

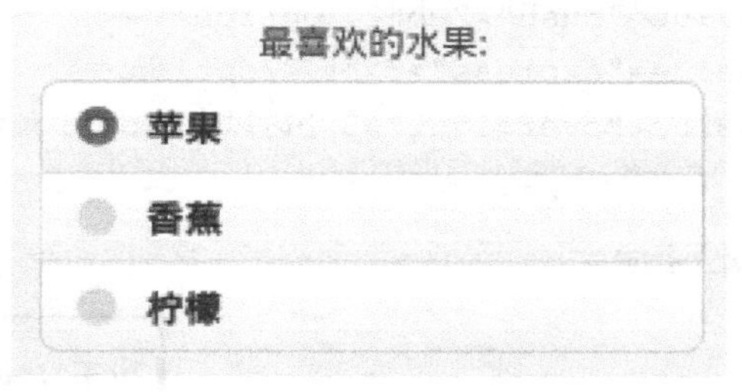

图 16-12　单选按钮

<fieldset>标记用来创建组，组内各个组件仍然保持自己的功能，而样式可以统一，在<fieldset>标记中添加 data-role="controlgroup"属性，jQuery Mobile 就会让它们看起来像一个组合，更有整体感。

4. 复选框（check box）

其用法如下所示。

```
/*第一种写法*/
<label><input type="checkbox" name="checkbox-0" checked /> 我同意 </label>
/*第二种写法*/
<input type="checkbox" name="checkbox-1" id="checkbox-1" />
<label for="checkbox-1">我同意</label>
```

复选框的效果如图 16-13 所示。

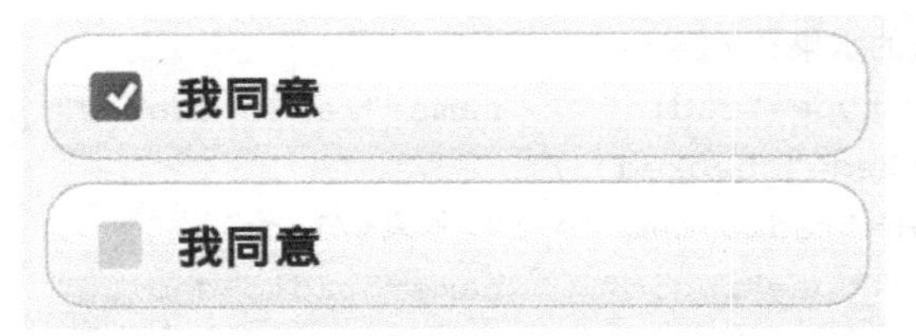

图 16-13　复选框

5. 选择菜单（select menu）

```
<label for="select-choice-0" class="select">每天上网时数:</label>
        <select name="select-choice-0" id="select-choice-1" data-mini="true" >
           <option value="standard">少于 1 小时</option>
           <option value="standard">1 小时</option>
           <option value="rush">2 小时</option>
           <option value="express">3 小时</option>
           <option value="overnight">3 小时以上</option>
        </select>
```

选择菜单的效果如图 16-14 所示。

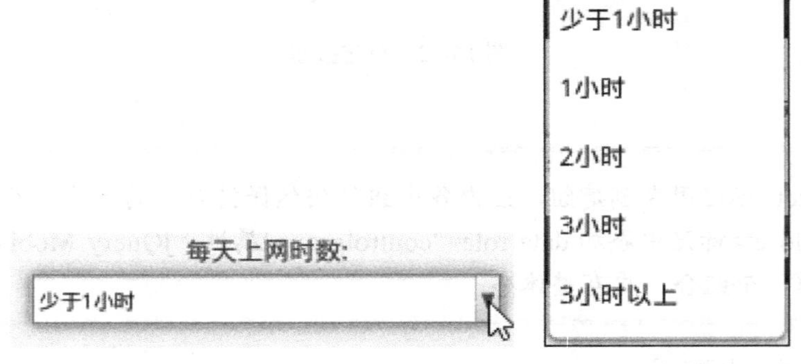

图 16-14　选择菜单

16.2.2　按钮

按钮（button）是 jQuery Mobile 的核心组件，可以用来制作链接按钮（link button），也可以作为表单按钮（form button），首先我们来看看链接按钮。

1. 链接按钮（link button）

在前面的范例中曾经利用<a>标记产生文字超链接，让页面可以进行切换，如果要让超链接通过按钮显示，就要使用 data-role="button"属性，语法如下：

```
<a href="#second" data-role="button">第二页</a>
```

加入这行代码之后，会显示如图 16-15 所示的按钮。

图 16-15　链接按钮

“data-mini="true"”属性可以让按钮及字体小一号显示。

2. 表单按钮（form button）

顾名思义，表单按钮就是表单使用的按钮，分为普通按钮、“提交”按钮和“取消”按钮，不需要使用 data-role="button"属性，只要使用 button 标记加上 type 属性，语法如下：

```
<input type="button" value="Button" />
<input type="submit" value="Submit Button" />
<input type="reset" value="Reset Button" />
```

按钮外观如图 16-16 所示。

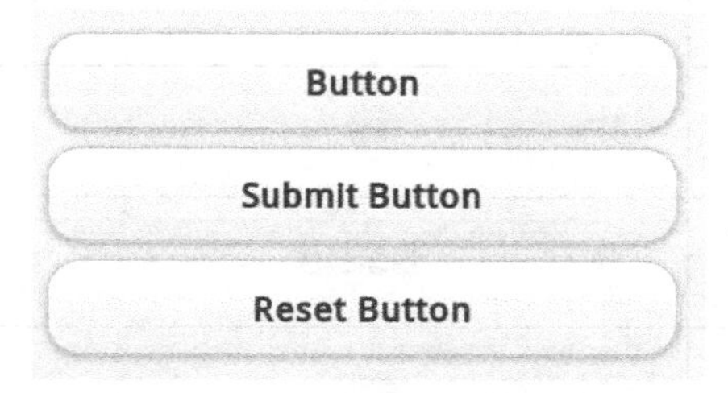

图 16-16　表单按钮

也可以使用 data-icon 属性再加入小图标，语法如下：

```
<a href="#" data-role="button" data-icon="delete">删除</a>
```

data-icon 使用的是 delete 参数，默认会在按钮前方加一个删除图标，如图 16-17 所示。

图 16-17　删除按钮

图标样式有多种可供选择，表 16-1 列出了图标参数及外观样式。

表 16-1　图标参数及外观样式

Icon 参数	外观样式	说明
data-icon="delete"	 删除	删除
data-icon="arrow-l"	 向左箭头	向左箭头

（续表）

Icon 参数	外观样式	说明
data-icon="arrow-r"	向右箭头	向右箭头
data-icon="arrow-u"	向上箭头	向上箭头
data-icon="arrow-d"	向下箭头	向下箭头
data-icon="plus"	加号	加号
data-icon="minus"	减号	减号
data-icon="check"	复选	复选
data-icon="gear"	齿轮	齿轮
data-icon="refresh"	重新整理	重新整理
data-icon="forward"	前进	前进
data-icon="back"	后退	后退
data-icon="grid"	表格	表格
data-icon="star"	星号	星号
data-icon="alert"	警告	警告
data-icon="info"	信息	信息
data-icon="home"	首页	首页
data-icon="search"	搜索	搜索

小图标默认会显示在按钮的左侧，如果想更换图标的位置，只要用 data-iconpos 属性指定上（top）、下（bottom）、右（right）位置即可，语法如下。

```
    <a href="#" data-role="button" data-icon="delete" data-iconpos=" top">删除</a>
    <a href="#" data-role="button" data-icon="delete" data-iconpos="bottom">删除
</a>
    <a href="#" data-role="button" data-icon="delete" data-iconpos="right">删除
</a>
```

这 3 行程序的执行结果如图 16-18 所示。

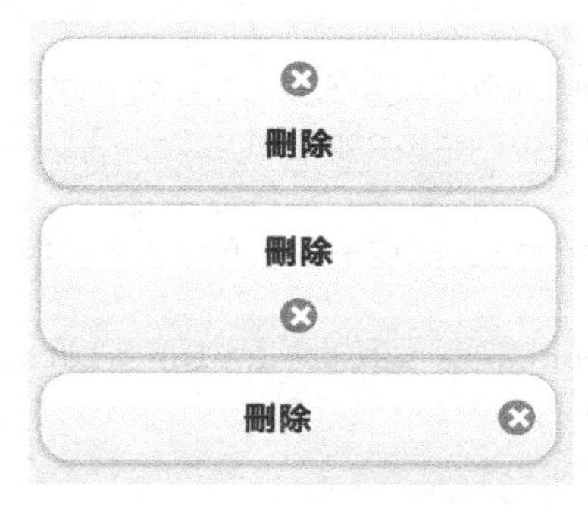

图 16-18　按钮小图标的不同位置

如果不想出现文字，只要将 data-iconpos 属性指定为 notext，就只会显示按钮，而没有文字。

你会发现制作完成的按钮会以屏幕宽度为自身的宽度，如果想要制作紧实的按钮，可以加上 data-inline="true"属性。

```
    <a    href="#"    data-role="button"    data-icon="delete"    data-iconpos="top"
data-inline="true">删除</a>
    <a    href="#"    data-role="button"    data-icon="delete"    data-iconpos="bottom"
data-inline="true">删除</a>
    <a    href="#"    data-role="button"    data-icon="delete"    data-iconpos="right"
data-inline="true">删除</a>
```

执行结果如图 16-19 所示。

图 16-19　制作紧实的按钮

下面我们通过范例来复习一下按钮的用法。

范例：ch16_02.htm

```
<!DOCTYPE html>
<html>
<head>
<title>ch16_02</title>
<meta http-equiv="Content-Type" content="text/html; charset=utf-8" />
<!--引用 jQuery Mobile 函数库-->
<link rel="stylesheet"
href="http://code.jquery.com/mobile/1.4.5/jquery.mobile-1.4.5.min.css" />
<script src="http://code.jquery.com/jquery-1.11.1.min.js"></script>
<script
src="http://code.jquery.com/mobile/1.4.5/jquery.mobile-1.4.5.min.js"></script>
<!—最佳化屏幕宽度-->
<meta name="viewport" content="width=device-width, initial-scale=1">
<style type="text/css">
#content{text-align:center;}
</style>
</head>
<body>
    <div data-role="page" data-title="第一页" id="first">
        <div data-role="header">
            <h1>按钮练习</h1>
        </div>
        <div data-role="content" id="content">
        没有图标的按钮
            <a href="index.htm" data-role="button">按钮</a>
        有图标的按钮
            <a href="index.htm" data-role="button" data-icon="search">搜索</a>
        更改图标位置
            <a href="index.htm" data-role="button" data-icon="search" data-
iconpos="top">搜索</a>
        显示紧实图标
            <a href="index.htm" data-role="button" data-icon="search" data-
inline="true">搜索</a>
        </div>
        </div>
</body>
</html>
```

执行结果如图 16-20 所示。

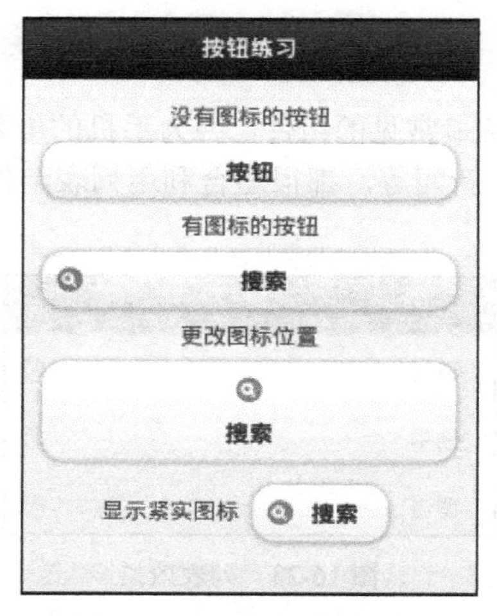

图 16-20 不同的按钮效果

16.2.3 组按钮

有时想把按钮排在一起，例如导航栏一整排的按钮，就可以先用 data-role="controlgroup" 属性定义为组，再将按钮放在这个<div>里面，代码如下：

```
<div data-role="controlgroup">
        <a href="index.html" data-role="button">新闻</a>
        <a href="index.html" data-role="button">运动</a>
        <a href="index.html" data-role="button">电影</a>
</div>
```

执行结果如图 16-21 所示。

图 16-21 组按钮（grouped buttons）

显示的按钮默认为垂直排列，用 data-type="horizontal"属性指定为水平就可以了，代码如下：

```
<div data-role="controlgroup" data-type="horizontal">
```

水平显示时如图 16-22 所示。

图 16-22 水平显示的组按钮

16.2.4 列表

列表（list view）是移动设备最常见的组件，因为手机的屏幕小，所以数据适合以列表方式显示，例如商品列表、购物车、新闻等，都很适合利用列表组件来产生，其外观如图 16-23 所示。

图 16-23 列表效果

在 jQuery Mobile 中要操作这样的 UI 非常简单，只要用编号列表（ordered list）<ol>标记加上<li>标记，或是项目列表（unordered list）<ul>标记加上<li>标记，并在<ul>标记或<ol>标记中加上 data-role="listview"属性即可。下面以<ol>标记为例进行说明，代码如下：

```
<ol data-role="listview" >
  <li><a href="chinese.htm">语文</a></li>
  <li><a href="math.htm">数学</a></li>
  <li><a href="english.htm">英语</a></li>
</ol>
```

执行结果如图 16-24 所示。

图 16-24 编号列表

我们还可以将 data-inset 属性设为 true，让 listview 不要与屏幕同宽并加上圆角，代码如下：

```
<ol data-role="listview" data-inset="true">
  <li><a href="chinese.htm">语文</a></li>
  <li><a href="math.htm">数学</a></li>
  <li><a href="english.htm">英语</a></li>
</ol>
```

执行结果如图 16-25 所示。

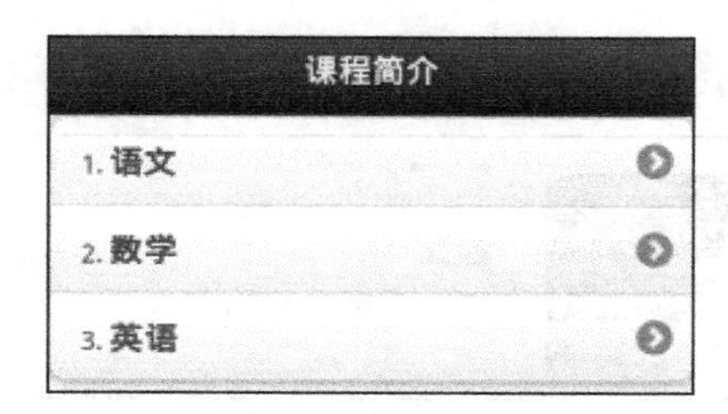

图 16-25　圆角列表

1. 加入图片和说明

刚才提过 List View 常用于商品列表或购物车，不过没有图片和说明，怎么能做商品列表呢？很简单，只要再加上图片及说明就可以了，可参看下面的程序代码。

```
<li>
    <a href="chinese.htm">
    <img src="images/chinese.jpg"/>
    <h3>语文</h3>
    <p>时间：星期一 人数：15 人</p>
    </a>
</li>
```

执行结果如图 16-26 所示。

图 16-26　图片和文字说明

这跟我们之前学过的在 HTML 文件中加入图片和文字一样简单。

2. 拆分按钮列表（split button list）

如果要将列表与按钮分开，也就是单击列表时连接到某个网页，而按钮又可连接到另一个网页，这时就可以使用拆分按钮列表。程序很简单，只要在<li>标记内加入两组<a>标记，jQuery Mobile 就会自动按照 data-icon 属性设置的样式将用户界面处理好，代码如下：

```
<li>
<a href="chinese.htm">
    <img src="images/chinese.jpg" />
    <h3>语文</h3>
    <p>时间：星期一 人数：15 人</p>
</a>
<a href="#taking" data-icon="gear"></a>
</li>
```

执行结果如图 16-27 所示。

图 16-27 拆分按钮列表

3. 计数泡泡（count bubble）

计数泡泡在列表中显示数字时使用，只要在<li>标记中加入如下标记即可：

```
<span class="ui-li-count">数字</span>
```

例如：

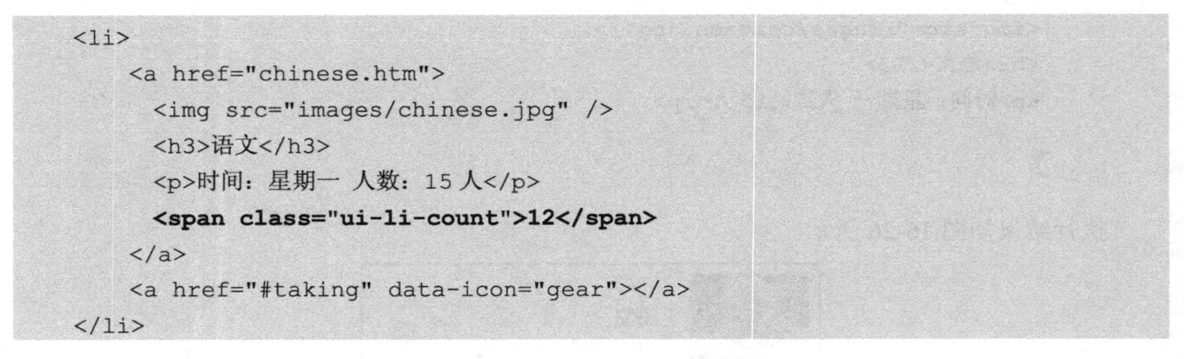

```
<li>
    <a href="chinese.htm">
      <img src="images/chinese.jpg" />
      <h3>语文</h3>
      <p>时间：星期一 人数：15 人</p>
      <span class="ui-li-count">12</span>
    </a>
    <a href="#taking" data-icon="gear"></a>
</li>
```

执行结果如图 16-28 所示。

这就是计数泡泡

语文
时间：星期一 人数：15人
12

图 16-28 显示计数泡泡

16.3 网页导航与布景主题

学会了基本的 jQuery Mobile 网页之后，接下来学习网页导航与网页美化的好用工具——ThemeRoller 布景主题。

16.3.1 jQuery Mobile 网页导航

前面学过 jQuery Mobile 可以在同一网页中进行多个页面的切换，现在我们进一步说明各种网页链接与导航的方法。

jQuery Mobile 网页一开始会将初始页面通过 http 加载，显示该页面的第一个 page 组件之后，为了增加网页转场效果（page transitions），之后的页面会通过 Ajax 来载入并加到 DOM 中，网页内的元素也会默认加载到浏览器，所以页面间的切换会比较流畅；当 Ajax 加载失败，就会显示如图 16-29 所示的错误信息的小窗口。

Error Loading Page

图 16-29　显示错误信息

如果链接的页面是单一网页多个页面或者不是同一域的网页，就会发生错误，这时可以停用 Ajax 而改用传统的 http 来加载网页。

在链接元素中加入下面任意一个属性，都可以停用 Ajax：

```
rel= "external"
```

或者

```
data-ajax= "false"
```

例如：

```
<a href="page2.htm" data-icon="gear" rel="external">
```

下面就来看看一些常用的链接。

1. 回上页

jQuery Mobile 提供了 data-rel="back"属性，只要直接应用就可以达到回上页的效果，代码如下：

```
<a data-rel="back">回上页</a>
```

范例：ch16_03.htm

```
<body>
    <!--第一页-->
    <div data-role="page" data-title="第一页" id="first">
        <div data-role="header">
            <h1>第一页</h1>
        </div>
        <div data-role="content" id="content">
            <a href="#second">按我到第二页</a>
        </div>
        <div data-role="footer">
            <h4>页脚</h4>
        </div>
    </div>
```

```
    <!--第二页-->
    <div data-role="page" data-title="第二页" id="second">
        <div data-role="header">
            <a data-rel="back">回上页</a>
            <h1>第二页</h1>
        </div>
        <div data-role="content" id="content">
            <a href="#first">回到第一页</a>
        </div>
        <div data-role="footer">
            <h4>页脚</h4>
        </div>
    </div>
</body>
```

执行结果如图 16-30 所示。

图 16-30　显示“回上页”按钮

2. 以弹出新窗口链接网页

通过 data-rel="dialog"属性可以让链接页面显示在弹出的新窗口中，虽然从移动设备上看起来跟普通链接方式差不多，两者区别在于弹出窗口的左上角会有一个关闭按钮，而且使用弹出窗口的链接不会记录在浏览器的历史记录中。因此，当我们按上一页或下一页时不会切换到这个页面。弹出新窗口的语法如下：

```
<a href="#second" data-rel="dialog">第二页</a>
```

范例：ch16_04.htm

```
<body>
    <!--第一页-->
    <div data-role="page" data-title="第一页" id="first">
        <div data-role="header">
            <h1>第一页</h1>
        </div>
        <div data-role="content" id="content">
            <a href="#second" data-rel="dialog">按我到第二页</a>
        </div>
```

```
        <div data-role="footer">
            <h4>页脚</h4>
        </div>
        </div>
    <!--第二页-->
    <div data-role="page" data-title="第二页" id="second">
        <div data-role="header">
            <a data-rel="back">回上页</a>
            <h1>第二页</h1>
        </div>
        <div data-role="content" id="content">
            <a href="#first">回到第一页</a>
        </div>
        <div data-role="footer">
            <h4>页脚</h4>
        </div>
    </div>
</body>
```

执行结果如图 16-31 所示。

图 16-31　以新窗口方式打开网页

16.3.2　ThemeRoller 快速应用布景主题

相信许多人在制作网站时都会遇到配色的问题，既要选择背景颜色，又要搭配按钮颜色，对于没有美术功底的人来说，制作网页的大部分时间都浪费在配色上，实在是很累人的事，还好，jQuery Mobile 提供了一款非常好用的网页工具——ThemeRoller，可以下载进行应用。下面就来介绍 ThemeRoller。

- ThemeRoller 网站网址为 http://jquerymobile.com/themeroller/，如图 16-32 所示。

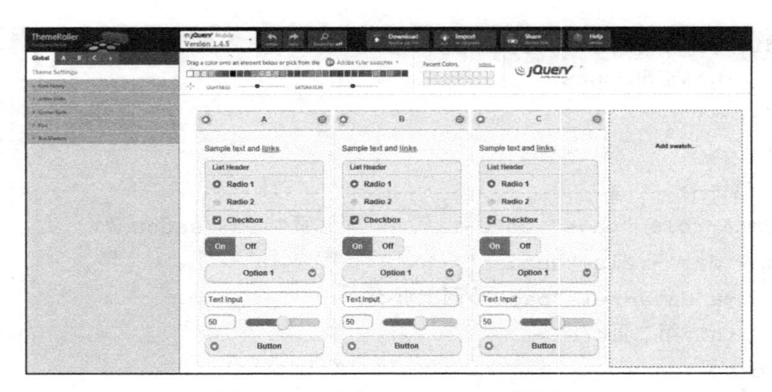

图 16-32　进入 ThemeRoller 网站

进入网页就可以看到 ThemeRoller 编辑器，默认有 3 个空白的主题面板（swatch），分别为 A、B、C，而左侧功能区的标记也有对应的 A、B、C 标记，标记中有相关的选项可以进行设置，如图 16-33 所示。

图 16-33　查看主题效果

如果不知道标记的选项对应的是什么组件，可以利用 inspector 工具来查看，如图 16-34 所示。

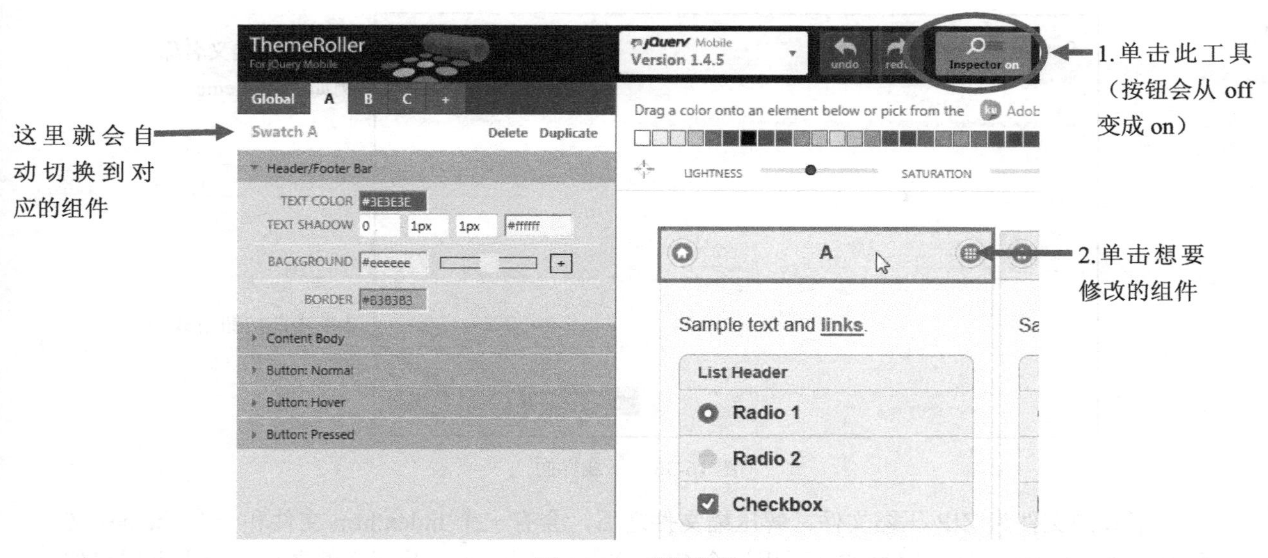

图 16-34　查看组件

还可以将主题面板上方的颜色块直接拖曳到组件上，如图 16-35 所示。

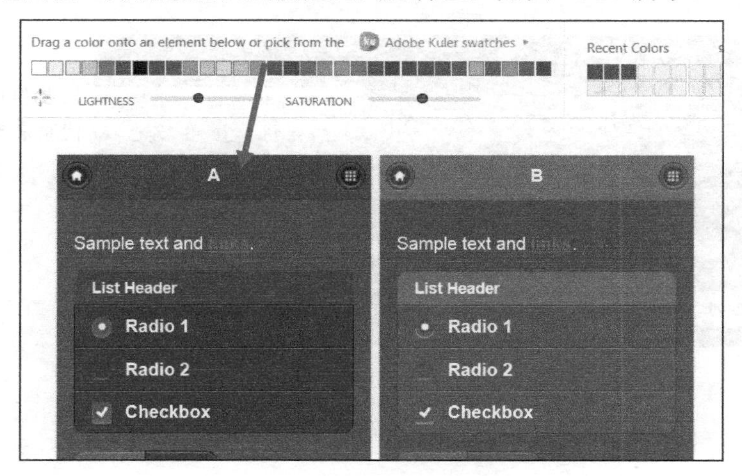

图 16-35　将颜色块拖曳到组件上

设置好之后，只要单击左上方的 Download 按钮，就会出现如图 16-36 所示的下载界面。

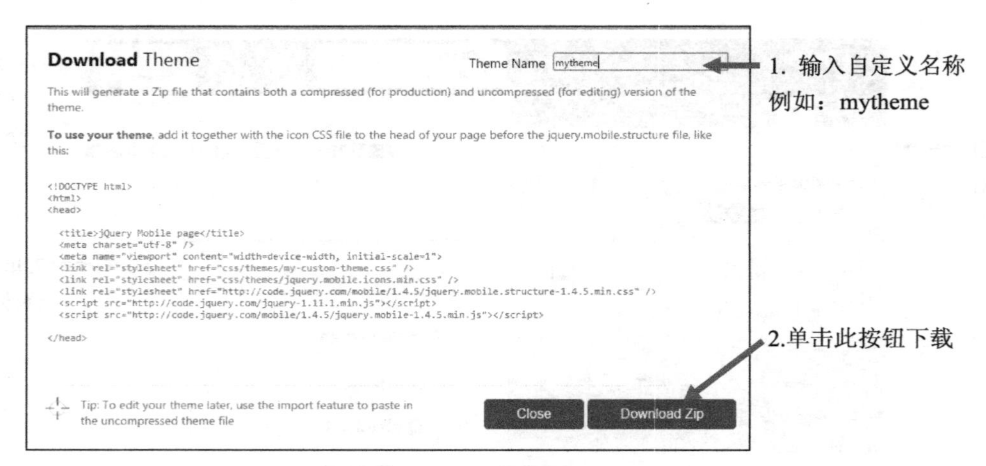

图 16-36　下载界面

下载的文件为 ZIP 压缩文件，解压缩文件之后，会有一个 index.htm 文件和一个 themes 文件夹。index.htm 文件中写着如何引用这个 CSS 文件，打开 index.htm 文件之后，会告诉用户如何引用文件，只要用这几行代码取代网页中原来的引用代码就可以了，如图 16-37 所示。

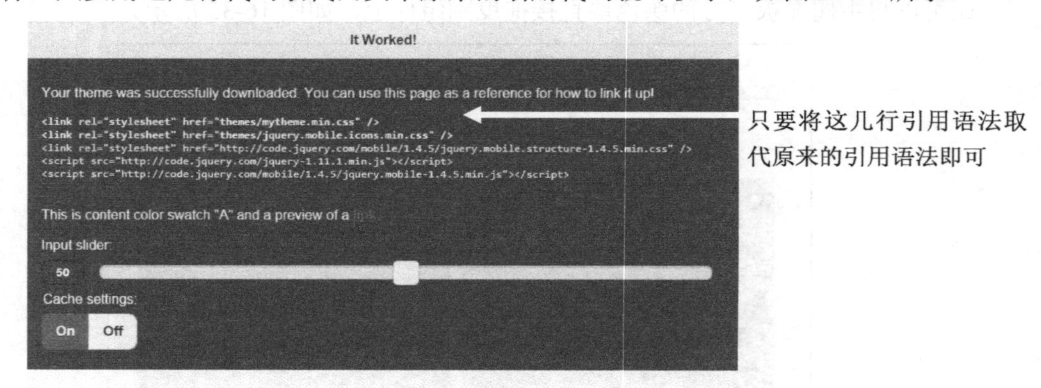

图 16-37　显示主题的语法

记住要将 themes 文件夹复制到网页（HTML 文件）所在的文件夹。

themes 文件夹中包含要引用的 mytheme.min.css 文件，以及未压缩的 mytheme.css 文件，当以后想要再次修改这个 CSS 样式时，只要回到 ThemeRoller 网站，单击 Import 按钮，粘贴 mytheme.css 文件的内容就可以修改样式了，如图 16-38 所示。

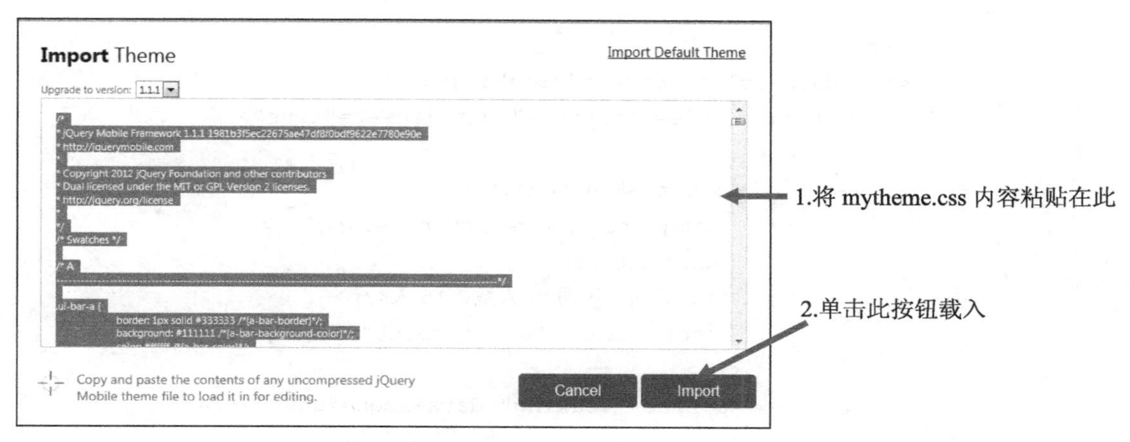

图 16-38　修改样式

做好的样式只要使用 data-theme 属性就可以指定想应用的主题样式，例如，如果想应用主题 a，那么程序代码中只要在元素内加上 data-theme="a"就可以了。

我们通过下面的范例来练习如何应用做好的样式。

范例：ch16_05.htm

```
<!DOCTYPE html>
<html>
<head>
<title>jQuery Mobile 创建的第一个网页</title>
<meta http-equiv="Content-Type" content="text/html; charset=utf-8" />
<!--引用 jQuery Mobile 函数库　应用 ThemeRoller 制作的样式-->
<link rel="stylesheet" href="themes/mytheme.min.css" />
<link rel="stylesheet" href="themes/jquery.mobile.icons.min.css" />
<link rel="stylesheet"
href="http://code.jquery.com/mobile/1.4.5/jquery.mobile.structure-1.4.5.min.css
" />
<script src="http://code.jquery.com/jquery-1.11.1.min.js"></script>
<script
src="http://code.jquery.com/mobile/1.4.5/jquery.mobile-1.4.5.min.js"></script>
<!—最佳化屏幕宽度-->
<meta name="viewport" content="width=device-width, initial-scale=1">
<style type="text/css">
#content{text-align:center;}
</style>
</head>
<body>
<div data-role="page" data-title="课程" id="first" data-theme="a">    在此加上 data-theme 属性
        <div data-role="header">
            <h1>课程</h1>
```

```
        </div>
        <div data-role="content" id="content">
            <ul data-role="listview" data-inset="true">
                <li>
                    <a href="chinese.htm">
                      <img src="images/chinese.jpg" />
                      <h3>语文</h3>
                      <p>时间：星期一 人数：15 人</p>
                      <span class="ui-li-count">12</span>
                    </a>
                    <a href="#taking" data-icon="gear"></a>
                </li>
                <li>
                    <a href="math.htm">
                      <img src="images/math.jpg" />
                      <h3>数学</h3>
                      <p>时间：星期三 人数：20 人</p>
                      <span class="ui-li-count">18</span>
                    </a>
                    <a href="#taking" data-icon="gear"></a>
                </li>
                <li>
                    <a href="english.htm">
                      <img src="images/english.jpg" />
                      <h3>英语</h3>
                      <p>时间：星期五 人数：30 人</p>
                      <span class="ui-li-count">20</span>
                    </a>
                    <a href="#taking" data-icon="gear"></a>
                </li>
            </ul>
        </div>
        <div data-role="footer">
            <h4>页脚</h4>
        </div>
</div>

</body>
</html>
```

执行结果如图 16-39 所示。

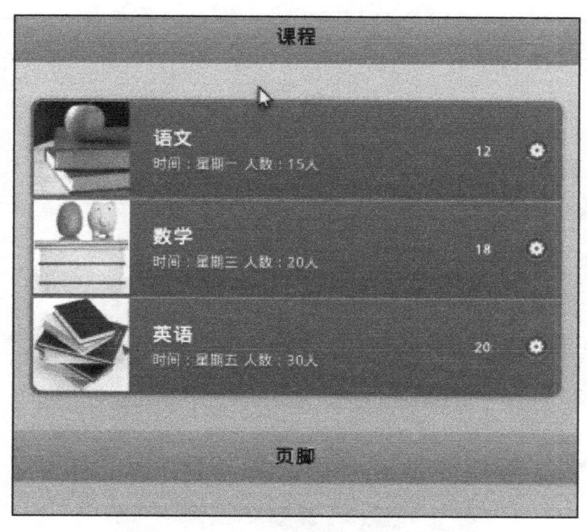

图 16-39　应用主题样式的效果

只要在 data-role="page"后添加“data-theme="a"”，页面上的元素就会应用我们设置好的主题样式。此范例中仅设置了一个主题 a，当然还可以多做几个主题，如 b 与 c，再让各个组件应用不同的主题，例如想让标题栏使用主题 b，可以按如下形式表示：

```
<div data-role="header" data-theme="b">
```

学习小教室

应用默认布景主题

jQuery Mobile 的默认布景主题有 5 种，swatch 分别是 a、b、c、d、e，不一定要到 ThemeRoller 制作主题样式，也可以直接应用默认的布景主题。

下面列出这 5 种 swatch 的样式，以供用户参考。

swatch a：黑色

swatch b：蓝色

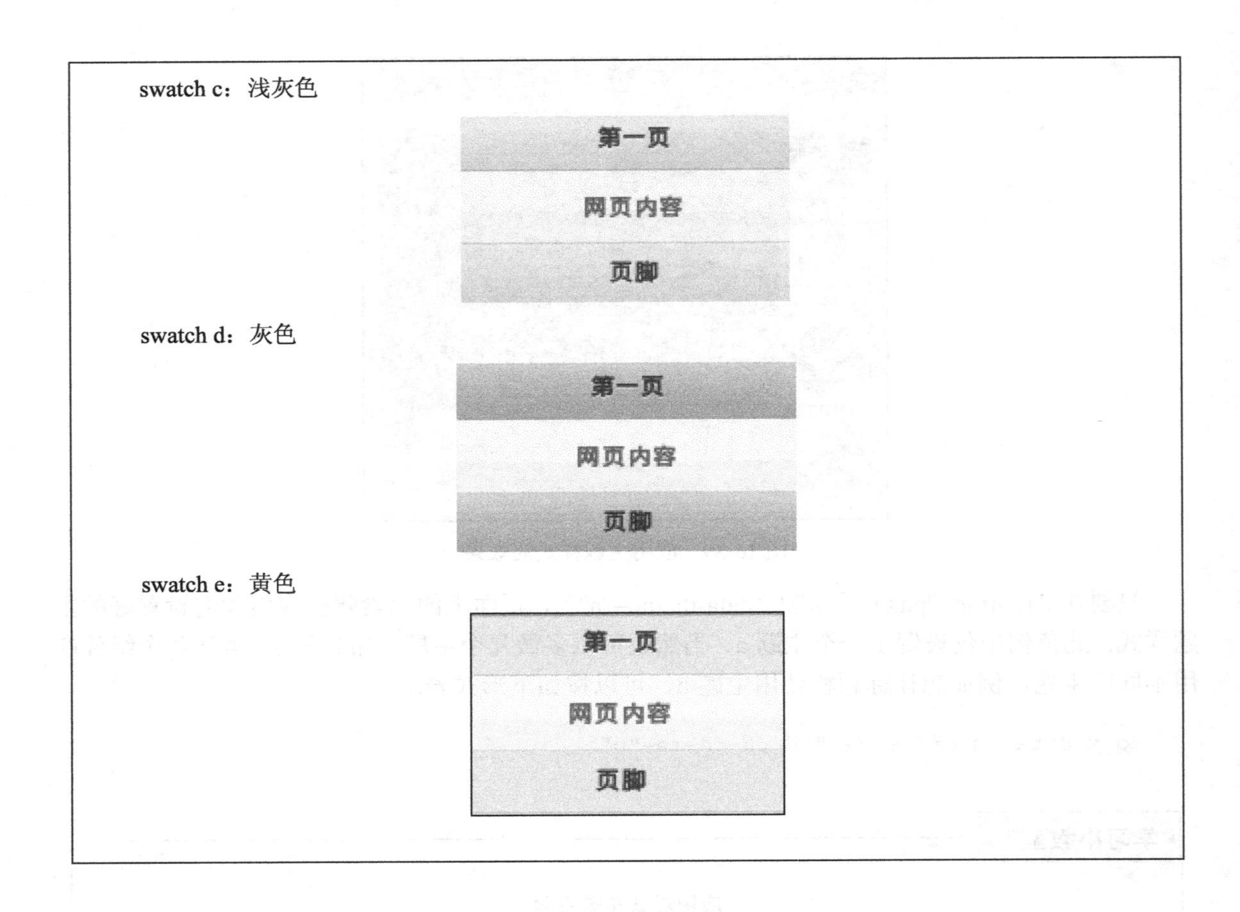

本章小结

1. 移动设备开发应用程序目前大致分为两种，一种是原生 APP（Native App）；另一种是使用移动设备浏览器读取网页，可以跨不同的移动设备浏览。

2. jQuery Mobile 是一套基于 jQuery 与 jQuery UI、提供移动设备跨平台的用户界面函数库。

3. jQuery Mobile 具有跨平台、容易学习、提供多种函数库、多样的布景主题及 ThemeRoller 在线工具等优点。

4. App 的全称为 Application，泛指任何应用软件，包括计算机上的软件。

5. 开发 jQuery Mobile 网页时，必须要引用 JavaScript 函数库（.js）、CSS 样式表（.css）及配套 jQuery 函数库文件。

6. 引用方式有两种，一种是到 jQuery Mobile 官网下载文件进行引用；另一种是直接通过 URL 链接到 jQuery Mobile 的 CDN-hosted 引用，不需要下载文件。

7. jQuery Mobile 的网页是由 header、content 与 footer 这 3 个区域组成的架构。

8. data-role 属性用来定义移动设备的页面架构。

9. jQuery Mobile 网页以页（page）为单位，一个 HTML 文件除了可以是一个页面，也可以存放多页（multi-page）。

10. 自动调整页面画面与字体比例可以使用 viewport meta 语法。

11. 按钮是 jQuery Mobile 的核心组件，可以用来制作链接按钮（link button），也可以作为表单按钮（form button），按钮属性为 **data-role="button"**。

12. data-icon 属性用来加入小图标，图标样式有多种可供选择。

13. data-iconpos 属性可以用来指定图标上（top）、下（bottom）、右（right）位置。

14. data-inline 属性可以设置组件是否与屏幕同宽。

15. data-role="controlgroup"属性可以将多个组件定义为组，data-type="horizontal"属性可以设置为水平排列。

16. 列表是移动设备中最常见的组件，因为手机的屏幕小，所以数据适合以列表方式显示。

17. 如果链接的页面是单一网页或者非同一域的网页，就可以利用 rel="external"或 data-ajax= "false"停用 Ajax 加载。

18. data-rel="dialog"属性可以让链接页面显示在弹出的新窗口中。

19. ThemeRoller 可以快速设置布景主题颜色，并且可以下载其应用。

20. 做好的 ThemeRoller 样式只要在 page 声明中使用 data-theme 属性，就可以指定想应用的主题样式。

习　题

一、选择题

1. 下列____是 jQuery Mobile 的优点。

（A）跨平台　　（B）容易学习

（C）提供多种函数库　　（D）以上都是

2. 下列____是声明 page 页面的正确语法。

（A）data-role="page"　　（B）data ="page"

（C）data-role="inline"　　（D）data-page="page"

3. 想要创建组件组，可以使用下列____语法。

（A）data-role="page"　　（B）data-role="controlgroup"

（C）data-role="listview"　　（D）data-role="pagegroup"

4. 下列____语法与 HTML 的编号列表和项目列表标记一起使用，可以做出列表效果。

（A）data-role="page"　　（B）data-role="controlgroup"

（C）data-role="listview"　　（D）data-role="button"

5. 下列____语法可以制作出弹出式对话框的效果。

（A）data-rel="dialog"　　（B）data-role="button"

（C）data-role="listview"　　（D）data-rel="window"

二、操作题

请用 jQuery Mobile 语法制作如图 16-40 所示的移动设备网页。

说明：请应用默认布景样式 b。

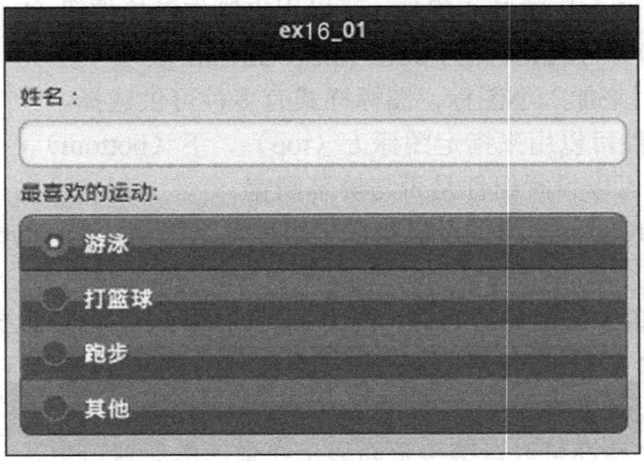

图 16-40　操作题效果

第 17 章　移动设备版网页操作

又到了验收学习成果的时候，本章我们将制作移动设备版网站，以甜点的在线订购为主题，包括产品列表、分店列表等功能，并以 localStorage 模拟在线订购及查订单。

17.1　网站架构

本章将练习 jQuery Mobile 并利用之前学习的 localStorage 来做订单的暂存。整个网站的架构如图 17-1 所示。

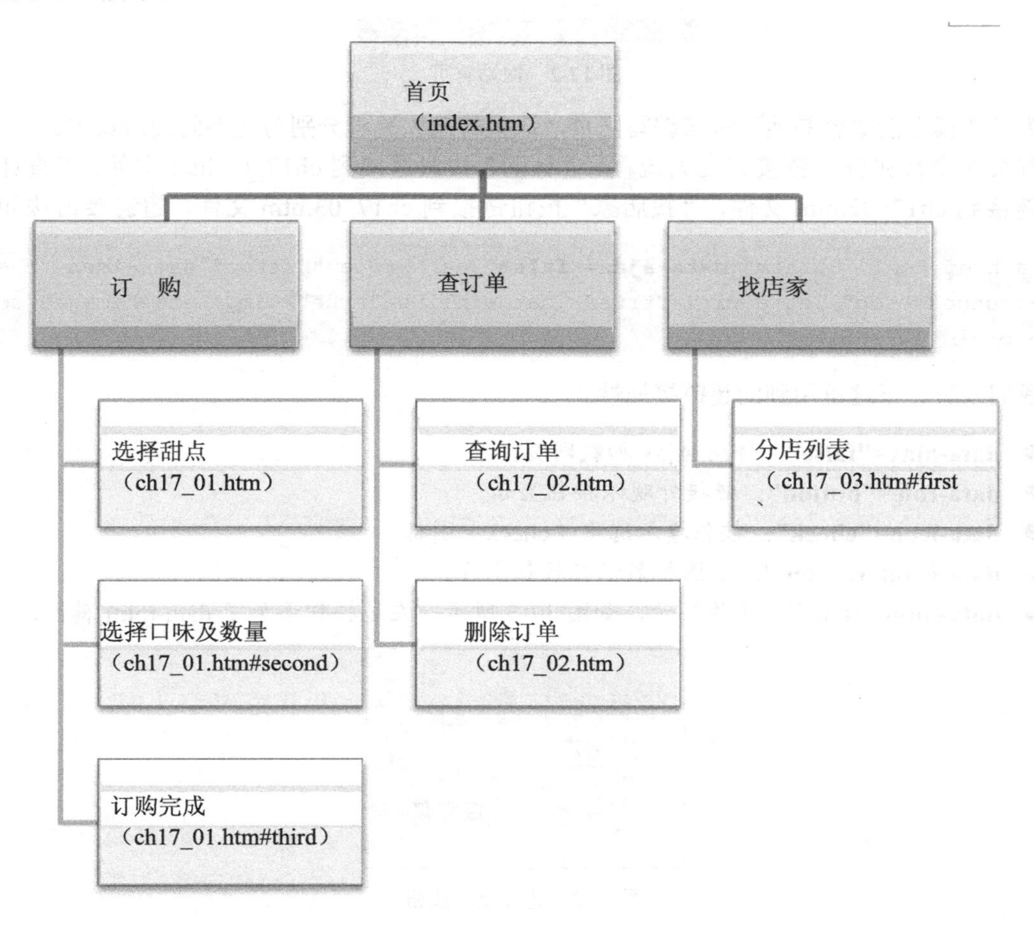

图 17-1　网站架构

范例中所使用的图片文件都可以在 ch17/images 文件夹中找到。

首先看看如何制作首页，首页完成效果如图 17-2 所示。

图 17-2 网站首页

为了让读者能更容易地了解与编写网页，这里将三大流程分别写在不同的网页中。

首页 3 个按钮分别链接到三大流程，“订购”按钮链接到 ch17_01.htm 文件，“查订单”按钮链接到 ch17_02.htm 文件，“找店家”按钮链接到 ch17_03.htm 文件，超链接语法如下：

```
<a href="ch17_01.htm" data-ajax="false" data-role="button" data-icon="check"
data-iconpos="top" data-mini="true" data-inline="true"><img src="images/food.
png"><br>订 购</a>
```

我们来看一下这里用到的超链接属性。

- **data-ajax="false"**：停用 Ajax 加载网页。
- **data-role="button"**：链接外观以按钮显示。
- **data-icon="check"**：按钮增加选中（check）图标。
- **data-iconpos="top"**：小图标显示在按钮上方。
- **data-mini="true"**：迷你显示，如图 17-3 所示，左边按钮添加了 data-mini 属性。

图 17-3 迷你显示按钮

- **data-inline="true"**：以最小宽度显示（不与网页同宽），如图 17-4 所示，上方的按钮添加了 data-inline 属性，会以最小宽度来显示。

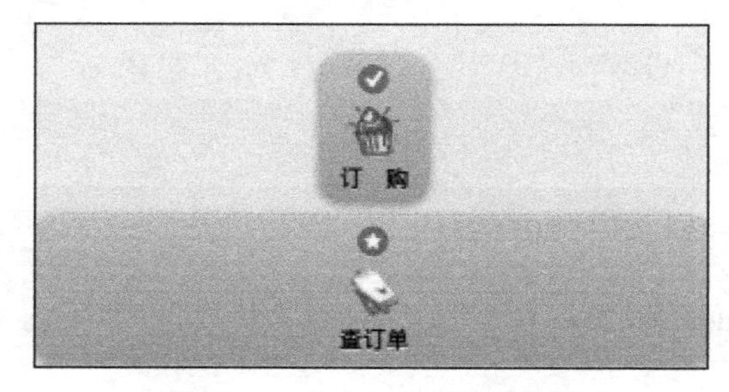

图 17-4　以最小宽度显示按钮

为了让页脚能够一直保持在网页的最下方，在 footer 区将 data-position 属性设为 fixed 即可。

```
<div data-role="footer"data-position="fixed"style="text-align:center"></div>
```

jQuery Mobile 制作移动设备网页的基础，相信你还记忆犹新，包括声明 HTML5 文件以及引用 JavaScript 函数库（.js）、CSS 样式表（.css）和 jQuery 函数库等。下面将针对重点进行说明，对引用文件这部分不再赘述，请读者操作时别忘了引用这些函数库。

首页的完整程序代码如下：

```
<!DOCTYPE html>
<html>
<head>
<title>移动设备在线订购实例</title>
<meta http-equiv="Content-Type" content="text/html; charset=utf-8" />
<!--引用 jQuery Mobile 函数库  应用 ThemeRoller 制作的样式-->
<link rel="stylesheet" href="themes/mytheme.min.css" />
<link rel="stylesheet" href="themes/jquery.mobile.icons.min.css" />
<link  rel="stylesheet"  href="http://code.jquery.com/mobile/1.4.5/jquery.
mobile.structure-1.4.5.min.css" />
<script src="http://code.jquery.com/jquery-1.11.1.min.js"></script>
<script
src="http://code.jquery.com/mobile/1.4.5/jquery.mobile-1.4.5.min.js"></script>

<!—最佳化屏幕宽度-->
<meta name="viewport" content="width=device-width, initial-scale=1">
<style type="text/css">
body{font-family:Arial, Helvetica,  sans-serif,微软正黑体;}
```

```
#content{
font-size:15px;
padding:0px;
margin:0px;
}
.firstcontent{text-align:center;}
#logo{padding:30px;}
img{margin:0px;padding:0px;}
</style>
</head>
<body>
<div data-role="page" data-title="Happy" id="first" data-theme="a">
<div data-role="header">
<h1>甜点坊订购系统</h1>
</div>
<div data-role="content" id="content" class="firstcontent">
    <img src="images/index.png" id="logo"><br/>
    <a href="ch17_01.htm" data-ajax="false" data-role="button" data-icon=
"check" data-iconpos="top" data-mini="true" data-inline="true"><img src="images/
food.png"><br>订 购</a>
    <a href="ch17_02.htm" data-ajax="false" data-role="button" data-icon=
"star" data-iconpos="top" data-mini="true" data-inline="true"><img src="images/
check.png"><br>查订单</a>
    <a href="ch17_03.htm" data-ajax="false" data-role="button" data-icon=
"home" data-iconpos="top" data-mini="true" data-inline="true"><img src="images/
store.png"><br>找店家</a>
</div>
<div data-role="footer" data-position="fixed" style="text-align:center">
  订购专线：45454545
</div>
</div>
</body>
</html>
```

17.2 订购流程

订购流程包括“选择甜点”“选择口味及数量”以及“订购完成”等，这些流程我们将在同一个网页中完成。单击首页中的“订购”按钮，就会进入如图 17-5 所示的“甜点”列表网页（ch17_01.htm）。

图 17-5 “甜点列表”网页

ch17_01.htm 共包含 3 个 page，id 分别是 first、second 和 third，下面列出 first 页面的程序代码，second 和 third 页面架构都与其相同。

```
    <div data-role="page" data-title="选择甜点" id="first" data-theme="a"
data-add-back-btn="true">
    <!--头部-->
    <div data-role="header">
    <a href="index.htm" data-icon="arrow-l" data-iconpos="left" data-ajax=
"false"> Back</a> <h1>选择甜点</h1>
    </div>
    <!--主要内容-->
    <div data-role="content" id="content">
    </div>
    <!--页脚-->
    <div data-role="footer" style="position:absolute; bottom: 0; left:0;
width:100%;text-align:center">
      订购专线：45454545
    </div>
    </div>
```

1. 回上页按钮

可以看到在这 3 个页面上有回上页按钮（Back），语法却不相同。first 页面是直接在头部区添加回上页代码，如下所示。

```
    <a href="index.htm" data-icon="arrow-l" data-iconpos="left" data-ajax=
"false"> Back</a>
```

同一网页中的 page 可以利用 jQuery Mobile 提供的回上页代码，如下所示，将 **data-add-back-btn** 属性设为 true 就行了。

```
<div data-role="page" data-title=" 选 择 甜 点 " id="second" data-theme="a"
data-add-back-btn="true">
```

2．甜点列表

甜点列表的部分是第一个 page，id 是 first，主要是利用 listView 控件来完成列表功能，代码如下：

```
<ul data-role="listview" data-inset="true" data-filter="true">
        <li>
             <a href="#second">
             <img src="images/chocolat.png" />
             <h3>巧克力</h3>
             <p>巧克力采顶级可可粉制作，韵味浓厚，入口即化</p>
             </a>
             <a href="#second" data-icon="gear"></a>
        </li>
        <li>
            <a href="#second">
              <img src="images/cookie.png" />
              <h3>饼干</h3>
              <p>饼干低糖、低脂，香气迷人</p>
            </a>
            <a href="#second" data-icon="gear"></a>
        </li>
        <li>
            <a href="#second">
              <img src="images/cake.png" />
              <h3>蛋糕</h3>
              <p>蛋糕精选高级巧克力奶油搭配绵密海绵蛋糕，绝佳口感</p>
            </a>
            <a href="#second" data-icon="gear"></a>
        </li>
        <li>
            <a href="#second">
              <img src="images/bread.png" />
              <h3>面包</h3>
              <p>面包纯手工制作天然不含任何添加物</p>
            </a>
            <a href="#second" data-icon="gear"></a>
        </li>
</ul>
```

上述程序将产生如图 17-6 所示的甜点列表，最上方有一行搜索栏，下面是商品列表。

图 17-6　甜点列表

甜点列表上方增加了搜索栏，可以让用户输入关键字查询想要的甜点，例如，如图 17-7 所示，输入“可可”，就会找出列表中含有“可可”两个字的商品。

图 17-7　查询含有“可可”的商品

这个搜索功能相当好用，不需要编写任何程序，只要将 listview 的 data-filter 属性设为 true 就可以了，语法如下：

```
<ul data-role="listview" data-inset="true" data-filter="true">
```

将 data-inset 属性设为 true 是让 listview 不要与屏幕同宽并加上圆角。

单击甜点列表中的任意一个按钮都会链接到“选择甜点”功能。

3. 选择甜点

选择甜点功能是第二个 page，id 是 second，主要是让用户设置包装方式、口味及数量，如图 17-8 所示。

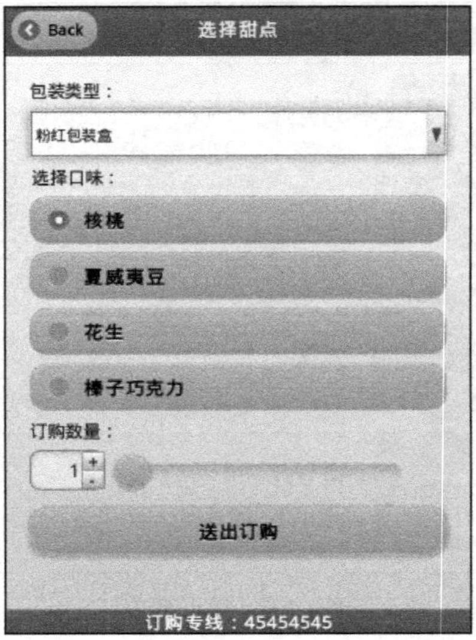

图 17-8　选择甜点

选择甜点页面主要包含选择菜单（select menu）、单选按钮（radio button）、范围滑块（slider）、按钮组件（button）。

（1）选择菜单

其代码如下所示：

```
<select name="selectitem" id="selectitem">
        <option value="粉红包装盒">粉红包装盒</option>
        <option value="一般盒装">一般盒装</option>
        <option value="铁盒精致包装">铁盒精致包装</option>
</select>
```

执行结果如图 17-9 所示。

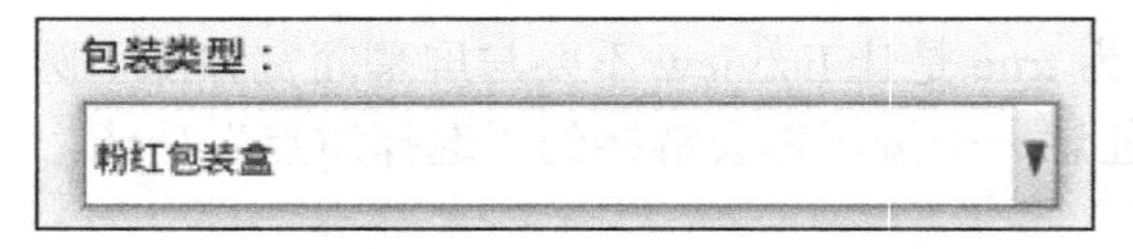

图 17-9　选择菜单

（2）单选按钮组件

其代码如下所示：

```
<fieldset data-role="controlgroup">
         <legend>选择口味：</legend>
              <input type="radio" name="flavoritem" id="radio-choice-1" value="
核桃" checked />
              <label for="radio-choice-1">核桃</label>
```

```
            <input type="radio" name="flavoritem" id="radio-choice-2" value="
夏威夷豆" />
            <label for="radio-choice-2">夏威夷豆</label>
            <input type="radio" name="flavoritem" id="radio-choice-3" value="
花生" />
            <label for="radio-choice-3">花生</label>
            <input type="radio" name="flavoritem" id="radio-choice-4" value="
榛子巧克力" />
            <label for="radio-choice-4">榛子巧克力</label>
    </fieldset>
```

执行结果如图 17-10 所示。

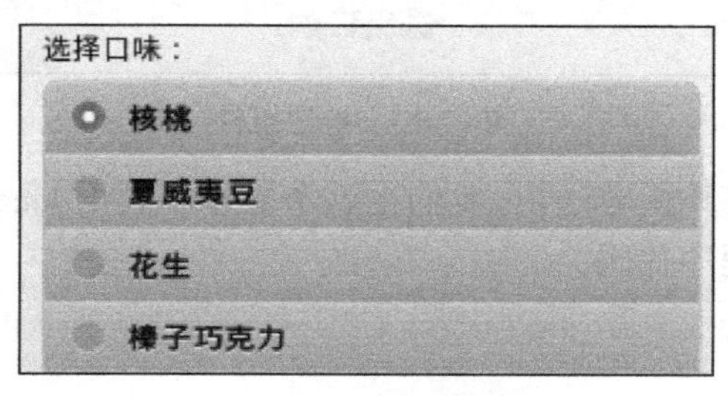

图 17-10　单选按钮

要想把同一组组件放在一起，可以用<fieldset>标记创建组，这样各个组件仍保持自己的功能，而样式可以统一，在<fieldset>标记中添加 data-role="controlgroup"属性，jQuery Mobile 就会让它们看起来像一个组合，外观很有整体性，效果非常好。如图 17-11 所示是没加入 data-role="controlgroup"时的外观，可以比较一下两者的差别。

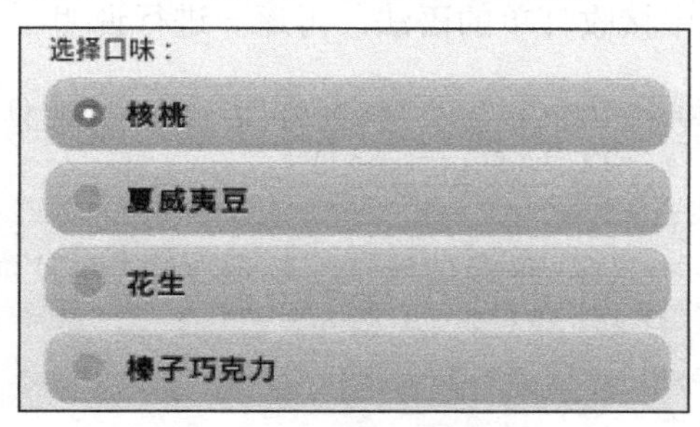

图 17-11　没有组合的单选按钮

（3）范围滑块

其代码如下所示：

```
    订购数量：<br />
    <input  type="range"  name="num"  id="num"  value="1"  min="0"  max="100"
data-highlight="true" />
```

执行结果如图 17-12 所示。

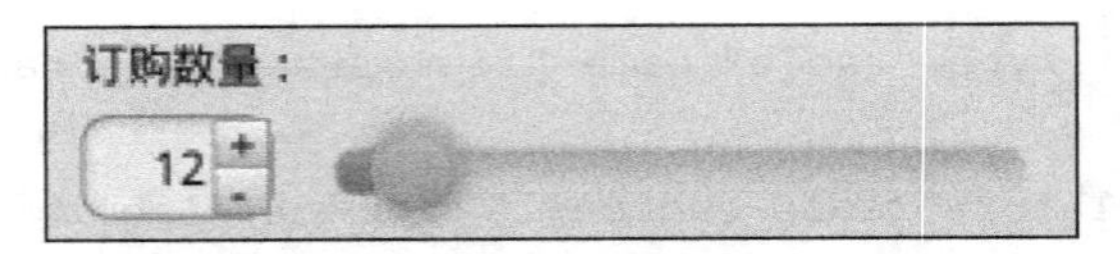

图 17-12　范围滑块

(4) 按钮组件

其代码如下所示：

```
<input type="button" id="addToStorage" value="送出订购" />
```

执行结果如图 17-13 所示。

图 17-13　按钮组件

当单击按钮时就会将订购内容送出，我们在这个操作中利用 localStorage 模拟接收订单的效果。下面看看接收订单的程序代码。

4. 接收订单

接收订单的部分必须使用 JavaScript 语法，jQuery 本身是一套 JavaScript 的链接库，主要用于 DOM 的操作，如选择 HTML 文件内的组件，并将选取的组件进行一些改变，例如隐藏或显示等，而 jQuery 也提供一些事件（Event）的函数，让我们能够更加方便地编写程序。前面介绍了在 jQuery Mobile 网页最上端都会引用 3 个函数库，其中就包含 jQuery 函数库，因此我们也可以使用 jQuery 语法使程序代码更加简洁。

下面我们先来看看范例中接收订单的语法，再逐一进行说明。

```
$( document ).on( "pagecreate", "#second", function() {
    $('#addToStorage').click(function() {
//将订购资料存入 localStorage
        localStorage.orderitem=$("select#selectitem").val();
        localStorage.flavor=$('input[name="flavoritem"]:checked').val();
         localStorage.num=$('#num').val();
//转换到第三个页面 third
         $.mobile.changePage($('#third'), {transition: 'slide'});
    });
});
```

接收订单的程序代码都使用 jQuery 语法，下面介绍一下 jQuery 语法。

jQuery 以$号来代表组件，例如$（'div'）表示选择文件内的 div 组件，而$（'# second'）表示选择文件中 id 为 second 的组件。

Live()方法为文件页面（HtmlDocument）附加事件处理程序，并规定事件发生时执行的函数，如下式表示当 id 为 second 的页面发生 pagecreate 事件时，就执行 callback function 中的程序代码。

```
$( document ).on( "pagecreate", "#second", function() {…});
```

callback function 中的程序代码在单击“送出订购”按钮时将订购数据存入 localStorage，并转向第 3 个页面（id 为 third），程序代码如下：

```
$('#addToStorage').click(function() {  //“送出订购”按钮的 id=addToStorage
//将订购资料存入 localStorage
        localStorage.orderitem=$("select#selectitem").val();
        localStorage.flavor=$('input[name="flavoritem"]:checked').val();
         localStorage.num=$('#num').val();
//转换到第三个页面 third
         $.mobile.changePage($('#third'), {transition: 'slide'});
});
```

pagecreate 事件是页面初始化会产生的事件之一，当页面初始化时会先产生 pagebeforecreate 事件，接着产生 pagecreate 事件，然后再产生 pageinit 事件。你可以用浏览器打开 page_initialize.htm 文件，测试这 3 个事件触发的先后顺序。

范例中取出表单组件的值也是使用 jQuery 语法，范例中有甜点种类使用的 select 组件、口味使用的 radio 组件以及数量使用的 slider 组件，这里分别介绍 jQuery 三种对组件取值的不同写法，以供用户参考。

- 在名称（name）为 Selectitem 的组件中，取出当 Select 组件被选择时对应的值。

```
$("select[name='selectitem']").val();
```

- 在名称（name）为 flavoritem 组件中，取出当 radio 组件被单选时对应的值。

```
$('input[name="flavoritem"]:checked').val();
```

- 在 Slider 组件中，取出滑块停留位置对应的值。

```
$('#num').val();
```

订购内容存入 localStorage 之后，就要将订购结果显示在下一页，所以做法是将网页导向第 3 个页面（#third）。

```
$.mobile.changePage($('#third'),{transition: 'slide'});
```

$.mobile.changePage 格式如下：

```
$.mobile.changePage(toPage, [options])
```

[options]是选填的属性，想让更改页面时有转场特效就可以加上 transition 属性，范例中 transition 属性值为 slide 表示页面由右到左滑入，如果要反向由左到右滑入，那么可以加入“reverse: 'true'”，请参考下式。

```
$.mobile.changePage($('#third'),{transition: 'slide',reverse: 'true'});
```

浏览器导向第 3 个页面之后，就会显示订购成功的信息并将订购内容显示出来。

学习小教室

jQuery 语法应该使用单引号（'）还是双引号（"）？

一般来说，jQuery 与 JavaScript 一样，既可以使用单引号，也可以使用双引号。例如，在范例中这 3 行的语法（如下所示）中，第一行使用双引号，第二行同时使用单引号与双引号，第三行则使用单引号，浏览器在编译时都认为是合法的。

```
localStorage.orderitem=$("select#selectitem").val();
localStorage.flavor=$('input[name="flavoritem"]:checked').val();
localStorage.num=$('#num').val();
```

只不过使用时要特别注意以下 3 点。

（1）引号必须成对出现。例如，$('#num')是合法的，写成$("#num")也是合法的，但写成$("#num')或$（'#num"）就会出现 Unexpected identifier 或者 Unexpected token ILLEGAL 错误信息。

（2）如果在双引号中还要用引号，就必须用单引号；如果单引号中还要用引号，则必须要用双引号。例如，$（'input[name="flavoritem"]:checked'）。

（3）如果必须在单引号或双引号中包含同类型的引号，就必须在前面加上反斜线（\）。例如，$（'input[name=\'flavoritem\']:checked'）。

5. 显示订购结果

显示订购结果的界面如图 17-14 所示。

显示订购结果的做法是在加载第 3 页时将 localStorage 存放的内容取出并显示在 id 为 message 的<div>组件中。

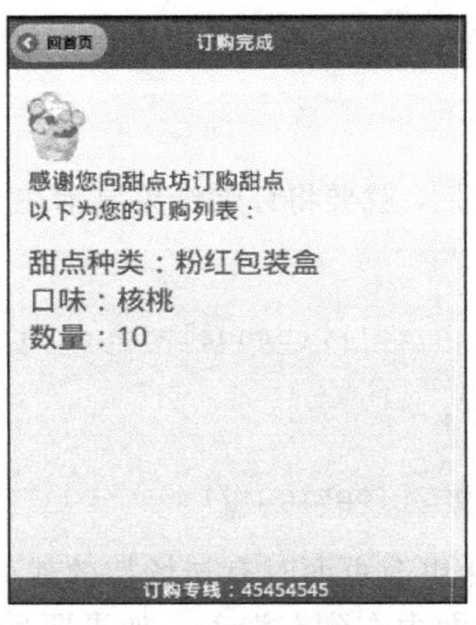

图 17-14　显示订购结果

```
$( document ).on( "pageinit", "#third", function() {
      var  itemflavor  =  " 甜 点 种 类 ： "+  localStorage.orderitem+"<br> 口 味 ：
"+localStorage.flavor+"<br>数量: "+localStorage.num;
      $('#message').html(itemflavor);   //在<div>组件显示内容
});
```

其中，“$（'#message'）.html（itemflavor）;”这句语法与下面的 JavaScript 语法作用是一样的，都是用 itemflavor 字符串取代<div>标记中的内容。

```
document.getElementById("message").innerHTML= itemflavor;
```

17.3 查订单

查订单链接的网页是 ch17_02.htm，查询订单的功能很简单，只要将 localStorage 的数据取出并以列表方式显示在网页上即可，如图 17-15 所示。

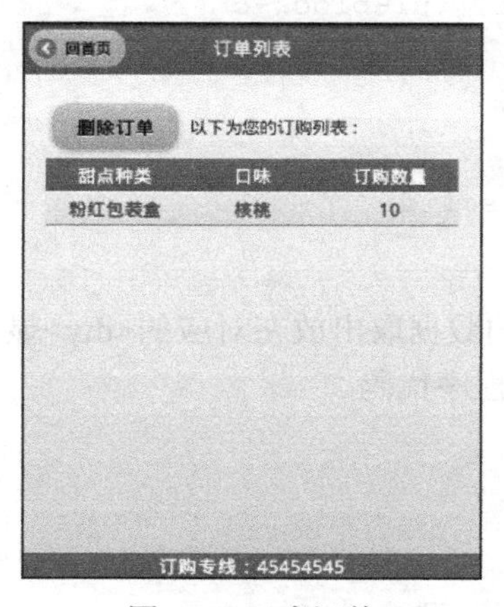

图 17-15　查订单

可以利用表格<table>标记来制作订单的列表，范例中是以<div>标记搭配 jQuery Mobile 的 ui-grid 在 class 中指定样式来产生表格效果。首先定义<div>标记的 class 名称，如下所示。

```
<div class="ui-grid-b">
  <div class="ui-block-a ui-bar-a">甜点种类</div>
  <div class="ui-block-b ui-bar-a">口味</div>
  <div class="ui-block-c ui-bar-a">订购数量</div>
  <div class="ui-block-a ui-bar-b" id="orderitem"></div>
  <div class="ui-block-b ui-bar-b" id="flavor"></div>
  <div class="ui-block-c ui-bar-b" id="num"></div>
</div>
```

jQuery Mobile 定义一组 ui-grid 共有 4 种配置，可以让我们自由应用产生表格一样的列与行效果，父层<div>的 class 属性必须指定列数。例如，要想有 3 列效果，那么 class 必须设为 ui-grid-b，子层<div>的 class 属性有 3 种选择，分别是 ui-block-a、ui-block-b 和 ui-block-c，如表 17-1 所示。

表 17-1　父层与子层的属性

父层<div>	子层<div>
ui-grid-a	两列：ui-block-a/b
ui-grid-b	3 列：ui-block-a/b/c
ui-grid-c	4 列：ui-block-a/b/c/d
ui-grid-d	5 列：ui-block-a/b/c/d/e

表格的列与行产生之后，就可以利用 jQuery Mobile 的 CSS 样式美化表格了，这里应用的是 ui-bar-a 和 ui-bar-b 样式。这两个样式也许并不符合需求，我们还可以自己来更改它的样式。例如，范例中希望列高 30px，文字居中，与边框距离 5px，而且有下划线，那么我们就可以在 CSS 中加入下列语法。

```
.ui-block-a, .ui-block-b, .ui-block-c {
     height : 30px;
     text-align : center;
     padding-top : 5px;
      border-bottom:1px solid;
}
```

最后，只要将 localStorage 的数据取出放在对应的<div>显示出来即可。

下面是 ch17_02.htm 完整的程序代码。

```
<!DOCTYPE html>
<html>
<head>
<title>ch17_02 移动设备在线订购实例</title>
<meta http-equiv="Content-Type" content="text/html; charset=utf-8" />
<!--引用 jQuery Mobile 函数库  应用 ThemeRoller 制作的样式-->
<link rel="stylesheet" href="themes/mytheme.min.css" />
<link   rel="stylesheet"   href="http://code.jquery.com/mobile/1.1.1/jquery.
mobile.structure-1.1.1.min.css" />
<script src="http://code.jquery.com/jquery-1.7.1.min.js"></script>
<script    src="http://code.jquery.com/mobile/1.1.1/jquery.mobile-1.1.1.min.
js"></script>

<!--最佳化屏幕宽度-->
<meta name="viewport" content="width=device-width, initial-scale=1">
<style type="text/css">
#content{
```